数据驱动的
工业软测量技术

杨春节　杨冲　刘哲　著

DATA-DRIVEN
INDUSTRIAL
SOFT SENSING TECHNOLOGY

化学工业出版社
·北京·

内容简介

高炉炼铁过程关键质量指标软测量是国际公认的挑战性难题。本书从数据驱动的角度，系统性总结和阐述了作者及其团队10余年来在高炉炼铁过程关键质量指标软测量技术的系列研究成果，主要包括高炉铁水质量软测量、烧结矿质量软测量与工业应用三个部分。针对高炉炼铁过程数据的滞后性、非线性、高维共线性、动态性、多源异构以及标签稀少等特征，在高炉铁水质量软测量部分，重点介绍Elman神经网络、Adaboost集成学习、模糊神经网络和循环神经网络等软测量方法；在烧结矿质量软测量部分，重点介绍Transformer模型和多模态信息融合软测量方法；在工业应用部分，主要阐述工业互联网平台搭建、数字孪生体构建和应用实例。

本书可作为高等院校控制、冶金、计算机、人工智能等学科研究生和高年级本科生的参考书，也可供相关专业的工程技术和设备运维人员参考。

图书在版编目（CIP）数据

数据驱动的工业软测量技术 / 杨春节，杨冲，刘哲著. -- 北京 : 化学工业出版社，2025. 8. -- ISBN 978-7-122-48310-2

Ⅰ. TF53

中国国家版本馆CIP数据核字第2025AE1667号

责任编辑：要利娜　于成成　宋　辉　　文字编辑：张　琳
责任校对：李露洁　　装帧设计：王晓宇

出版发行：化学工业出版社
（北京市东城区青年湖南街13号　邮政编码100011）
印　　装：北京云浩印刷有限责任公司
710mm×1000mm　1/16　印张15½　字数269千字
2025年11月北京第1版第1次印刷

购书咨询：010-64518888　　售后服务：010-64518899
网　　址：http://www.cip.com.cn
凡购买本书，如有缺损质量问题，本社销售中心负责调换。

定　　价：89.00元

前言

PREFACE

钢铁工业是国民经济的重要支柱产业，是关乎工业稳定增长、经济平稳运行、绿色低碳发展的重要领域。我国钢铁工业经过几十年的发展，形成了庞大的生产规模，至2021年末，我国钢铁工业规模以上企业达5640家，粗钢产量连续多年位居世界第一。国家统计局数据显示，2022年我国粗钢产量为101300万吨。我国已成为世界钢铁生产和消费大国，但是钢铁工业的发展面临着生产综合能效低、环境负荷重、事故风险大等重大共性问题，这是我国由钢铁大国向钢铁强国跨越必须解决的关键难题。

在钢铁制造流程中，高炉炼铁过程是能耗最大、排放最多、成本最高的关键环节。在高炉炼铁过程中，产品关键质量指标由工人定期抽样并经一系列物理化学实验获得，滞后性强且成本较高，严重降低了产品质量控制的时效性。因此，关键质量指标的软测量是钢铁企业智能化提升的重要组成部分，及时观测关键质量指标，为生产现场提供实时的质量参考依据，对炼铁过程平稳运行、提质增效、节能减排具有重要意义。

本书是一本专注于高炉炼铁过程软测量技术的专业著作。针对高炉炼铁过程实际工程问题和需求，作者及其团队在国家自然科学基金重大项目“大型高炉高性能运行控制的基础理论与关键技术研究”、工信部工业互联网创新发展项目“基于工业互联网平台的炼铁生产线数字孪生系统”等支持下，深入实际工业现场开展研究，提出了一系列先进的数据驱动软测量方法，并采用数值实验、实际高炉炼铁过程数据进行了充分验证，部分工作进行了实际工程应用。研究成果已在*IEEE Transactions on Industrial Informatics*、*IEEE Transactions on Automation Science and Engineering*、*IEEE Transactions on Instrumentation and Measurement*、*Information Sciences*、*Journal of Process Control*、*Industrial & Engineering Chemistry Research*等国际权威期刊发表。本书正是这些已发表研究成果的系统性总结、凝练和进一步提升。

本书共分4部分：第1部分是关于高炉炼铁过程数据驱动软测量的绪论；第2部分详细介绍了数据驱动的高炉铁水质量软测量方法；第3部分总结了数据驱动的烧结矿质量软测量方法；第4部分叙述了基于工业互联网的炼铁过程

数据驱动软测量 APP 的开发及应用。其中，第 2 部分共包含 4 章，主要涵盖了高炉铁水质量软测量的 Elman 神经网络、Adaboost 集成学习、模糊神经网络、循环神经网络等方法；第 3 部分共包含 3 章，主要介绍了烧结矿质量软测量的循环神经网络、Transformer 模型、多模态信息融合等方法。每章均包含多种方法，逐步递进或针对不同问题提出。

本书涉及的研究工作得到了诸多科研项目的持续支持。在此要特别感谢国家自然科学基金重大项目（61290320）和重点项目（61933015）、工信部工业互联网创新发展项目（TC19084DY）、国家“863”计划项目（2012AA041709）等的资助。

本书的研究工作及相关项目执行得到了广西柳州钢铁集团有限公司的大力支持，特别是广西柳州钢铁集团有限公司施沛润副总经理，广西柳钢东信科技有限公司张海峰董事长和苏志祁博士，柳钢炼铁厂莫朝兴厂长、谢庆生书记、首席技术官李明亮高工、2 号高炉范磊书记和丘未名主任等给予了坚定支持与无私帮助，在此表示衷心感谢。

在本书涉及的诸多科研工作中，作者的博士和硕士研究生宋菁华、庄田、周恒、李俊方、李宇轩等作出贡献，在此表示感谢。此外，本书撰写过程中，作者的学生孔丽媛、闫夺今、朱雄卓、赵雨辰、牟俊锦、许永泓参与了整理工作，在此一并表示感谢。

本书限于作者的水平和实践经验，难免存在不完善或不妥之处，恳请广大读者批评指正。

著　者

目录
CONTENTS

第1章 绪论

1.1 引言

钢铁工业是我国国民经济的重要支柱产业，在建国后得到迅猛发展。仅2019年上半年，我国生铁、粗钢和钢材产量分别达到4.04亿吨、4.92亿吨和5.87亿吨，同比增长分别为7.9%、9.9%和11.4%。2012—2019年世界粗钢产量从15.5亿吨增加到18.7亿吨，总体增长率为20.65%；同期中国粗钢产量从7.17亿吨增长到9.96亿吨，总体增长率为38.91%，远超世界平均水平。截至2019年末，中国粗钢产量为9.96亿吨，更是占全球份额一半以上。因此，我国钢铁生产流程智能感知与运行优化等新技术具有广阔的应用空间。

钢铁是全世界最为重要的工程与建筑材料，存在于我们生活的各个方面，与人类的生活息息相关。钢铁材料良好的强度、锻性、韧性和弹性，使其从汽车、轮船等大型产品到手术刀等小型工具都有着广泛的应用。世界范围内存在多种钢铁冶炼技术路线，不过应用范围最广的是高炉-氧气顶吹转炉和电弧炉炼钢，两种工艺路线的核心差别在于原材料不同。高炉-氧气顶吹转炉的主要原材料是焦炭、铁矿石、废钢；而电弧炉的主要原料是废钢，其余原料包括直接还原铁、铁水等。高炉-氧气顶吹转炉炼钢生产工艺的产量占整个钢材产量的70.7%，其首先将铁矿石在高炉中加热还原得到铁水，再在转炉中通过氧气顶吹将生铁冶炼成钢，通过随后的铸造和轧制过程，钢水就被加工成为钢板、型材、线材等产品。电弧炉炼钢生产的钢铁产量占总产量的28.9%，其冶炼过程是电能通过补充氧气注入电弧炉内，通过电弧将废钢熔化成钢水，再添加合金金属来调节钢水的化学成分。另外一种炼钢技术是平炉炼钢法，但这种技术路线能耗高且污染严重，目前世界范围内已经很少使用，全球份额也仅占0.4%。

在非高炉炼铁技术发展方面，国外已有达涅利ENERGIRON直接还原技术、韩国浦项FINEX技术等解决方案，这些技术路线成熟可靠且能耗较低。

相比而言，我国在非高炉炼铁技术方面的发展仍有较大的提升空间。例如，我国现有的非高炉炼铁路线——隧道窑直接还原年产量一直低于 60 万吨，主要是由于该解决方案生产能耗极高、产品质量不稳定、污染物排放量大等等。自从 2007 年引进 COREX 技术后，我国钢铁企业已经在多方面改进了该技术在工程设计和生产工艺上的不足之处，现在已经基本掌握了这种非高炉炼铁生产技术，引进的生产设备也达到了较好的运行状态。

近年来，我国还陆续建成了一批转底炉炼铁工厂，转底炉的工作原理是将炉料放在一个旋转的盘子上进行加热还原铁矿石的过程。因为转底炉主要依靠辐射传热，这种加热方式使得热效率较低，同时盘子底部的加热和还原气氛均不够充分，导致产品的金属化率较低（一般保持在 60%～80%）、能耗较高（热效率最高只有 50%）、产品 FeO 含量较高，很难达到电炉所需要的原料质量要求。此外，我国非高炉炼铁技术还有 2016 年首钢和山东墨龙联合研发的 HIsmeit 工艺，该工艺使用铁矿粉、煤粉、溶剂进行喷吹，用 35%～40%含氧量、1200℃的热风进行冶炼。在环境保护方面，HIsmeit 工艺与传统高炉生产工艺相比具有明显优势，SO_x 排放量减少 90%，NO_x 排放量减少 40%，CO_2 排放量减少 20%，且不会产生二噁英。

在传统的高炉炼铁技术方案中，以高炉为核心的钢铁生产全流程主要分为铁前与钢后工序，其中铁前系统如图 1.1.1 所示。首先矿石等原料由轮船、火车运送至质监站，随后原料被送至料场堆放并对原料进行初步的混匀。预混后的原料分别被送至烧结厂和球团厂生成烧结矿和球团矿。高炉生产过程中将矿石及焦炭从高炉炉顶送入，同时利用鼓风机将由热风炉加热后的高压空气从高

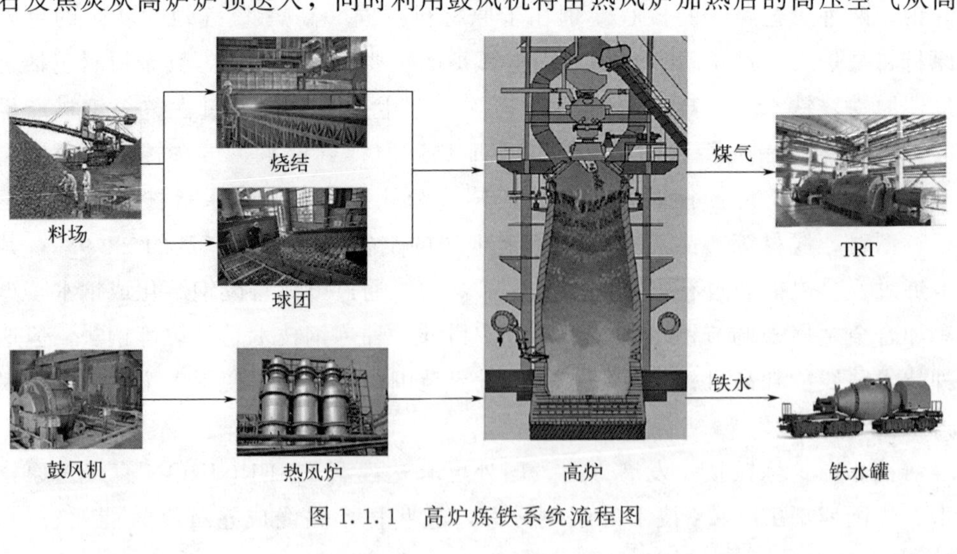

图 1.1.1　高炉炼铁系统流程图

炉底部风口鼓入高炉内部。高温高压条件下空气将焦炭氧化产生热量，而矿石则吸收热量，如此实现炉内热平衡。高炉底部则不断地产出铁水，由铁水罐车运送至炼钢厂。炉内反应产生的煤气从炉顶排出，送入高炉余压回收（TRT）系统，实现煤气能量回收发电。

料场的主要作用就是按照原料的品位、性质等不同，将原料按烧结厂、球团厂、高炉等输送地进行分区堆放，以及对原料进行预混匀。

烧结过程的主要目的是将矿粉进行高温加热，使其在不完全熔化的状态下烧结成块，生产出符合高炉生产要求的高质量人造块矿。如图 1.1.2 所示，烧结过程主要包含配料、烧结与成品矿处理等 3 个步骤。首先，将源于料场的含铁原料（中和矿）、燃料（焦粉、煤粉）、溶剂（生石灰、石灰石、白云石等）和返矿等原料按照一定比例混合，依次经过一次混合制粒圆筒与二次混合制粒圆筒实现加水制粒，得到组分均匀、具有一定粒度分布的混合料；随后，混合料经送料输送带运输至料仓，通过辊式给料机在烧结台车上完成布料，在台车前向移动与底部风箱抽风的环境下进行点火，与混合料烧结，混合料内的燃烧层逐渐下移并在接近烧结机尾部时抵达烧结终点，此后物料温度逐渐下降并凝固为多孔结构的烧结矿；最终，烧结矿依次经过卸料、破碎、冷却与筛分等步骤完成成品矿的处理，合格的烧结矿将被运送至高炉工序，而不符合冶炼要求的烧结矿则被运输至配料步骤进行循环利用。

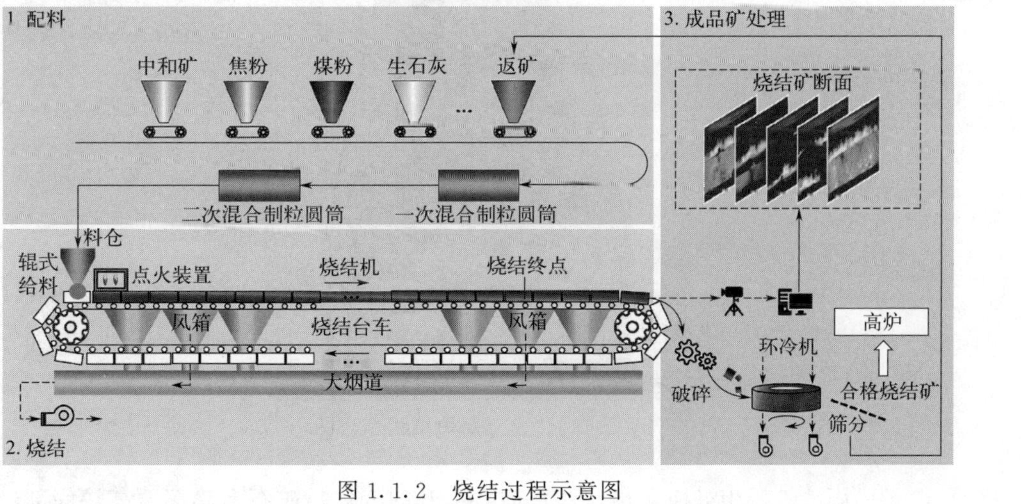

图 1.1.2 烧结过程示意图

球团工序主要是将高品位的铁矿粉制作为球团矿的过程。首先在矿粉中加入适量的水和黏结剂，然后制作出粒度合理、强度足够的生球，经干燥、预热后烘焙产生球团矿。

鼓风机和热风炉系统分别具备提供鼓风动能和空气加热的功能。鼓风机能够控制高炉送风的风量、风压等参数。热风炉则对鼓风机鼓入的空气进行加热，控制着高炉送风的温度参数。

高炉本体自下而上分为炉缸、炉腹、炉腰、炉身和炉喉五个部分。如图 1.1.3 所示，高炉可以看作是一个近似密闭的反应器，生产时铁矿石、焦炭、石灰石等从炉顶装入，下部则经送风口吹入热风炉加热后的高温空气。在高温条件下空气同焦炭发生反应，生成一氧化碳，热气体随着压力向上流动将矿石熔化并与铁矿石发生还原反应得到还原铁。过程涉及的主要化学反应如式(1.1.1) 所示。

$$\begin{cases} 2C+O_2 = 2CO \\ 3Fe_2O_3+CO = 2Fe_3O_4+CO_2 \\ Fe_3O_4+CO = 3FeO+CO_2 \\ FeO+CO = Fe+CO_2 \end{cases} \tag{1.1.1}$$

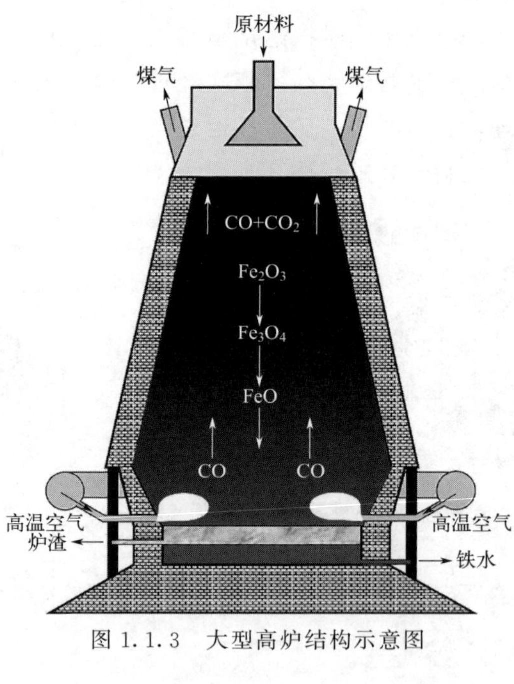

图 1.1.3　大型高炉结构示意图

炉内固液气三相纵横交错，铁水迎着上升的气体从矿石上滴落至高炉底部经出铁口排至高炉外部。而反应后得到的矿石中的杂质等则形成炉渣浮在炉底铁水上部，经排渣口排出。产生的煤气从炉顶排出送至 TRT 系统实现能量回收。

TRT 系统利用透平机械实现高炉炉顶排出的高温高压煤气中能量的回收

利用。该系统能稳定调节高炉炉顶压力，以保障高炉运行工况稳定。

整体而言，高炉炼铁系统是钢铁制造流程中物质流与能量流转化的关键工序，也是排放最多、能耗最大、成本最高的生产环节，占钢铁生产综合能耗的65%～75%、大气污染物总排放量的80%、总成本的75%左右。由此可见，对于高炉炼铁系统质量指标的及时测量，可为生产现场提供实时的质量参考依据，有利于生产过程中参数优化与控制决策的实施，对炼铁系统平稳运行、提质增效、节能减排具有重要意义。

1.2 高炉炼铁过程软测量问题描述

1.2.1 软测量技术的必要性

高炉炼铁过程的主要产品铁水的关键质量指标有硫含量、硅含量以及铁水温度。生产过程指标还包括每生产1t铁水所耗费的焦炭和煤粉质量，分别被称为焦比、煤比。为了保持高炉长时间处在高效区间运行，需要确保炉热状况和铁水质量保持在合理的范围。大型高炉作为一个密闭的高温反应器，内部环境恶劣且缺少直接检测手段，铁水生产现场的工程师只能以硅含量作为炉热状况的判断依据，实际生产中操作人员通常会使硅含量（质量分数）保持在0.2%～0.8%范围内波动。硅含量过高，代表炉内反应温度较高，表示炉缸过于活跃，还原同样多的铁矿石会消耗更多的焦炭；硅含量过低则表示炉温较低，可能导致铁水质量不合格，更严重者可能产生炉凉事故。虽然铁水中多余硅元素可以在后续转炉炼钢中除去，但会因此消耗额外的能量。因此，为了控制铁水硅含量保持在合适的范围以利于后续转炉炼钢工序，对硅含量进行在线软测量显得尤为重要。然而，现有的铁水硅含量信息获取主要通过实验室化验获得，存在强滞后性，严重削弱了信息的时效性，降低了信息价值。

对于烧结矿而言，其质量指标可划分为化学成分、物理性能和冶金性能。烧结矿的化学成分是其质量基础，主要包含氧化铁、氧化亚铁（FeO）、二氧化硅、氧化锰、氧化铝和硫、磷等少量有害元素；烧结矿的物理性能是其质量保证，主要包括烧结矿的粒度、强度、孔隙率等；烧结矿的冶金性能是其质量关键，主要包括还原性、低温还原粉化、荷重软化、熔融滴落性能等[1]。整体而言，上述三类质量指标对高炉冶炼主要操作指标均有着重要影响，从烧结矿的质量基础出发改善其化学成分，更有利于调整烧结矿的整体品质与性能。例如，烧结矿FeO含量被视为烧结过程中温度和热量水平的标志，对烧结矿的物理性能和冶金性能均有直接影响[1]。当 FeO 含量降低时，会引起烧结矿强度和粒度降低，不利于改善其低温还原粉化性能，将引起高炉块状带的变化，使得高炉透气性指数变差；当 FeO 含量提升时，烧结矿还原性会降低，将导致高炉燃料比的提升[2]。在工业现场，现场工艺人员需将烧结矿的质量指标维持在一个合理范围内，以确保高炉生产可以平稳、高效地运行。然而，国内多数钢铁企业的原料种类较多、来源广泛，铁矿石的品位、价格、污染物元素含量存在明显差异，且用于烧结生产的铁矿粉原料存在着定期的改变与调整；此外，结合复杂的物理化学反应，实际生产过程中烧结矿质量指标的波动难以避免。因此，对烧结矿质量指标的监测尤为重要。与铁水质量指标类似，烧结矿的质量指标由工人定期抽样并经由一系列物理化学实验获得，从烧结工艺开始到获取烧结矿的质量指标一般在 5h 以上，滞后大且获取成本较高。

为了应对上述问题，有经验的工人通常根据一些经验法则来预估质量指标，随后制定不同的决策方案以维持产品质量的稳定性。以烧结矿质量指标为例，根据烧结台车下的风箱废气温度，工人可以推测出燃烧层的位置，如果燃烧层位置异常，可进一步通过改变混合制粒加水量、烧结台车速度、大烟道风机的抽风频率等多种方式来避免“过烧”或“欠烧”现象的发生。此外，在机尾卸料过程中，通过观测烧结矿红层的厚度、亮度、分布一致性、孔隙率等特征，对烧结矿 FeO 含量做出上升或下降的定性估计，随后通过调整燃料配比、溶剂配比、料层厚度等方式将该指标维持在既定范围内。但是，这种简单的控制机制严重依赖工人经验，可靠性较差[3]。

近年来，软测量模型在工业领域得到了广泛的应用，为烧结矿质量指标的实时、有效估计提供了较为理想的选择[4-8]。事实上，软测量的本质是搭建数学模型，将容易测量的变量（如台车速度、料层厚度和风箱废气温度等）作为输入，将难以测量的关键质量变量（如烧结矿的铁品位、氧化亚铁含量等）作为输出，通过建立输入与输出之间的关系桥梁，实现对关键质量变量的在线预估[9]。

整体而言，软测量模型主要包括机理模型、专家知识模型和数据驱动模型[9]。机理模型的本质是通过构建微分方程来描述一系列物理化学反应[10]。然而烧结过程与高炉内部的反应机理过于复杂，采用机理模型实现质量指标软测量的可行性较低。专家知识模型通常是基于经验和知识的积累实现对产品质量的控制[11]。如上所述，专家经验的可靠性难以保证，且模型知识库的更新效率低下，这些缺点使得专家知识模型难以满足时变性与不确定性较强的高炉炼铁过程。与前两类软测量模型不同，数据驱动模型基于炼铁过程数据而构建。随着分布式控制系统与先进传感器技术的快速发展，炼铁过程数据的获取与积累日益便利，这为数据驱动软测量模型在该领域的运用与发展提供了强有力的基础。

1.2.2 过程数据的特征归纳

数据特征是数据驱动软测量研究的主要切入点。在高炉炼铁过程中，数据特征主要包含：滞后性、非线性、高维共线性、动态性、多源异构以及标签稀少等。整体而言，多类数据特征的同时存在提升了数据驱动软测量建模的难度。

(1) 滞后性

对于铁矿石烧结而言，从配料开始，经烧结、破碎、冷却、筛分处理至成品矿采样点需耗时约 2h，烧结矿样本经质量检测至得出质量指标约需 2h。对于高炉冶炼而言，矿石从炉顶装入至铁水产出需要 6～8h。因此，对于同一批物料而言，某时刻采样点的烧结矿或铁水质量会受多时刻过程参数的历史状态共同影响。

(2) 非线性

铁矿石烧结是一个包含物理化学变化、气体流动与传热传质的复杂过程，主要涉及烧结料中水分的蒸发与冷凝，烧结固体物料的分解、还原、氧化（气-固反应），固相反应，液相形成及冷凝等过程。对于高炉冶炼而言，其内部不仅涉及温度场、煤气流场、炉料流场，还涉及气液固三相传质、传热与非均相反应。整体而言，这些复杂的炼铁工艺机理给过程数据带来显著的非线性。

(3) 高维共线性

高炉炼铁过程中包含高维数据变量，且由于生产计划、反应过程的连续性以及其物理化学反应间的耦合性，使得某些变量同时具备共线性。以铁矿石烧结为例，根据工厂的生产计划安排，中和矿和返矿的配比一般具备高度相关性；烧结台车下方相邻风箱间的废气温度相关性较高；混合料加水量、料层的透气性与燃烧速率相关，对风箱温度、烧结终点均有直接影响。整体而言，这种复杂的高维共线性将会降低数据的信噪比，提升软测量建模难度。

(4) 动态性

在流程工业过程中，生产工序一般连续执行，持续时间较长且存在多个反馈环节，生产过程状态前后关联密切，使得相关变量存在时间上的自相关性，这样的生产过程被称为动态过程，其具有一定的动态性。面对这样的工业过程，仅考虑一个时刻的过程变量信息对质量变量进行建模时，往往达不到理想效果，此时就需要利用过程的动态特征进行建模以期达到过程系统的准确表达。

(5) 多源异构

从数据种类的角度考虑，高炉炼铁过程的数据采集于多个数据源，且一般包含不同的数据种类。以铁矿石烧结为例，过程数据一般可分为时间序列数据和图像数据。时间序列数据由烧结流程中的多个传感器采集，具体包括原料参数、操作参数、设备参数和大部分状态参数。在状态参数中，机尾烧结矿的燃烧状态一般由可见光相机或红外热像仪采集，属于图像数据。时间序列数据在一系列物理化学反应中间接地影响了烧结状态。相比而言，图像数据从视觉感知角度出发，更为直观地提供了烧结状态的细节与变化。因此，以上两类数据的互补，可以为烧结矿质量指标的软测量建模提供更全面的过程信息。

(6) 标签稀少

在工业现场，烧结矿与铁水质量指标的标记通过实验获得，这些实验由专业人员借助特定的设备完成，实验过程繁琐、耗时且成本较高。因此，质量指标数据与其他过程数据相比，数据量较为稀少。

1.3 高炉炼铁过程软测量研究现状

1.3.1 现有数据驱动软测量方法

现有数据驱动软测量方法主要有潜变量方法、常规机器学习方法和深度学习方法。

1.3.1.1 潜变量方法

对于工业过程数据中普遍存在的高维共线性，潜变量方法是较好的处理手段，其主要思想是将高维数据映射至低维空间来获得潜变量，以提取数据关键信息用于软测量建模[12]。常用的潜变量方法主要包括主成分分析（PCA）[13]、偏最小二乘（PLS）[14]、独立成分分析（ICA）[15] 和典型相关分析(CCA)[16] 等。其中 PLS 和 CCA 是有监督学习方法，更适于探索输入与输出变量间的关系。

具体而言，PLS 的目标是依次提取潜变量对，最大化过程变量和质量变量间的协方差信息，并对它们之间的回归关系进行建模[17]。与 PLS 相比，CCA 通过最大化输入与输出变量之间的多维相关性来提取潜变量；值得注意的是，这些潜变量忽略了数据的方差信息，因此在用于软测量建模时可能会限制 CCA 的预测性能[16]。因此，PLS 的上述特征使其在潜变量方法中受到更多关注，且在工业领域的软测量建模任务中得到了广泛运用。然而，常规的 PLS 模型属于线性方法，难以处理工业数据中存在的显著非线性与动态性特征。为应对上述问题，相关研究方案主要包含以下两种：

① 以 PLS 模型为研究主体的软测量模型。此类模型采用核方法[18]、潜变量间的关系优化[19] 与矩阵扩充[20] 等方式，赋予 PLS 非线性与动态性软测量建模性能；此外，通过堆叠潜变量深度[21] 也可以有效提升 PLS 模型的软测量性能，使其在可媲美深度学习方法软测量精度的同时，具备复杂度较低、易于训练与数据量适应性强等特点。

② 以 PLS 模型作为数据预处理手段，目的为提升下游软测量任务的组合模型性能。此类模型采用潜变量作为下游任务的输入，可有效提升工业过程数据的信噪比，改善软测量模型的训练效率与预测精度[22]。

整体而言，潜变量方法结构简单，可拓展性较强，针对复杂的工业过程数据特征表现出良好的可定制性。在实际应用方面，其面临的主要问题是：在构建工业过程软测量模型时，如何全面地对多类数据特征进行考量。

1.3.1.2 常规机器学习方法

近年来，常规机器学习方法因其出色的非线性表征能力，被广泛运用于工业过程软测量建模任务。例如，支持向量机（SVM）[23]、高斯过程回归（GPR）[24]、决策树（DT）[25] 和人工神经网络（ANN）[26] 等等。具体而言，SVM 通过支持向量和核技巧来构建数据间的复杂关系，在建模任务中具备较好的泛化性能；本质上而言，GPR 为一种概率模型，其采用高斯过程描述数据的不确定性，可同时提供连续的预测值与相应的置信度；DT 是一种树状结构的机器学习模型，其根据特征属性逐步分割数据以实现软测量任务；ANN 为多层感知器组成的前馈网络结构，通过引入激活函数来逼近输入与输出间的复杂关系。

基于上述常规机器学习方法，研究人员们进一步提出多种改进手段以优化其在软测量任务中的表现。例如，相关向量机是 SVM 的改进模型，与后者相比具有模型稀疏性、超参数自动选择、不确定性估计和更灵活的核函数选择等优势，可有效降低过拟合风险，已成功应用于多个工业过程[27-29]；极限梯度提升是以决策树为基础学习器的集成学习方法，通过梯度提升算法和各种性能优化来不断提升模型性能，为软测量建模提供了出色的准确性、可扩展性[30]。

整体而言，上述机器学习方法在工业领域得了充分的应用与发展，但仍然存在以下几点问题：①对特征工程依赖性较高，一般需手动设计和选择特征[31]，这是一项繁琐、耗时且依赖一定专业知识的任务；②难以处理非结构化数据，例如文本、图像和音频等；③不擅长处理序列数据；④对于大规模数据而言，难以捕捉复杂的数据模式和关系，模型精度受限。

1.3.1.3 深度学习方法

深度学习是机器学习的一个分支，其目的是使用深层神经网络从原始数据中学习更为抽象的特征表示，随后通过特征与输出间的映射完成各类不同任务[32]。与常规机器学习方法相比，深度学习方法的主要区别在于，其模型复杂度高、数据需求量大、自动学习数据特征、应用范围更广。常见的深度学习软测量方法（模型）包括卷积神经网络（CNN）[33]、循环神经网络(RNN)[34]、Transformer[35] 和图神经网络（GNN）[36] 等。

在上述深度学习模型中，CNN 是处理图像数据的常用模型，其通过多个卷积层和池化层来提取图像特征，在图像分类、目标检测和图像生成等多种机器视觉任务中取得了广泛的运用与发展。经典的 CNN 架构主要包括 AlexNet[33]、VGGNet[37]、GoogleNet[38]、ResNet[39] 和 MobileNet[40] 等，它们代表了 CNN 的主要发展历程，在深层网络架构的复兴、更深层网络架构的拓展、多尺度特征的提取、梯度消失问题的处理、深层网络的轻量级解决方案等方面推动这一领域的进步。

RNN 更擅长处理序列数据，它具备独特的循环结构设计，允许信息在多个时间步之间传递，且具备一定的记忆能力，为时间序列、文本、语音等多类序列建模任务的发展奠定了基础。然而，在反向传播过程中，传统的 RNN 容易受到梯度消失或梯度爆炸问题的影响，且在处理序列内长期依赖关系时更为明显[41]。为了解决这一问题，研究人员提出一系列改进的 RNN 模型，如长短期记忆网络（LSTM）[42] 和门控循环单元（GRU）[43]，它们采用门控机制控制循环单元的信息流以提升模型的长序列处理性能。

与 RNN 的循环结构不同，Transformer 采用自注意力机制同时对序列内不同位置间的复杂关系实现全局表征，从本质上避免了 RNN 的长期依赖问题，在自然语言处理、机器视觉、时间序列建模、语音处理等多类任务中均有出色的表现，展示出强大的通用性，对于炼铁过程中不同种类数据的处理具备显著优势。在时间序列建模领域，学者们主要通过自注意力机制的优化与设计，从降低计算复杂度与提升建模精度这两个角度，推动 Transformer 的发展[44]，如 LogTrans[45]、Autoformer[46]、FEDformer[47] 等。在处理图像数据时，传统的视觉 Transformer（ViT)[48] 旨在将图像分割为大小固定的图块并将每个图块转化为一个个向量，以此将输入图像转化为序列数据，随后通过自注意力机制与前馈神经网络提取图像特征并用于不同的机器视觉任务。近年来，研究人员结合 CNN 的局部表征能力，不断改进 ViT 模型结构以提升其效率和性能，如 LeViT[49]、Swin Transformer[49]、MobileViT[50] 等。

不同于上述深度学习方法，GNN 更擅长处理非规则结构数据，如知识图谱、分子结构、社交网络数据等。图数据由节点和边构成，每个节点表示一个实体，边代表节点间的关系。GNN 的核心任务是学习节点的表示以捕获其与邻居节点间信息。对于工业过程而言，这些节点代表采集到的数据变量，采用 GNN 可有效处理变量间复杂的依赖关系，对工业过程状态提供更好的理解，进而实现更精准的软测量建模任务。近年来，研究人员主要通过优化图数据的节点表示方式以提升其建模性能，如图卷积网络[51]、图注意力网络[52]、图采样聚合网络[53] 等。

整体而言，随着数据量的急剧增加与计算能力的提升，深度学习方法正处于飞速的创新与突破阶段，在医疗、交通、金融、自动驾驶、气象预测和化工等多个领域取得了巨大成功，为炼铁过程软测量建模提供了较好的基础。

1.3.2 数据驱动的高炉炼铁过程质量软测量方法研究现状

本小节主要基于以上三类数据驱动软测量方法，对高炉炼铁过程质量软测量的研究现状进行阐述。

1.3.2.1 高炉炼铁过程质量软测量的潜变量方法研究现状

虽然潜变量方法对于数据高维共线性有较好的处理效果，但是在炼铁系统质量软测量领域的应用较少，这主要是由于线性模型的本质限制了其对于炼铁过程中复杂数据特征的表征能力，例如滞后性、非线性、动态性等。因此，潜变量模型的非线性、动态性拓展为炼铁系统质量软测量建模提供了初步研究思路。此外，另一种思路是采用烧结矿的漫反射傅里叶变换红外光谱数据作为软测量模型的输入，基于质量较高的光谱数据，潜变量模型可以提供较高的离线测试精度[54]。然而光谱数据的质量受环境条件的影响较大，且光谱传感器的维护与校准成本较高，这限制了此类方法在工业现场的实用性。

1.3.2.2 高炉炼铁过程质量软测量的常规机器学习方法研究现状

相比于潜变量方法，常规机器学习方法在高炉炼铁过程中的应用案例更为成熟，其中大多数案例基于 ANN 完成。具体而言，为实现铁水质量多指标预测，Li 等[55] 提出了一种新颖的多输入多输出随机向量功能链接网络，实现了铁水质量多指标预测，该方法利用输出空间传递矩阵，既充分利用了所有铁水质量指标之间的相关性，又大大降低了指标缺失的影响。Zhou 等[56] 提出了一种结构紧凑的改进增量随机向量函数链接网络（RVFL），并将其应用于高炉炼铁过程的质量预测。对于铁矿石烧结而言，Fan 等[57]、Kumar 等[58] 和 Shao 等[59] 均采用 ANN 对烧结矿铁品位、氧化亚铁含量、碱度、强度、粒度和低温还原粉化率等多项质量指标进行预测。Er 等[3] 采用双向模糊神经网络提升了烧结矿铁品位、二氧化硅和氧化钙含量的预测精度；但是该项工作仅采用烧结混合料中的计算成分作为模型的输入，未考虑到其他的过程指标以及操作变量，因此模型的可靠性将受到影响。刘俊[60] 采用 PCA 筛选出原料成分中对烧结矿化学成分贡献率较高的配料成分作为模型输入，分别结合烧结矿的质量指标搭建 ANN 模型，完成烧结矿成分预报的任务。邵慧君[61] 同时考虑了烧结过程中的原料参数、操作参数以及状态参数，利用灰色预测算法和 ANN 分别构建烧结矿质量预测模型，之后将上述两个模型进行加权组合，使单项预测结果相互补充，提高了模型的预测精度和可靠性。然而，由于灰色预测算法适用于小样本数据情况，因此限制了组合模型在工业现场的预测能力。Li 等[62] 和 Wang 等[63] 基于极限学习机提升了 ANN 的部署效率与训练速度，有效应用于烧结矿氧化亚铁含量和强度的预测。Chen 等[64] 基于改进后的 ANN 完成烧结矿铁品位的多时间尺度预测，首先根据原料成分构建了长时间尺度的离线模型，其次根据烧结过程的操作参数和状态参数构建了短时间尺度的在线模型，最终将两类模型的预测结果相加后得到铁品位的最终预测值。然而，在更新多时间尺度模型时需采用小波变换对铁品位的化验标签进行分解与重构，因此模型的数据标签不能保证绝对准确性，这在一定程度上降低了模型的可靠性。不同于 ANN 模型，Liu 等[65] 在烧结矿铁品位预测任务中引入极限随机树，该模型是由 DT 构成的集成学习方法，在实验中较常规的 SVM、DT 以及 ANN 展示出更高的预测精度。

上述机器学习模型主要关注于解决高炉炼铁过程的非线性问题，却忽略了多源异构特征对模型带来的影响。因此，虽然多源异构性提升了数据处理的复杂性，但也为模型训练提供了多样化的信息感知渠道，已逐渐成为炼铁过程软测量建模领域的研究热点。周德玉[66] 根据专家经验提取烧结机尾断面的可见光图像特征，随后基于图像特征将氧化亚铁含量等级进行分类，并采用不同类别的过程参数集训练 ANN 完成烧结矿氧化亚铁含量的预测。吴海滨等[67] 提取机尾可见光图像中的红层高度、灰度、连续性、重心位置、一致性等特征，随后将图像特征量化后采用加权支持向量机构建了氧化亚铁含量的软测量模型。Jiang 等[68] 采用机理模型对烧结矿的氧化亚铁含量做出了预分类，其次根据红外热像仪拍摄的机尾画面提取了烧结断面的图像特征，并基于烧结断面的图像特征对不同质量等级的烧结矿分别建立了 ANN 模型，实验结果表明该方案的命中率明显高于传统的 ANN 模型。Ye 等[69] 将烧结机尾的断面红层高度视为中间变量，提出采用最小二乘支持向量机搭建烧结过程数据与中间变量的预测模型，随后根据中间变量拟合烧结矿的强度，以此完成从过程数据至烧结矿质量指标的预测任务。上述方法虽然对图像特征提取仍处于探索阶段，却为炼铁系统内多源异构性特征的挖掘与表征提供了良好的研究思路与发展前景。

1.3.2.3 高炉炼铁过程质量软测量的深度学习方法研究现状

随着自动化水平的发展，当前的炼铁厂普遍积累了海量过程数据。面对数据量的爆炸式增长，常规机器学习方法难以充分挖掘数据的内在信息。深度学习方法可通过深层网络挖掘更抽象、更具代表性的信息，对于数据特征的解释提升到了新的高度，也为炼铁过程的软测量建模提供了新的选择[70]。

在深度学习方法中，RNN 对于数据动态性有较好的解释效果，在炼铁领域得到了广泛的运用。李泽龙[71] 针对高炉炼铁过程动态性强、工况复杂的特性，采用 LSTM 模型进行了铁水硅含量预测。Liu 等[72] 采用滑窗完成数据去噪，并根据皮尔逊相关系数完成高维数据的特征选择，在此基础上构建 LSTM 模型，对于烧结矿的碱度、氧化亚铁含量等质量指标的预测精度显著高于 SVM 模型。李一帆[73] 采用遗传算法改进了 RNN 的收敛速度与误差，完成了烧结矿强度与冶金性能指标的预测。武晓婧[74] 构建了一种基于注意力机制的 LSTM 烧结矿化学成分预测方法，通过注意力机制优化了各种烧结原料的权重，降低由于配料数据的缺失对模型收敛造成的影响，实验表明该模型的预测准确率较原始 LSTM 提升了 1.9%。对于铁矿石烧结中的非平稳状态、动态性与非线性，Li 等[75] 采用了一阶差分与矩阵扩充优化了 RNN 模型，显著降低了烧结矿 FeO（氧化亚铁）含量的预测误差。Jiang 等[76] 采用温度分布机理模型将烧结状态分为三类，随后基于过程参数分别搭建三个 LSTM 子模型用于烧结矿氧化亚铁含量的预测。值得注意的是，上述模型的离散分类结果将破坏过程数据固有的动态性，这与 LSTM 模型的架构设计相矛盾，在理论上降低了模型的可靠性。Bai 等[77] 实现了烧结断面图像特征与过程参数的数据级融合，随后采用 LSTM 对烧结矿氧化亚铁含量进行预测，实验表明模型的预测精度满足实际生产需求。与 1.3.2.2 小节相似，这里的图像特征也是根据专家经验计算所得，对于图像信息的提取能力有限。

综上所述，对于炼铁过程这个典型的流程系统而言，当前深度学习研究主要关注于采用 RNN 及其变体实现对时间序列数据的处理，而对于图像特征的学习与表征有待深入研究。

参考文献

[1] 许满兴．烧结矿质量及其对高炉冶炼主要操作指标的影响［C］//第五届炼铁对标、节能降本及新技术研讨会．2017.

[2] 张玉柱，袁雪涛，王鹏．FeO 对烧结矿性能及高炉生产影响的研究［J］．甘肃冶金，2014，36（01）：8-11.

[3] Er M J，Liao J，Lin J Y. Fuzzy neural networks-based quality prediction system for sintering process［J］. IEEE Transactions on Fuzzy Systems，2000，8（3）：314-324.

[4] Zhang X，Kano M，Matsuzaki S. A comparative study of deep and shallow predictive techniques for hot metal temperature prediction in blast furnace ironmaking［J］. Computers & Chemical Engineering，2019，130：106575.

[5] Luo Y，Zhang X，Kano M，et al. Data-driven soft sensors in blast furnace ironmaking：A survey［J］. Frontiers of Information Technology & Electronic Engineering，2023，24（3）：327-354.

[6] Zhou P，Li W，Wang H，et al. Robust online sequential RVFLNs for data modeling of dynamic time-varying systems with application of an ironmaking blast furnace［J］. IEEE Transactions on Cybernetics，2020，50（11）：4783-4795.

[7] Zhou P，Jiang Y，Wen C，et al. Data modeling for quality prediction using improved orthogonal incremental random vector functional-link networks［J］. Neurocomputing，2019，365：1-9.

[8] Yan F，Yang C，Zhang X. Dsted：A denoising spatial-temporal encoder-decoder framework for multistep prediction of burn-through point in sintering process［J］. IEEE Transactions on Industrial Electronics，2022，69（10）：10735-10744.

[9] Sun Q，Ge Z. A survey on deep learning for data-driven soft sensors［J］. IEEE Transactions on Industrial Informatics，2021，17（9）：5853-5866.

[10] Cheng Z，Yang J，Zhou L，et al. Sinter strength evaluation using process parameters under different conditions in iron ore sintering process［J］. Applied Thermal Engineering，2016，105：894-904.

[11] Hossain M S，Rahaman S，Kor A，et al. A belief rule based expert system for datacenter pue prediction under uncertainty［J］. IEEE Transactions on Sustainable Computing，2017，2（2）：

140-153.

[12] Ge Z. Process data analytics via probabilistic latent variable models: A tutorial review [J]. Industrial & Engineering Chemistry Research, 2018, 57 (38): 12646-12661.

[13] Yang Z, Ge Z. Monitoring and prediction of big process data with deep latent variable models and parallel computing [J]. Journal of Process Control, 2020, 92: 19-34.

[14] Dong Y, Qin S J. Dynamic-inner partial least squares for dynamic data modeling [J]. IFAC-PapersOnLine, 2015, 48 (8): 117-122.

[15] Chang P, Li Z. Over-complete deep recurrent neutral network based on wastewater treatment process soft sensor application [J]. Applied Soft Computing, 2021, 105: 107227.

[16] Zhu Q, Qin S J. Latent variable regression for process and quality modeling [C] //2019 1st International Conference on Industrial Artificial Intelligence (IAI) . 2019.

[17] Zhu Q, Qin S J, Dong Y. Dynamic latent variable regression for inferential sensor modeling and monitoring [J]. Computers & Chemical Engineering, 2020, 137: 106809.

[18] Wang M, Yan G, Fei Z. Kernel PLS based prediction model construction and simulation on theoretical cases [J]. Neurocomputing, 2015, 165: 389-394.

[19] Yang C, Zhang Y, Huang M, et al. Adaptive dynamic prediction of effluent quality in wastewater treatment processes using partial least squares embedded with relevance vector machine [J]. Journal of Cleaner Production, 2021, 314: 128076.

[20] Zhu Q. Dynamic autoregressive partial least squares for supervised modeling [J]. IFAC-PapersOnLine, 2021, 54 (7): 234-239.

[21] Kong X, Ge Z. Deep pls: A lightweight deep learning model for interpretable and efficient data analytics [J]. IEEE Transactions on Neural Networks and Learning Systems, 2022, 34 (11): 8923-8937.

[22] Liu H, Yang C, Huang M, et al. Soft sensor modeling of industrial process data using kernel latent variables-based relevance vector machine [J]. Applied Soft Computing, 2020, 90: 106149.

[23] Najafzadeh M, Zeinolabedini M. Prognostication of waste water treatment plant performance using efficient soft computing models: An environmental evaluation [J]. Measurement, 2019, 138: 690-701.

[24] Liu H, Yang C, Huang M, et al. Modeling of subway indoor air quality using Gaussian process regression [J]. Journal of Hazardous Materials, 2018, 359: 266-273.

[25] Navada A, Ansari A N, Patil S, et al. Overview of use of decision tree algorithms in machine learning [C] //2011 IEEE Control and System Graduate Research Colloquium. 2011.

[26] Gonzaga J C B, Meleiro L A C, Kiang C, et al. ANN-based soft-sensor for real-time process monitoring and control of an industrial polymerization process [J]. Computers & Chemical Engineering, 2009, 33 (1): 43-49.

[27] Ge Z, Song Z. Nonlinear soft sensor development based on relevance vector machine [J]. Industrial & Engineering Chemistry Research, 2010, 49 (18): 8685-8693.

[28] Liu Y, Liu B, Zhao X, et al. Development of RVM-based multiple-output soft sensors with serial and parallel stacking strategies [J]. IEEE Transactions on Control Systems Technology, 2019,

27 (6): 2727-2734.

[29] Chen C, Wang Y, Zhang Y, et al. Indoor positioning algorithm based on nonlinear PLS integrated with rvm [J]. IEEE Sensors Journal, 2018, 18 (2): 660-668.

[30] Ching P M L, Zou X, Wu D, et al. Development of a wide-range soft sensor for predicting wastewater BOD_5 using an extreme gradient boosting (XGBoost) machine [J]. Environmental Research, 2022, 210: 112953.

[31] Li Y, Yang C. Domain knowledge based explainable feature construction method and its application in ironmaking process [J]. Engineering Applications of Artificial Intelligence, 2021, 100: 104197.

[32] Yann L C, Bengio Y, Hinton G. Deep learning [J]. Nature, 2015, 521 (7553): 436-444.

[33] Krizhevsky A, Sutskever I, Hinton G E. Imagenet classification with deep convolutional neural networks [C] //Advances in Neural Information Processing Systems. 2012.

[34] Rumelhart D E, Hinton G E, Williams R J. Learning representations by back-propagating errors [J]. Nature, 1986, 323 (6088): 533-536.

[35] Vaswani A, Shazeer N, Parmar N, et al. Attention is all you need [C] //Advances in Neural Information Processing Systems 30. 2017.

[36] Scarselli F, Gori M, Tsoi A C, et al. The graph neural network model [J]. IEEE Transactions on Neural Networks, 2009, 20 (1): 61-80.

[37] Simonyan K, Zisserman A. Very deep convolutional networks for large-scale image recognition [C] //3rd International Conference on Learning Representations. 2015.

[38] Szegedy C, Liu W, Jia Y, et al. Going deeper with convolutions [C] //Proceedings of the IEEE Conference on Computer Vision and Pattern Recognition. 2015.

[39] He K, Zhang X, Ren S, et al. Deep residual learning for image recognition [C] //2016 IEEE Conference on Computer Vision and Pattern Recognition. 2016.

[40] Howard A G, Zhu M, Chen B, et al. Mobilenets: Efficient convolutional neural networks for mobile vision applications [J]. ArXiv, 2017.

[41] Bengio Y, Simard P, Frasconi P. Learning long-term dependencies with gradient descent is difficult [J]. IEEE Transactions on Neural Networks, 1994, 5 (2): 157-166.

[42] Hochreiter S, Schmidhuber J. Long short-term memory [J]. Neural Computation, 1997, 9 (8): 1735-1780.

[43] Cho K, van Merriënboer B, Gulcehre C, et al. Learning phrase representations using RNN encoder-decoder for statistical machine translation [C] // Proceedings of the 2014 Conference on Empirical Methods in Natural Language Processing (EMNLP) . 2014.

[44] Wen Q, Zhou T, Zhang C, et al. Transformers in time series: A survey [C] //Proceedings of the Thirty-Second International Joint Conference on Artificial Intelligence. 2023.

[45] Li S, Jin X, Xuan Y, et al. Enhancing the locality and breaking the memory bottleneck of transformer on time series forecasting [C] // Advances in Neural Information Processing Systems 32. 2019.

[46] Wu H, Xu J, Wang J, et al. Autoformer: Decomposition transformers with auto-correlation for

long-term series forecasting [C] //Advances in Neural Information Processing Systems 34. 2021.

[47] Zhou T, Ma Z, Wen Q, et al. Fedformer: Frequency enhanced decomposed transformer for long-term series forecasting [C] //Proceedings of the 39th International Conference on Machine Learning. 2022.

[48] Dosovitskiy A, Beyer L, Kolesnikov A, et al. An image is worth 16x16 words: Transformers for image recognition at scale [C] //The 9th International Conference on Learning Representations. 2021.

[49] Liu Z, Lin Y, Cao Y, et al. Swin transformer: Hierarchical vision transformer using shifted windows [C] //2021 IEEE/CVF International Conference on Computer Vision (ICCV). 2021.

[50] Mehta S, Rastegari M. Mobilevit: Light-weight, general-purpose, and mobile-friendly vision transformer [C] //The 10th International Conference on Learning Representations. 2022.

[51] Niepert M, Ahmed M, Kutzkov K. Learning convolutional neural networks for graphs [C] //Proceedings of The 33rd International Conference on Machine Learning. 2016.

[52] Veličković P, Cucurull G, Casanova A, et al. Graph attention networks [C] //6th International Conference on Learning Representations. 2018.

[53] Hamilton W, Ying Z, Leskovec J. Inductive representation learning on large graphs [C] //Advances in Neural Information Processing Systems 30. 2017.

[54] Park K-S, Lee H, Jun C-H, et al. Rapid determination of feo content in sinter ores using drift spectra and multivariate calibrations [J]. Chemometrics and Intelligent Laboratory Systems, 2000, 51 (2): 163-173.

[55] Li J, Hua C, Yang Y. A novel multiple-input-multiple-output random vector functional-link networks for predicting molten iron quality indexes in blast furnace [J]. IEEE Transactions on Industrial Electronics, 2021, 68 (11): 11309-11317.

[56] Zhou P, Jiang Y, Wen C, et al. Improved incremental RVFL with compact structure and its application in quality prediction of blast furnace [J]. IEEE Transactions on Industrial Informatics, 2021, 17 (12): 8324-8334.

[57] Fan X H, Li Y, Chen X L. Prediction of iron ore sintering characters on the basis of regression analysis and artificial neural network [J]. Energy Procedia, 2012, 16: 769-776.

[58] Kumar V, Sairam S D S S, Kumar S, et al. Prediction of iron ore sinter properties using statistical technique [J]. Transactions of the Indian Institute of Metals, 2017, 70 (6): 1661-1670.

[59] Shao H J, Yi Z M, Chen Z, et al. Application of artificial neural networks for prediction of sinter quality based on process parameters control [J]. Transactions of the Institute of Measurement and Control, 2020, 42 (3): 422-429.

[60] 刘俊．烧结过程智能优化控制系统研究与开发 [D]. 杭州：浙江大学，2010.

[61] 邵慧君．基于组合模型的烧结矿质量预测系统研究与应用 [D]. 武汉：武汉科技大学，2019.

[62] Li Z, Fan X, Chen G, et al. Optimization of iron ore sintering process based on ELM model and multi-criteria evaluation [J]. Neural Computing and Applications, 2017, 28 (8): 2247-2253.

[63] Wang S H, Li H F, Zhang Y J, et al. A hybrid ensemble model based on ELM and improved AdaBoost. RT algorithm for predicting the iron ore sintering characters [J]. Comput Intell Neu-

rosci，2019，2019：4164296.

［64］ Chen X X，Shi X H，Tong C D. Multi-time-scale TFe prediction for iron ore sintering process with complex time delay ［J］. Control Engineering Practice，2019，89：84-93.

［65］ Liu S，Lyu Q，Liu X J，et al. Synthetically predicting the quality index of sinter using machine learning model ［J］. Ironmaking & Steelmaking，2020，47（7）：828-836.

［66］ 周德玉．基于 RBFNN 的烧结矿氧化亚铁含量实时检测系统的研究 ［D］. 合肥：安徽大学，2011.

［67］ 吴海滨，杨西男，张乐文，等．一种烧结矿质量判定系统的开发及应用 ［J］. 烧结球团，2018，43（04）：6-11.

［68］ Jiang Z，Guo Y，Pan D，et al. Polymorphic measurement method of FeO content of sinter based on heterogeneous features of infrared thermal images ［J］. IEEE Sensors Journal，2021，21（10）：12036-12047.

［69］ Ye J，Ding X，Chen C，et al. Tumble strength prediction for sintering：Data-driven modeling and scheme design ［C］ //2020 Chinese Automation Congress（CAC）. 2020.

［70］ Yan F，Yang C，Zhang X，et al. A 3-D convolution-based burn-through point multistep prediction model for sintering process ［J］. IEEE Transactions on Industrial Electronics，2024，71（4）：4219-4229.

［71］ 李泽龙．基于 ARMAX-LSTM 模型的高炉铁水质量预报研究 ［D］. 杭州：浙江大学，2019.

［72］ Liu S，Liu X，Lyu Q，et al. Comprehensive system based on a DNN and LSTM for predicting sinter composition ［J］. Applied Soft Computing，2020，95：106574.

［73］ 李一帆．基于 RNN 的质量预测模型研究及在烧结矿中的应用 ［D］. 唐山：华北理工大学，2020.

［74］ 武晓婧．烧结配矿优化模型及烧结矿质量预测研究 ［D］. 石家庄：河北经贸大学，2020.

［75］ Li Y，Yang C，Sun Y. Dynamic time features expanding and extracting method for prediction model of sintering process quality index ［J］. IEEE Transactions on Industrial Informatics，2021，18（3）：1734-1745.

［76］ Jiang Z，Huang L，Jiang K，et al. Prediction of FeO content in sintering process based on heat transfer mechanism and data-driven model ［C］ //2020 Chinese Automation Congress. 2020.

［77］ Bai X，Chen C，Liu W，et al. Data-driven prediction of sinter composition based on multi-source information and LSTM network ［C］ //40th Chinese Control Conference. 2021.

第2章 高炉铁水质量软测量的Elman神经网络方法

高炉炼铁过程中，铁水硅含量作为重要的质量指标，间接地反映了炉温变化，因此，准确预测硅含量有利于控制炉温，维持高炉的稳定运行。

本章针对高炉炼铁过程多尺度特性和动态特性，采用 Hilbert-Huang 变换对硅含量相关时间序列数据进行分析、处理，选取递归神经网络——Elman 神经网络模型构建方法，分别给出了过程变量和质量变量驱动的 EMD-Elman 铁水硅含量预测模型。

2.1 高炉炼铁过程的多尺度特性辨识

2.1.1 多尺度概念

在工业生产过程中，许多现象及生产过程都存在多尺度效应，并且人们对生产过程的观察及数据的测量往往也是在不同分辨级（尺度）上进行的[1]。例如，高炉作为最复杂的反应容器之一，其内部进行着气相、液相、固相等多相物质相互作用的复杂化学反应。从时间上来看，各相物质的平均滞留时间存在很大的不同：气相物质为 10～20s，矿石和液相物质为 5～10h，而炉缸内焦炭的平均滞留时间为 1～4 周甚至更长时间[2]。各相物质平均滞留时间的不同是高炉多尺度特征的重要体现。从空间上来看，高炉的不同位置存在着多尺度效应，如原子/分子间的化学反应、设备/边界层的能量与质量的传输现象、高炉系统的工艺流程等[3]，因此，用多尺度理论来描述、分析这些现象是非常自然的，它可以更好地表现这些现象的本质特征。此外，在利用多尺度理论解决实际问题时，往往能够获得序列不同尺度的信息，从而降低问题的不确定性及复杂性。

小波变换是一种重要的多尺度分析方法，在信息处理的很多领域都有成功应用。小波变换具有良好的时频局部化特征和多分辨率性质，有利于信号局部特征的处理和分析，并且具有快速算法，这使其在科学研究和工程应用中被广泛采用。但是，小波变换以 Fourier 变换为理论依据，Fourier 变换理论中表征信号交变特征的基本量是与时间无关的频率，基本时域信号是平稳的简谐波信号。这些概念是全局性的，因而用它们分析非平稳信号容易产生虚假信号和假频等矛盾现象[4]。并且，在小波变换中，需要根据不同的信号选择恰当的小波基函数，由于小波变换的基函数和变换尺度不是自适应的，小波基一旦确定，在信号分析的整个过程中无法改变，如果母小波选择不当，应用效果就会大受影响，这是限制小波变换工程应用的一个非常重要的原因。

因此，为了准确地描述信号的频率随时间变化的特征，需要选择一种自适应性更好的分析方法。1998 年，Huang 等人在研究海洋表面风场及流体时提出了一种新的信号处理方法——经验模态分解（EMD）[5]。该方法脱离了 Fourier 分析的框架，非常适合处理非线性、非平稳的信号。它将信号中存在的不同尺度下的波动或变化趋势逐次分解开来，生成一组具有不同尺度的单分量信号，即本征模态函数（IMF）序列的组合。每一个本征模态函数（IMF）的获得完全依靠信号的局部时间尺度，不利用其他任何信息[4]。因此，EMD 方法具有更好的自适应特征，其结果反映了信号本身内在的结构。

2.1.2 Hilbert-Huang 变换

Hilbert-Huang 变换是进行信号多尺度分析的有效工具，包括两个步骤：一个是经验模态分解，另一个是 Hilbert 变换。

EMD 是 Hilbert-Huang 变换的主要组成部分，其基本思想是：通过“筛分”，将不平稳信号逐步分解，最终得到有限个相对平稳的 IMF 分量和剩余分量，其中，IMF 分量满足以下两个条件[5]：

① 整个时间历程中，过零点的次数与极值点数目相等或是至多相差 1；

② 信号上任意一点，由局部极大值点组成的上包络线和由极小值点组成的下包络线的均值为 0，即信号关于时间轴局部对称。

本征模态函数反映了信号内部的固有波动性，在它的每个周期上，仅包含一个波动模态，不存在多个波动模态混叠的现象。

设$\{y(t)\}$为硅含量的时间序列，经过 EMD 得到的结果如下：

$$y(t)=\sum_{i=1}^{l}c_i(t)+r_l(t) \tag{2.1.1}$$

其中，$\{c_i(t)\}(i=1,2,\cdots,l)$为第 i 个 IMF 分量；$\{r_l(t)\}$为分解得到的剩余分量。"筛分"过程的实现如下[5,6]：

步骤 1：确定$\{y(t)\}$的所有局部极值点。

步骤 2：通过三次样条插值函数分别拟合局部极大值和极小值，形成上包络线$\{y_1(t)\}$、下包络线$\{y_2(t)\}$。

步骤 3：求上下包络的均值$\{m(t)\}$：

$$m(t)=\frac{y_1(t)+y_2(t)}{2} \tag{2.1.2}$$

步骤 4：将$\{y(t)\}$减去$\{m(t)\}$得到新序列$\{h(t)\}$，即：

$$h(t)=y(t)-m(t) \tag{2.1.3}$$

若$\{h(t)\}$为 IMF 分量，则用$\{m(t)\}$代替$\{y(t)\}$；否则，将$\{h(t)\}$视作新的$\{y(t)\}$，重复步骤 2 至步骤 4，直至满足终止条件：

$$\sum_{t=1}^{n}\frac{[h_{i-1}(t)-h_i(t)]^2}{[h_{i-1}(t)]^2}\leqslant\sigma(i=1,2,\cdots;t=1,2,\cdots,n) \tag{2.1.4}$$

其中，n 为$\{h_i(t)\}$的长度；i 为迭代次数；σ 为终止参数。Huang 建议 σ 的取值范围是 $[0.2,0.3]$[5]，本书中由于 IMF 分量的个数对 σ 不敏感[3]，因此，取 $\sigma=0.2$。

步骤 5：重复步骤 1 至步骤 4，直至至少满足以下两个条件之一[7]：

① 分量$\{c_i(t)\}$或剩余分量$\{r_l(t)\}$小于预先给定的值；

② $\{r_l(t)\}$变为单调函数，从中不可能筛选出新的 IMF 分量。

获得信号的各个 IMF 分量后，就可以对它们进行 Hilbert 变换求得瞬时频率，以揭示信号内在的频率特性。通常研究中对单调变化的余项不感兴趣，所以仅对式(2.1.1) 中的每个本征模态函数（IMF）分量$\{c_i(t)\}$做 Hilbert 变换，得到相应的复信号 $z_j(t)$满足下式：

$$z_j(t)=c_j(t)+\mathrm{i}\tilde{c}_j(t)=a_j(t)\mathrm{e}^{\mathrm{i}\varphi_j(t)} \tag{2.1.5}$$

其中，$\tilde{c}_j(t)$为 $c_j(t)$的 Hilbert 变换；i 为虚数单位；$a_j(t)$为瞬时幅值，$\varphi_j(t)$为相角，满足式(2.1.6) 和式(2.1.7)：

$$a_j(t)=\sqrt{c_j^2(t)+\tilde{c}_j^2(t)} \tag{2.1.6}$$

$$\varphi_j(t)=\arctan\frac{\tilde{c}_j(t)}{c_j(t)} \tag{2.1.7}$$

由此，可得出瞬时频率 $\omega_j(t)$，即

$$\omega_j(t)=\frac{\mathrm{d}\varphi_j(t)}{\mathrm{d}t} \tag{2.1.8}$$

由于 $\omega_j(t)$ 的均值即平均瞬时频率，表示实际信号所隐含的时间尺，因此分解得到的每个分量包含了实际信号不同尺度上的信息。

2.1.3 高炉铁水硅含量的多尺度分析

系统中任意分量的演变过程都是由与之相关的其他分量的演变所决定的，所以这些相关分量的演变规律可以由该分量来体现，这样就可以通过分析某一分量的时间序列的特征来辨识系统所蕴含的规律[8]，因此，本节通过研究高炉铁水硅含量的多尺度特征来辨识高炉炼铁过程的多尺度特征。

在使用数学模型或者任何类型的逻辑系统控制高炉之前，首先应该保证测量得到的数据是足够精确的，对于数据驱动的建模方法而言，这一点尤为重要。值得庆幸的是，在钢铁工业中，对某些变量的测量已经形成了严格的规范。对硅含量的测量通常使用包样分析法[2]，即出铁过程中，从铁水罐中获得两个样本：当铁水充满铁水罐容积的 1/3 时取得第一个样本，当铁水充满铁水罐容积的 2/3 时取得第二个样本。硅含量即为这两个样本硅含量的算术平均值。

本节使用的实验数据来自某钢厂一容积约为 2500m^3 的高炉。硅含量时间序列的样本数目为 1000，采样周期为 2h，如图 2.1.1 所示。可见，硅含量在 200～400 时间序列样本数目之间存在较大的波动，这可能是由于矿石等原料的成分发生变化，而装料制度、送风制度等未能及时调整，使得反应产热增加，温度升高，经过一段时间的调节，硅含量回到稳定状态。下面将利用 Hilbert-Huang 变换对硅含量的时间序列进行多尺度分析。

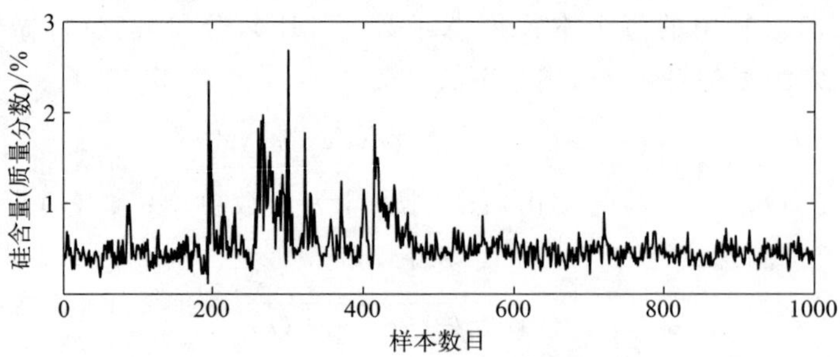

图 2.1.1　硅含量时间序列

对硅含量时间序列进行 EMD，结果如图 2.1.2 所示。分解得到了 9 个 IMF 分量，第一个 IMF 分量包含硅含量时间序列中时间尺度最小（频率最高）的成分，随着 IMF 分量序数的增加其对应的频率成分逐次降低，且每个分量都反映了硅含量不同的尺度特征；各分量相对原时间序列更加平稳且频率成分更加简单。其中，c_1、c_2 频率较高，为高频分量，高频分量可以认为主要受高炉炼铁的系统噪声、铁水硅含量的检测噪声等随机因素的影响；而低频分量 c_7～c_9 频率近似为零，包含高炉炼铁过程中缓慢变化的信息，主要受到喷煤、风量、料速等有规律的炉温调控手段及高炉内部结构变化的影响，如死焦层透气性的变化等。

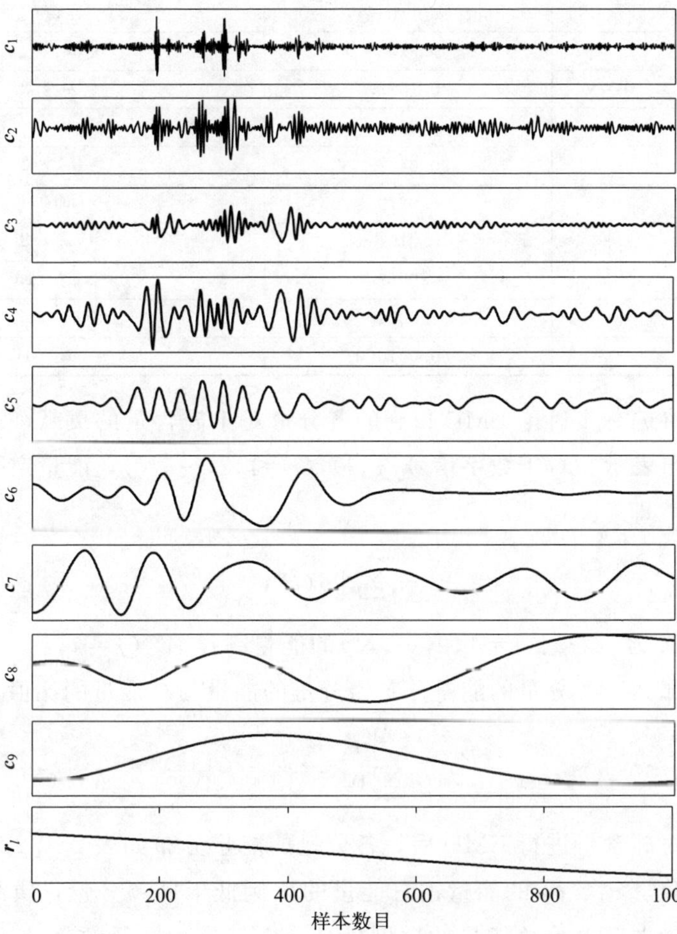

图 2.1.2　EMD 的结果

对 EMD 得到的各 IMF 分量进行 Hilbert 变换，得到各分量的平均瞬时频率 $\langle \omega_j(t) \rangle$，如表 2.1.1 所示。平均瞬时频率表征了序列的物理时间尺度，各分量的平均瞬时频率不同，说明各分量的时间尺度不同，表明铁水硅含量具有多尺度特征，进一步表明高炉炼铁过程具有多尺度特征。

取各平均瞬时频率对 2 的比值，如表 2.1.1，进一步分析可知：硅含量的动态特性主要由两个基本的平均瞬时频率（基本频率）$\langle\omega_1\rangle$ 和 $\langle\omega_2\rangle$ 决定，其他频率都是基本频率 2^i（$i=1,2,\cdots$）的倍数。由此可见，硅含量的动态特性并非想象中的复杂，如果采取合适的方法进行硅含量的预测，如多尺度建模等，将能有效地描述系统所蕴含的动态特征，提高硅含量的预测精度。

表 2.1.1　各 IMF 分量的平均瞬时频率

本征模态函数分量	$\langle\omega_j\rangle/\mathrm{h}^{-1}$	比值
$\boldsymbol{c}_1$	0.3252	$\langle\omega_1\rangle$
$\boldsymbol{c}_2$	0.1673	$\approx\langle\omega_1\rangle/2$
$\boldsymbol{c}_3$	0.0934	$\approx\langle\omega_2\rangle$
$\boldsymbol{c}_4$	0.0499	$\approx\langle\omega_2\rangle/2$
$\boldsymbol{c}_5$	0.0279	$\approx\langle\omega_2\rangle/4$
$\boldsymbol{c}_6$	0.0101	$\approx\langle\omega_2\rangle/8$
$\boldsymbol{c}_7$	0.0059	$\approx\langle\omega_2\rangle/16$
$\boldsymbol{c}_8$	0.0021	$\approx\langle\omega_2\rangle/32$
$\boldsymbol{c}_9$	0.0010	$\approx\langle\omega_2\rangle/64$

接下来将进一步讨论 EMD 得到的各分量对于硅含量的贡献，这里用各分量的能量分布表示。对于数字信号$\{y(i)\}(i=1,2,\cdots,N)$，能量定义为其幅值的平方和[9]，即

$$W=\sum_{i=1}^{N}|y(i)|^2 \tag{2.1.9}$$

其中，W 为$\{y(i)\}(i=1,2,\cdots,N)$的能量。设 $W_j\,(j=1,2,\cdots)$为每个分量的能量，那么，各分量的能量分布为分量的能量与总能量的比值，即

$$R_j=\frac{W_j}{\sum_j W_j}\times 100\% \tag{2.1.10}$$

因此，对硅含量进行 EMD 后，各分量的能量分布如表 2.1.2 所示。由表可知，高频分量 $\boldsymbol{c}_1$、$\boldsymbol{c}_2$ 的能量占总能量的比例低于低频分量，贡献较小。剩余分量的能量占硅含量总能量的比例最高，贡献最大，低频分量 $\boldsymbol{c}_9$ 次之，$\boldsymbol{c}_8$ 位于第四。可见，对分量建立预测子模型时，如果能够保证低频分量子模型的预测精度，将有利于提高硅含量的预测精度。

表 2.1.2　硅含量各分量的能量分布

本征模态函数分量	$R_j/\%$
$\boldsymbol{c}_1$	2.62

续表

本征模态函数分量	R_j/%
$\boldsymbol{c}_2$	1.44
$\boldsymbol{c}_3$	2.51
$\boldsymbol{c}_4$	1.79
$\boldsymbol{c}_5$	1.30
$\boldsymbol{c}_6$	3.41
$\boldsymbol{c}_7$	0.09
$\boldsymbol{c}_8$	2.99
$\boldsymbol{c}_9$	8.18
$\boldsymbol{r}_l$	75.67

2.2 铁水硅含量预测建模的理论基础

高炉炼铁过程是在高温、高压环境下进行的，存在着复杂的物理、化学反应以及动量的转化、能量与质量的传输等复杂现象，而这些复杂的反应、现象又直接与高炉的运行状态相关。维持高炉炉温的平稳，是保证高炉稳定运行的关键。

高炉炉温包括两个方面：一方面是指炉缸内铁水及炉渣的温度，这一温度通常定义为物理温度；另一方面指的是铁水中的硅含量，通常将其定义为铁水的化学温度。由于高炉是一个连续生产的密闭反应容器，其内部高温、高压、强腐蚀、强干扰等环境，使我们很难通过直接测量获得炉缸内铁水的温度，而出铁过程中，由于铁水中热量的大量耗散，测得的铁水温度已经不能完全表征炉温，因此，无法直接获得高炉的物理温度。由于高炉铁水的硅含量与炉温的变化密切相关，且不存在信息丢失的问题，因此，业界通常使用铁水硅含量间接地反映炉内温度的变化。

铁水中硅含量降低表明炉温下行，炉内化学反应的热量不足，如果操作人员没有及时对其进行相应的调节，将引起炉凉，严重时将导致炉缸冻结，造成严重的生产事故；相反，则表明炉温上行，炉温过高会导致焦比升高，造成能源的浪费，同时也会使铁的产量降低。只有在炉温平稳的条件下，才能保证炉料下降的平稳性、料柱的透气性、煤气流分布的均匀性以及渣铁良好的流动性等，这些都是保证高炉稳定生产的前提。因此，控制炉温的平稳对于高炉的生产具有重要的意义。

总之，铁水中的硅含量的变化间接地反映了高炉炉温的变化，从而进一步表征了高炉内部的运行状态。因此，对硅含量进行预测，能够为操作人员进行高炉的调节和控制提供一定的指导作用，对于保证高炉的稳定运行有着重要的意义。本节主要介绍了铁水硅含量预测建模过程中涉及的理论基础，分为两部分：变量的选择、选择 Elman 神经网络的原因及其基本原理。

2.2.1 变量的选择

本节主要介绍：利用偏自相关函数确定自回归滑动平均模型的时滞，进而确定模型的输入变量；多变量情况下，基于互信息的输入变量的选择。

2.2.1.1 偏自相关函数

偏自相关函数（PACF）是辨识自回归滑动平均模型 ARMA(p,q)中滞后阶数 p 的常用方法，它可以反映时间序列中任意两个变量在排除了中间变量的影响后的相关性。本节利用 PACF 来确定各分量的滞后阶数，进而确定 Elman 神经网络的输入、输出变量。

ARMA(p,q)可以描述为：

$$\varphi(\boldsymbol{B})\boldsymbol{x}_t=\theta(\boldsymbol{B})\boldsymbol{a}_t \tag{2.2.1}$$

$$\begin{cases}\varphi(\boldsymbol{B})=1-\varphi_1\boldsymbol{B}-\varphi_2\boldsymbol{B}^2-\cdots-\varphi_p\boldsymbol{B}^p\\ \theta(\boldsymbol{B})=1-\theta_1\boldsymbol{B}-\theta_2\boldsymbol{B}^2-\cdots-\theta_q\boldsymbol{B}^q\end{cases} \tag{2.2.2}$$

式中，$\varphi(\boldsymbol{B})$表示自回归多项式，阶数为 p；$\theta(\boldsymbol{B})$为滑动平均多项式，阶数为 q；$\boldsymbol{B}$ 是滞后算子（即 $\boldsymbol{B}\boldsymbol{x}_t=\boldsymbol{x}_{t-1}$）；$\boldsymbol{a}_t$ 是白噪声误差项。

PACF 辨识 p 的基本思想是：设 $\boldsymbol{x}_i$ 为输出变量，若时滞 k 时刻的偏自相关系数超过置信区间 $[-1.96/\sqrt{N},\ 1.96/\sqrt{N}]$ 的 95%，那么 $\boldsymbol{x}_{i-k}$ 即为$\boldsymbol{x}_i$ 的一个输入变量。

PACF 的推导过程如下：

设分量$\{c_i(j)\}(i=1,2,\cdots,l;j=1,2,\cdots,n)$为时间序列，$\gamma(t)$为时滞 t 时刻的协方差，其估计值 $\hat{\gamma}(t)$为：

$$\hat{\gamma}(t)=\frac{1}{n}\sum_{j=1}^{n-t}[c_i(j)-\bar{c}_i][c_i(j+t)-\bar{c}_i],t=0,1,\cdots,m \tag{2.2.3}$$

其中，$\bar{c}_i$ 为$\{c_i(j)\}$的均值；$m=n/4$ 为最大时滞；$\hat{\gamma}(t)$满足 $\hat{\gamma}(-t)=\hat{\gamma}(t)$。

设 $\rho(t)$为时滞 t 时刻的自相关函数，其估计值 $\hat{\rho}(t)$ 为：

$$\hat{\rho}(t)=\frac{\hat{\gamma}(t)}{\hat{\gamma}(0)} \tag{2.2.4}$$

设 $\alpha(t,t)$为时滞 t 时刻的 PACF，则其估计值 $\widehat{\alpha}(t,t)$可由式(2.2.5) 至式(2.2.7) 导出。

$$\widehat{\alpha}(t)(1,1)=\widehat{\rho}(1) \tag{2.2.5}$$

$$\widehat{\alpha}(t+1,t+1)=\frac{\widehat{\rho}(t+1)-\sum_{j=1}^{t}\widehat{\rho}(t+1-j)\widehat{\alpha}(t,j)}{1-\sum_{j=1}^{t}\widehat{\rho}(j)\widehat{\alpha}(t,j)} \tag{2.2.6}$$

$$\widehat{\alpha}(t+1,j)=\widehat{\alpha}(t,j)-\widehat{\alpha}(t+1,t+1)\times\widehat{\alpha}(t+1,t+1-j) \tag{2.2.7}$$

其中，$t=1,2,\cdots,m$；$j=1,2,\cdots,t$。

2.2.1.2 互信息

互信息用来度量两个随机变量之间相互独立的程度[10]。互信息越大，说明变量之间的独立程度越小，相关性越强。互信息不仅能用来度量变量间的线性关系，还能识别其非线性关系，这是互信息相较于其他统计指标的一个优势。同时，互信息对变量的分布类型没有特殊的要求，因此，在图像、医学、生物等领域得到了广泛的应用。

互信息源于信息论中熵的概念，其定义如下[10]：

考虑两个随机变量 $\boldsymbol{X}$ 和 $\boldsymbol{Y}$，它们的联合概率密度函数为 $p(x,y)$，其边际概率密度函数分别为 $p(x)$和 $p(y)$。互信息 $I(\boldsymbol{X};\boldsymbol{Y})$为联合分布 $p(x,y)$和乘积分布 $p(x)p(y)$之间的相对熵，即：

$$I(\boldsymbol{X};\boldsymbol{Y})=\sum_{x\in\boldsymbol{X}}\sum_{y\in\boldsymbol{Y}}p(x,y)\log_b\frac{p(x,y)}{p(x)p(y)} \tag{2.2.8}$$

其中，对数函数的底数取不同的值表示信息熵有不同的量纲，当 b 为 2 时量纲为比特（bit），当 b 为 e 时量纲为奈特（nat）[11]。本节取 $b=\mathrm{e}$，假设 $0\log(0)=0$ 总成立。

根据熵与互信息之间的关系，也可以将互信息写成如下形式：

$$I(\boldsymbol{X};\boldsymbol{Y})=H(\boldsymbol{X})+H(\boldsymbol{Y})-H(\boldsymbol{X},\boldsymbol{Y}) \tag{2.2.9}$$

其中，$H(\boldsymbol{X})$ 和 $H(\boldsymbol{Y})$ 分别为变量 $\boldsymbol{X}$ 和 $\boldsymbol{Y}$ 的熵；$H(\boldsymbol{X},\boldsymbol{Y})$ 为 $\boldsymbol{X}$ 和 $\boldsymbol{Y}$ 的联合熵，即：

$$H(\boldsymbol{X})=-\sum_{x\in\boldsymbol{X}}p(x)\log_b p(x) \tag{2.2.10}$$

$$H(\boldsymbol{X},\boldsymbol{Y})=-\sum_{x\in\boldsymbol{X}}\sum_{y\in\boldsymbol{Y}}p(x,y)\log_b p(x,y) \tag{2.2.11}$$

互信息 $I(\boldsymbol{X};\boldsymbol{Y})$是非负的。当变量 $\boldsymbol{X}$ 和 $\boldsymbol{Y}$ 相互独立或者完全无关时，互信息 $I(\boldsymbol{X};\boldsymbol{Y})$等于 0；而当变量 $\boldsymbol{X}$ 和 $\boldsymbol{Y}$ 相互依赖程度很高时，互信息 $I(\boldsymbol{X};\boldsymbol{Y})$ 会非常大。

计算互信息的关键是估计概率密度函数，求概率密度函数的方法可以分为参数方法和非参数方法。参数方法需要假定概率密度函数的具体形式，难以处理非线性不规则的联合分布，在应用中受到较大的限制。而非参数方法则提供概率密度函数的近似值，能够较好地适应非线性和不规则分布，应用范围更加广泛。

目前存在的非参数方法主要有：直方图法[12]、核函数法[13] 和 k-近邻（k-NN）法[14] 等。前两种方法是概率密度估计中常用的方法，但它们仅限于估计一维或者二维的概率密度函数，在高炉铁水硅含量预测过程中，由于变量具有高维特征，这两种方法的使用存在一定局限性，而 k-NN 方法在估计高维概率密度函数方面具有显著优势，因此，本节利用 k-NN 方法计算出信息。

设 $\boldsymbol{Z}=(\boldsymbol{X},\boldsymbol{Y})$，其样本点为 $\boldsymbol{z}_i=(\boldsymbol{x}_i,\boldsymbol{y}_i)(i=1,2,\cdots,N)$，则 $\boldsymbol{X}$ 和 $\boldsymbol{Y}$ 的互信息可表示为：

$$I(\boldsymbol{X};\boldsymbol{Y})=\psi(k)-\langle\psi(n_x+1)+\psi(n_y+1)\rangle+\psi(N) \tag{2.2.12}$$

其中，k 为近邻的个数，需要事先给定；$\psi(x)$为 Digamma 函数：

$$\psi(x)=\Gamma(x)^{-1}\mathrm{d}\Gamma(x)/\mathrm{d}x \tag{2.2.13}$$

且满足式(2.2.14) 和式(2.2.15) 的迭代关系：

$$\psi(x+1)=\psi(x)+1/x \tag{2.2.14}$$

$$\psi(1)=-C,C=0.5772156\cdots \tag{2.2.15}$$

$$\langle\cdots\rangle=N^{-1}\sum_{i=1}^{N}E\left[\cdots(i)\right] \tag{2.2.16}$$

式中，$\Gamma(x)$是伽马函数；$E[\cdots(i)]$表示在第 i 个样本的期望；$\langle\cdots\rangle$ 是 $i=1,2,\cdots,N$ 所有样本的期望值的平均。

为了得到 n_x 和 n_y，首先计算样本点 $\boldsymbol{z}_i$ 和 $\boldsymbol{z}_j$ 的距离 $d_{i,j}$，并得出 $\boldsymbol{z}_i$ 的 k 个近邻：

$$d_{i,j}=\|\boldsymbol{z}_i-\boldsymbol{z}_j\|,d_{i,j_1}\leqslant d_{i,j_2}\leqslant d_{i,j_3}\cdots \tag{2.2.17}$$

$$\|\boldsymbol{z}_i-\boldsymbol{z}_j\|=\max\{\|\boldsymbol{x}_i-\boldsymbol{x}_j\|,\|\boldsymbol{y}_i-\boldsymbol{y}_j\|\} \tag{2.2.18}$$

计算 $\boldsymbol{z}_i$ 到其第 k 个近邻之间的距离 $\varepsilon(i)/2$，显然，$\varepsilon(i)=\max\{\varepsilon_x(i),\varepsilon_y(i)\}$。那么，$n_x(i)$为到 $\boldsymbol{x}_i$ 的距离小于$\varepsilon_x(i)/2$ 的样本点的个数，同理，可求得 $n_y(i)$。将 n_x 和 n_y 代入式(2.2.12) 计算即可得到变量 $\boldsymbol{X}$ 和 $\boldsymbol{Y}$ 的互信息。

2.2.1.3 关联维数

关联维数是混沌系统理论中的一种几何不变量，用于度量系统的复杂程度。在确定性系统中，关联维数就是生成相应复杂系统所必需的独立变量的个数[8]。在硅含量预测建模中，关联维数可以为模型输入变量数目的确定提供参考。

关联维数的计算基于相空间重构理论。相空间重构就是从系统的某一观测量的时间序列出发，构建一个多维的状态空间，这一状态空间具有与原系统相同的几何不变量[8]。具体过程如下：

设离散系统的线性差分方程为：

$$\boldsymbol{z}_{n+1}=F(\boldsymbol{z}_n) \tag{2.2.19}$$

其中，$\boldsymbol{z}_n$ 为系统在 n 时刻的状态向量；$F(\cdot)$为向量值函数。设时间序列$\{x_n\}(n=1,2,\cdots,N)$为系统某一输出的观测值，即

$$x_n=h(\boldsymbol{z}_n)+\omega_n \tag{2.2.20}$$

其中，$h(\cdot)$为多元数值函数；ω_n 为测量噪声。

根据延迟嵌入定理[15,16]，时间序列$\{x_n\}(n=1,2,\cdots,N)$以向量 $\boldsymbol{x}_n$ 形成 m 维空间，当 $m\geqslant 2d+1$ 时，系统的几何结构可以完全展开。向量 $\boldsymbol{x}_n$ 为

$$\boldsymbol{x}_n=(x_n,x_{n-\tau},\cdots,x_{n-(m-1)\tau}),n=N_0,N_0+1,\cdots,N \tag{2.2.21}$$

其中，τ 为延迟时间间隔；m 为嵌入维数；d 为吸引子的维数；$N_0=(m-1)\tau+1$。状态空间 $\boldsymbol{x}_n\rightarrow\boldsymbol{x}_{n+1}$ 的演化过程就代表了动力系统 $\boldsymbol{z}_n\rightarrow\boldsymbol{z}_{n+1}$ 的演化过程。

延迟时间间隔 τ 的确定利用平均互信息方法。对于时间序列$\{x_n\}$，在 n 和 $n+\tau$ 时刻观测量之间的平均互信息为：

$$I(\tau)=\sum_{n=1}^{N}p(x_n,x_{n+\tau})\log_b\frac{p(x_n,x_{n+\tau})}{p(x_n)p(x_{n+\tau})} \tag{2.2.22}$$

其中，$p(x_n)$、$p(x_{n+\tau})$、$p(x_n,x_{n+\tau})$为概率密度函数。根据文献［17］，选择使 $I(\tau)$产生第一个局部极小值点的 τ 作为系统的延迟时间间隔。

本节采用 G-P 算法[18] 计算关联维数，具体描述如下：

在式(2.2.21) 重构的相空间中，计算时间序列 $\{x_n\}$ 的关联积分 $C_N(r,\tau,m)$：

$$C_N(r,\tau,m)=\frac{2}{(N-N_0)(N-N_0+1)}\sum_{i=N_0}^{N-1}\sum_{j=i+1}^{N}H(r-\|\boldsymbol{x}_i-\boldsymbol{x}_j\|) \tag{2.2.23}$$

其中，$H(\cdot)$为 Heavside 函数，定义为：

$$H(x)=\begin{cases}0 & x\leqslant 0\\ 1 & x>0\end{cases} \tag{2.2.24}$$

此外，$\sum H(r-\|\boldsymbol{x}_i-\boldsymbol{x}_j\|)$表示到 $\boldsymbol{x}_i$ 的距离小于 r 的 $\boldsymbol{x}_j$ 的数目；$C_N(r,\tau,m)$描述了距离小于 r 的点对的分布，用来刻画相点的聚集情况，若在 r 的某个区间内，满足：

$$C_N(r,\tau,m)\propto r^d \tag{2.2.25}$$

那么，称 d 为关联维数。对于使式(2.2.25) 成立的区间段的确定，可以通过观察双对数 $\ln C_N(r,\tau,m)$-$\ln r$ 图，将曲线上斜率达到饱和时的线性部分的斜率作为系统的关联维数。

2.2.1.4 基于互信息的变量选择

在实践中，为了避免丢失重要的信息，建模前通常会考虑尽可能多的相关解释变量。然而，高维变量的引入不仅会占据大量资源、耗费很长时间，而且使模型变得复杂、可解释性差。同时，变量间的多重共线等问题造成信息的冗余，导致模型的性能变差。因此，变量的选择在减少信息冗余、降低模型复杂度、提高模型精度等方面起着至关重要的作用。

常见的变量选择方法有：前向回归法、后向回归法、逐步回归法、神经网络算法和遗传算法等。本节鉴于互信息不仅能够有效地表示变量间的非线性关系，并且不需要预先假设数据分布类型的优势，选取以互信息为基础的最小冗余-最大相关算法（mRMR 算法）[19,20] 进行变量的选择。

mRMR 算法的基本思想如下：

设随机变量 $\boldsymbol{X}$ 和 $\boldsymbol{Y}$，$\boldsymbol{X}=\{\boldsymbol{X}_1,\boldsymbol{X}_2,\cdots,\boldsymbol{X}_n\}$包含 n 个自变量，$\boldsymbol{Y}$ 为因变量，$\boldsymbol{S}$ 为 $\boldsymbol{X}$ 的一个近似最优子集且 $\boldsymbol{S}=\{\boldsymbol{X}_i\},i=1,2,\cdots,m$。

最大相关即确定自变量 $\boldsymbol{X}_i$，使其满足式(2.2.26)：

$$\max D(\boldsymbol{S},\boldsymbol{Y}),D=\frac{1}{|\boldsymbol{S}|}\sum_{\boldsymbol{X}_i\in\boldsymbol{S}}I(\boldsymbol{X}_i;\boldsymbol{Y}) \tag{2.2.26}$$

其中，$I(\boldsymbol{X}_i;\boldsymbol{Y})$为 $\boldsymbol{X}_i$ 与 $\boldsymbol{Y}$ 的互信息；$D(\boldsymbol{S},\boldsymbol{Y})$为集合 $\boldsymbol{S}$ 中各 $\boldsymbol{X}_i$ 和 $\boldsymbol{Y}$ 的互信息的均值；$|\boldsymbol{S}|$为集合 $\boldsymbol{S}$ 中变量的个数。

最小冗余即集合 $\boldsymbol{S}$ 满足式(2.2.27)：

$$\min R(\boldsymbol{S}),R=\frac{1}{|\boldsymbol{S}|^2}\sum_{\boldsymbol{X}_i,\boldsymbol{X}_j\in\boldsymbol{S}}I(\boldsymbol{X}_i;\boldsymbol{X}_j) \tag{2.2.27}$$

其中，$I(\boldsymbol{X}_i;\boldsymbol{X}_j)$为 $\boldsymbol{X}_i$ 与 $\boldsymbol{X}_j$ 的互信息。

mRMR 算法同时满足上述最大相关和最小冗余原则，将这两个条件统一起来，即满足式(2.2.28)：

$$\max\Phi(D,R),\Phi=D-R \tag{2.2.28}$$

实际应用时，mRMR 算法需要预先给定要选择的变量数 m，本节将关联维数作为参考进行变量数目的确定。确定 $\boldsymbol{X}$ 的近似子集 $\boldsymbol{S}$ 可以使用增量搜索法，假设已确定了含有 $m-1$ 个自变量的子集 $\boldsymbol{S}_{m-1}$，则需从子集 $\boldsymbol{X}-\boldsymbol{S}_{m-1}$ 中确定第 m 个自变量 $\boldsymbol{X}_j$，使其满足以下条件：

$$\max_{\boldsymbol{X}_j\in\boldsymbol{X}-\boldsymbol{S}_{m-1}}\left[I(\boldsymbol{X}_j;\boldsymbol{Y})-\frac{1}{m-1}\sum_{\boldsymbol{X}_i\in\boldsymbol{S}_{m-1}}I(\boldsymbol{X}_j;\boldsymbol{X}_i)\right] \tag{2.2.29}$$

该算法的计算复杂度为：$O(|\boldsymbol{S}|m)$。

2.2.2 Elman 神经网络

本节主要介绍神经元的基本结构、传输函数的形式，神经网络的分类及 Elman 神经网络的基本原理。

2.2.2.1 神经网络的基本介绍

神经网络是一种模仿人脑的工作方式而设计的数学模型。它是一个具有大量连接的并行分布式处理系统，具有非常强的自学习能力，能够通过学习获取知识并解决实际问题，获取的知识以分布式的方式存储在连接权重中。

神经元是神经网络的基本组成单元，其结构如图 2.2.1 所示[21]。输入向量 $\boldsymbol{P}=[p_1,p_2,\cdots,p_R]^{\mathrm{T}}$ 包含 R 个输入信号，权值向量 $\boldsymbol{W}=[w_1,w_2,\cdots,w_R]$用于调整每个输入的权重，$b$ 为偏置值。神经元的计算过程包括以下步骤：首先，将输入向量 $\boldsymbol{P}$ 与权值向量 $\boldsymbol{W}$ 相乘并累加，得到加权和 $n=\boldsymbol{W}\cdot\boldsymbol{P}+b$，其中 n 被称为净输入；随后，净输入 n 通过传输函数 $f(\cdot)$进行非线性变换，生成神经元的输出 a。数学表达式为：

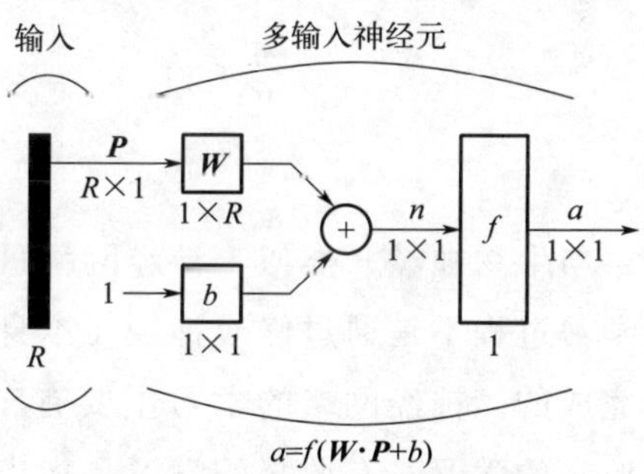

图 2.2.1　神经元结构模型

$$a=f(\boldsymbol{W}\cdot\boldsymbol{P}+b) \tag{2.2.30}$$

其中，a 表示神经元输出；$\boldsymbol{W}\cdot\boldsymbol{P}$ 表示权值向量与输入向量的点积。

常用的神经元传输函数有[22]：

① 硬极限函数：如图 2.2.2(a) 所示，公式为

$$a=f(n)=\begin{cases}1, n\geqslant 0\\0, n<0\end{cases} \tag{2.2.31}$$

② 线性传输函数：如图 2.2.2(b) 所示，公式为

$$a=f(n)=n \tag{2.2.32}$$

③ 对数-S 形函数：如图 2.2.2(c) 所示，公式为

$$a=f(n)=\frac{1}{1+\mathrm{e}^{-n}} \tag{2.2.33}$$

④ 双曲正切函数：如图 2.2.2(d) 所示，公式为

$$a=f(n)=\frac{\mathrm{e}^{n}-\mathrm{e}^{-n}}{\mathrm{e}^{n}+\mathrm{e}^{-n}} \tag{2.2.34}$$

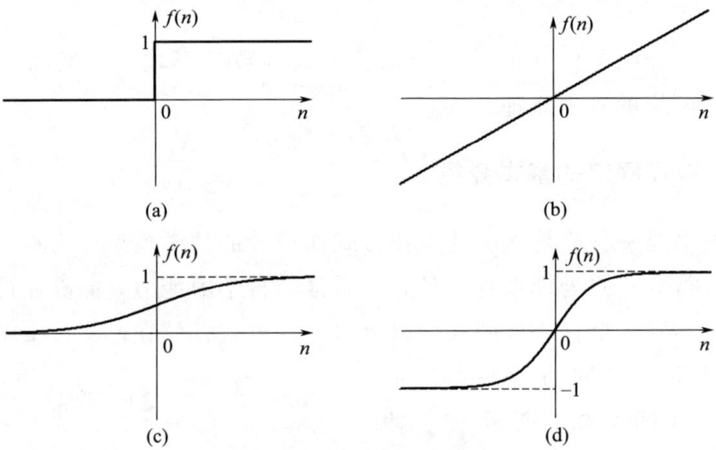

图 2.2.2　传输函数曲线

与生物神经元类似，神经网络只有通过学习才能具备智能特性。神经网络的学习过程不是通过修改神经元本身的结构来实现的，而是通过调节权值及偏置完成的。神经网络的学习主要有三种形式[23]：有监督的学习、增强学习和无监督的学习。有监督的学习是指当输入作用到神经网络后会产生一个实际的输出，将实际的输出值与目标输出值进行比较，根据比较的结果，学习规则对权值和偏置进行调节，使得网络的实际输出值越来越接近目标输出值；增强学习与有监督的学习类似，不同的地方在于，增强学习为每一个输入给出了一个评分，这个评分是对神经网络在某些输入序列上的性能测度；无监督的学习没有输出，仅仅是根据输入实现权值和偏置的调节。

无论神经网络选择哪种方式进行学习，其学习过程都会对应一定的学习规

则。典型的神经网络学习规则有[24]：Hebb 学习规则、纠错学习规则（Widrow-Hoff 学习规则）、基于记忆的学习规则、随机学习规则和竞争学习规则。

神经网络按照不同的标准进行划分会得到不同的分类结果，如果按照连接方式划分，神经网络可分为两种：前馈神经网络和递归神经网络。前馈神经网络属于静态网络，利用前馈神经网络建立的静态数学模型不能很好地与高炉炼铁过程的动态特性相匹配，不利于铁水硅含量预测精度的提高。而递归神经网络是一种动态神经网络，它是在前馈神经网络的基础上增加了反馈单元，这使得网络内部存在信号的反馈，即网络中 k 时刻的输出不仅与当前时刻的输入有关，而且还与 $k-1$ 时刻、$k-2$ 时刻等历史信号有关，从而表现出了一定的动态特性。这一特性使网络具有映射动态特征的功能和适应系统时变特性的能力，因此，在复杂系统建模与预报领域显示出了很大的优势。Elman 神经网络[25] 是一种典型的递归神经网络，其结构简单，性能优越，因此，本节采用 Elman 神经网络对硅含量进行预测。

2.2.2.2 Elman 神经网络的基本原理

Elman 神经网络[26] 结构如图 2.2.3 所示。传统的前馈神经网络只包含输入层、隐层和输出层，Elman 神经网络是在前馈网络的基础上增加了一个特殊的联系单元，该联系单元本质上是一个时延算子，用来记忆隐层单元历史时刻的输出值，它使该网络具备了动态记忆的功能[26]。训练好的 Elman 神经网络具有非线性映射和动态特性，能够反映高炉内部的动态特征。

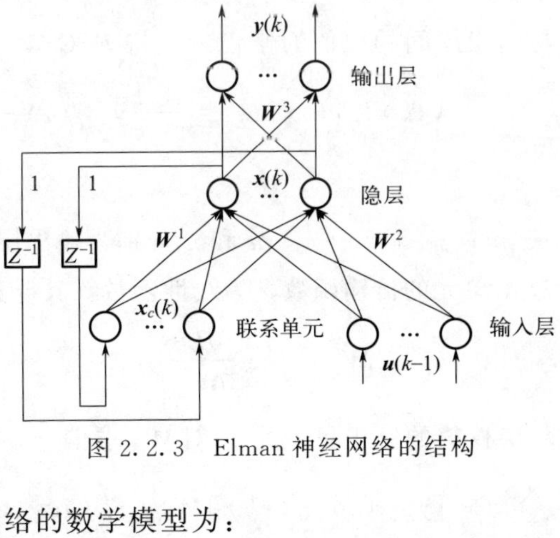

图 2.2.3　Elman 神经网络的结构

Elman 神经网络的数学模型为：

$$\begin{cases} \boldsymbol{x}(k)=f[\boldsymbol{W}^1\boldsymbol{x}_c(k)+\boldsymbol{W}^2\boldsymbol{u}(k-1)] \\ \boldsymbol{x}_c(k)=\boldsymbol{x}(k-1) \\ \boldsymbol{y}(k)=g[\boldsymbol{W}^3\boldsymbol{x}(k)] \end{cases} \tag{2.2.35}$$

其中，$\boldsymbol{W}^1$、$\boldsymbol{W}^2$、$\boldsymbol{W}^3$ 分别为联系单元与隐层单元、输入单元与隐层单元、隐层单元与输出单元的连接权矩阵；$\boldsymbol{x}_c(k)$和 $\boldsymbol{x}(k)$分别表示联系单元和隐层单元的输出；$\boldsymbol{y}(k)$表示输出单元的输出；$f(\cdot)$和 $g(\cdot)$分别是隐层单元和输出单元的传输函数。

本节采用的是两层 Elman 神经网络，隐层神经元（单元）的传输函数为 S 型正切函数 tansig(·)，输出层神经元的传输函数为 purelin(·)，网络的训练算法选取反向传播算法。学习的目的是，根据神经网络实际的输出值与目标输出值的差，对权值和偏置进行调节，使得输出层的误差的平方和最小。具体的推导过程如下：

设 k 时刻 Elman 神经网络的实际输出为 $\boldsymbol{y}(k)$，目标输出值为 $\boldsymbol{y}_d(k)$，那么定义网络的误差函数为：

$$\boldsymbol{E}=\frac{1}{2}[\boldsymbol{y}_d(k)-\boldsymbol{y}(k)]^{\mathrm{T}}[\boldsymbol{y}_d(k)-\boldsymbol{y}(k)] \tag{2.2.36}$$

Elman 神经网络权值的修正量 $\Delta\boldsymbol{W}_{ij}$ 正比于误差 $\boldsymbol{E}$ 对权值$\boldsymbol{W}_{ij}$ 的一阶导数，即：

$$\Delta\boldsymbol{W}_{ij}=-\alpha\frac{\partial\boldsymbol{E}}{\partial\boldsymbol{W}_{ij}} \tag{2.2.37}$$

其中，α 为学习率。

为了得到隐层与输出层间的权值的修正量，将 $\boldsymbol{E}$ 对 $\boldsymbol{W}^3$ 求偏导，得：

$$\frac{\partial\boldsymbol{E}}{\partial\boldsymbol{W}_{ij}^3}=-[\boldsymbol{y}_{d,i}(k)-\boldsymbol{y}(k)]g_i'()\boldsymbol{x}_j(k)=-[\boldsymbol{y}_{d,i}(k)-\boldsymbol{y}(k)]\boldsymbol{x}_j(k) \tag{2.2.38}$$

其中，$i=1,2,\cdots,m$；$j=1,2,\cdots n$。m 和 n 分别为输出层和隐层神经元的个数。因为 $g(\cdot)$ 为输出单元的传输函数，为线性函数，其导数 $g_i'(\cdot)$ 为 1。

$$\Delta\boldsymbol{W}_{ij}^3=-\alpha\frac{\partial\boldsymbol{E}}{\partial\boldsymbol{W}_{ij}^3} \tag{2.2.39}$$

计算输入层到隐层权值的修正量，将 $\boldsymbol{E}$ 对 $\boldsymbol{W}^2$ 求偏导，得：

$$\frac{\partial\boldsymbol{E}}{\partial\boldsymbol{W}_{ij}^2}=\sum_{i=1}^{m}\{-[\boldsymbol{y}_{d,i}(k)-\boldsymbol{y}(k)]\boldsymbol{W}_{ij}^3\}f_j'()\boldsymbol{u}_q(k-1) \tag{2.2.40}$$

其中，$j=1,2,\cdots,n$；$q=1,2,\cdots,r$；r 为输入层神经元的个数。

$$\Delta W_{ij}^{2} = -\alpha \frac{\partial E}{\partial W_{ij}^{2}} \tag{2.2.41}$$

计算联系单元到隐层权值的修正量，将 E 对 W^1 求偏导，得：

$$\frac{\partial E}{\partial W_{jl}^{1}} = \sum_{i=1}^{m} \{-[y_{d,i}(k) - y(k)] W_{ij}^{3}\} f_j'() x_l(k-1) \tag{2.2.42}$$

其中，$j=1,2,\cdots,n$；$l=1,2,\cdots,n$。

$$\Delta W_{jl}^{1} = -\alpha \frac{\partial E}{\partial W_{jl}^{1}} \tag{2.2.43}$$

2.3 过程变量驱动的 EMD-Elman 铁水硅含量预测

本节综合考虑了硅含量与过程变量之间的关系，建立了基于过程变量的改进型 EMD-Elman 神经网络模型。

假设硅含量的时间序列为 y，通过 EMD 后得到的分量为$\{c_1,\cdots,c_i,\cdots,c_n,r_l\}(i=1,2,\cdots,n)$；与 y 相关的过程变量为 $x_j(j=1,2,\cdots,m)$，通过 EMD 后得到的分量为$\{x_{j1},\cdots,x_{jk},\cdots,x_{jv}\}(j=1,2,\cdots,m;k=1,2,\cdots,v)$。其中，$x_{jk}$ 为变量 x_j 经过 EMD 得到的分量，v 为分量数目，m 为自变量的个数；c_i 为变量 y 经过 EMD 得到的本征模态函数分量，n 为分量数目，r_l 为剩余分量。

基于过程变量的改进型 EMD-Elman 神经网络的结构如图 2.3.1 所示，EMD 方法用于提取铁水硅含量及其他自变量不同尺度的信息，Elman 神经网络针对提取信息的动态特性分别建立子模型，最后将子模型的预测结果进行加权融合，得到硅含量的预测结果。

模型建立的基本步骤如下：

步骤 1：将硅含量 y 及与之相关的过程变量 $x_j(j=1,2,\cdots,m)$分别进行 EMD，得到输出变量集合$\{c_1,\cdots,c_i,\cdots,c_n,r_l\}(i=1,2,\cdots,n)$，输入变量集合$\{x_{j1},\cdots,x_{jk},\cdots,x_{jv}\}(j=1,2,\cdots,m;k=1,2,\cdots,v)$。

步骤 2：利用 mRMR 算法确定各输出变量 $c_i(i=1,2,\cdots,n)$及 r_l 的输入变量子集 $U_{opt\_i}(i=1,2,\cdots,9)$，这里 U_{opt_i} $(i=1, 2, \cdots, 9)$ 为输入变量集合$\{x_{j1},\cdots,x_{jk},\cdots,x_{jv}\}(j=1,2,\cdots,m;k=1,2,\cdots,v)$的一个近似最优子集。

步骤 3：基于各变量 $c_i(i=1,2,\cdots,n)$及 r_l 建立 Elman 神经网络子模型。

步骤 4：将各子模型的预测结果进行加权融合，并利用粒子群优化（Particle Swarm Optimization，PSO）[27] 进行权值寻优，得到硅含量的预测结果。

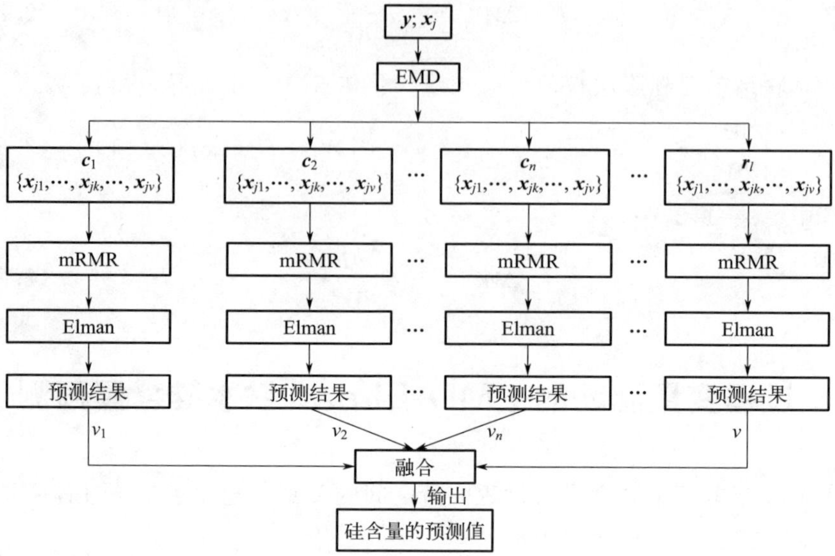

图 2.3.1 基于过程变量的改进型 EMD-Elman 神经网络的结构

2.4 质量变量驱动的 EMD-Elman 铁水硅含量预测

针对高炉炼铁过程的多尺度和动态特征，建立了质量变量驱动的改进型 EMD-Elman 神经网络模型。设硅含量的初始时间序列为 $\boldsymbol{y}$，该模型的结构如图 2.4.1 所示。首先，EMD 方法将铁水硅含量不同尺度的信息提取出来；随后，Elman 神经网络针对不同尺度信息的动态特性分别建立子模型；最后，将子模型的预测结果进行加权融合，得到硅含量的预测结果，权值的引入可以实现对子模型预测结果的微调，从而进一步提高模型的预测精度。

基于质量变量的改进型 EMD-Elman 神经网络模型建立的基本步骤如下：

步骤 1：将铁水硅含量的原始时间序列利用 EMD 方法分解为有限个 IMF 分量和剩余分量。

步骤 2：利用偏自相关函数确定各 IMF 分量和剩余分量的滞后阶数，进而确定 Elman 神经网络子模型的输入、输出变量。

步骤 3：对各 IMF 分量和剩余分量建立 Elman 神经网络子模型。

步骤 4：将各子模型的预测结果进行加权融合，并利用 PSO 算法进行权值寻优，得到硅含量的预测结果。

改进型 EMD-Elman 神经网络模型通过 EMD，将特性复杂的高炉铁水硅

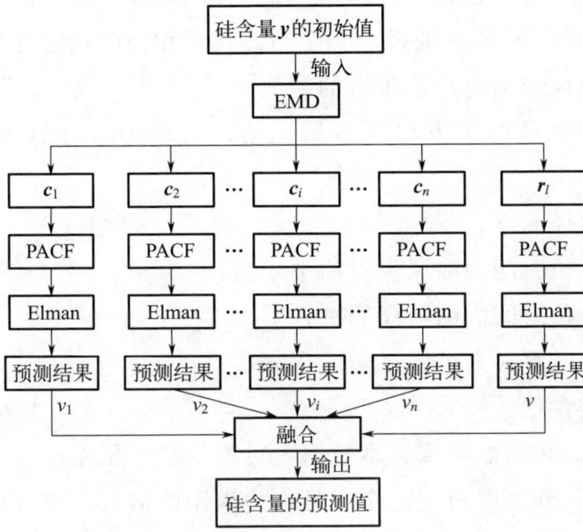

图 2.4.1　基于质量变量的改进型 EMD-Elman 神经网络的结构

含量时间序列分解为特性较为简单的分量分别进行预测，降低了分析问题的难度。同时，模型充分考虑了 Elman 神经网络动态建模的优势，以及变量不同尺度的信息对目标结果的贡献，从而有利于提高模型的预测精度。在对子模型的预测结果进行融合时，引入权值可以实现对目标结果的进一步逼近，有利于降低噪声的影响，使模型的预测精度进一步提高。

另一方面，进行单变量建模时，由于时滞、噪声、数据波动产生的额外动态信息及能量损失等比多变量情况下有所减少，且子模型的输入和输出变量间的相关性更强，这将有利于子模型预测精度的提高，从而进一步提高硅含量的预测精度。

2.5 案例分析

2.5.1 基于过程变量的改进型 EMD-Elman 神经网络在铁水硅含量预测中的应用

2.5.1.1 数据采集及模型评价标准

本节使用的数据取自于某钢厂容积约为 2500m^3 的高炉。根据铁水硅含量的反应机理可知，与硅含量密切相关的过程变量应该为其化学方程式中的反应物。通常情况下，过程变量越多，建模时能够提供的信息越多。然而，由于高炉炼铁过程是在高温、高压、强腐蚀、强干扰的环境下进行的，变量的测量困难且成本高，因此，本节只选择了 7 个与硅含量相关的过程变量，分别为：

① 压差：热风压力与炉顶压力的差值；

② 透气性：风量的平方与压差的比值，生产中常计算为风量与压差的比值；

③ 风温：热风温度；

④ 风量：单位时间内冷风流量的平均值；

⑤ 喷煤：单位时间内的喷煤的量；

⑥ 富氧率：富氧时高炉鼓风中的含氧量；

⑦ 上一炉硅含量。

其中，风温、风量、喷煤、富氧率为过程变量，压差、透气性、上一炉硅含量为质量变量，建模时将这 7 个变量作为模型的输入，硅含量作为模型的输出。在炉况平稳的情况下，风温和风量基本不发生明显变化。

以上 7 个变量的样本数均为 1000，本节使用符号 $\boldsymbol{x}_1 \sim \boldsymbol{x}_7$ 表示，其时间序列如图 2.5.1 所示。由图中可以看出，本节选取的这段数据不是平稳的，存在较大的波动，在 200 至 400 样本数之间，硅含量偏离稳定值有所升高，使得硅含量局部波动较大，此时炉温也随之上行。导致这一变化的原因可能是矿石、

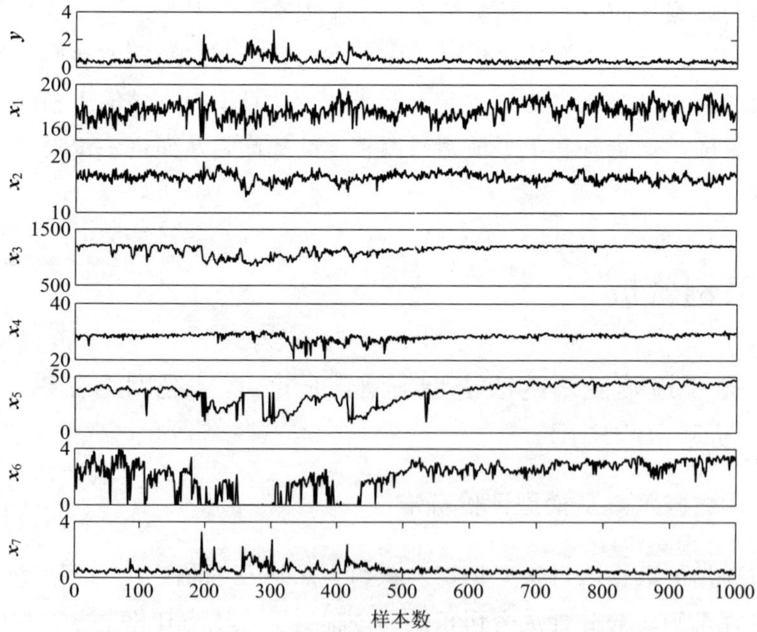

图 2.5.1 硅含量及与之相关的过程变量的初始时间序列

焦炭等原料的成分发生变化，而装料制度和送风制度等未能及时调整，导致反应产热增加，温度升高。为了使炉温恢复正常，操作人员进行了一系列的调节。从图中可以看出 $\boldsymbol{x}_3 \sim \boldsymbol{x}_6$（即风温、风量、喷煤和富氧率）均有所下降，一段时间后，炉温趋于正常。由于变量存在波动，增加了更多的动态信息，这为接下来的建模增加了一定的难度。

各变量的统计特性如表 2.5.1 所示，变量 $\boldsymbol{x}_1$、$\boldsymbol{x}_3$、$\boldsymbol{x}_4$、$\boldsymbol{x}_5$、$\boldsymbol{x}_6$ 的方差较大，说明其数据值的离散程度较大，进一步表明了变量存在波动；同时，变量间幅值相差较大，如果直接用于变量的选择或者建模，那么大幅值的变量将起到主导作用，并掩盖其他变量的贡献，最终影响建模的准确性。因此，需要对变量进行归一化处理，如式(2.5.1)。

$$\overline{\boldsymbol{x}}_j = \frac{\boldsymbol{x}_j}{\max(\boldsymbol{x}_j) - \min(\boldsymbol{x}_j)} \quad j = 1, 2, \cdots, n \tag{2.5.1}$$

其中，$\boldsymbol{x}_j$ 为输入变量；$\overline{\boldsymbol{x}}_j$ 为归一化之后得到的变量；n 为变量的数目。

表 2.5.1　变量的符号表示及其统计特性

符号	变量名称	单位	均值	方差
$\boldsymbol{y}$	硅含量(质量分数)	%	0.54	0.25
$\boldsymbol{x}_1$	压差	kPa	176.97	6.99
$\boldsymbol{x}_2$	透气性	$m^3/(min \cdot kPa)$	16.27	0.78
$\boldsymbol{x}_3$	风温	℃	1143.68	90.78
$\boldsymbol{x}_4$	风量	m^3/min	28.27	1.20
$\boldsymbol{x}_5$	喷煤	t/h	35.56	9.44
$\boldsymbol{x}_6$	富氧率	%	2.09	1.08
$\boldsymbol{x}_7$	上一炉硅含量(质量分数)	%	0.55	0.28

将以上各自变量、因变量进行归一化处理后，计算变量间的互信息，如表 2.5.2 所示。上一炉硅含量是硅含量的自回归项，将其作为输入，会增加预测模型的惯性，导致其对于变化较大的炉况不能及时进行跟踪。然而，从表 2.5.2 可以看出，硅含量与上一炉硅含量间的互信息最大，变量间的相关性最强，将其作为输入可以增加预测模型对有用信息的利用，这将有利于描述系统的高阶动态。变量 $\boldsymbol{x}_2$、$\boldsymbol{x}_4$ 与 $\boldsymbol{y}$ 间的互信息较小，变量间的相关性较小，而其他变量与硅含量间的互信息相差不大。通常情况下，与输出变量之间表现出较强相关性的变量将优先被选择作为模型的输入。对于自变量而言，$\boldsymbol{x}_1$ 和 $\boldsymbol{x}_2$、$\boldsymbol{x}_3$ 和 $\boldsymbol{x}_5$、$\boldsymbol{x}_5$ 和 $\boldsymbol{x}_6$ 之间表现出较强的相关性，建模时对于这些组合的利用需要进行充分的考虑。以上变量间的互信息及分析的结果将为随后的多尺度

建模提供一定的参考。

表 2.5.2　变量间的互信息

项目	x_2	x_3	x_4	x_5	x_6	x_7	y
x_1	0.53	0.11	0.01	0.24	0.40	0.13	0.10
x_2		0.001	0.02	0.01	0.10	0.004	0.04
x_3			0.14	0.7	0.37	0.32	0.32
x_4				0.19	0.11	0.02	0.03
x_5					0.72	0.29	0.29
x_6						0.17	0.21
x_7							0.65

建模时，将样本集分为两部分：训练集和测试集。训练集包含 800 个样本，用于模型的训练；测试集包含 200 个样本，用于模型的验证。

本次实验案例采用了两个指标对模型的预测精度进行评判：均方误差（MSE）、命中率（RATE）。这两个指标的定义如下：

$$\mathrm{MSE}=\frac{1}{n}\sum_{i=1}^{n}e(i)^2 \tag{2.5.2}$$

$$\mathrm{RATE}=\frac{1}{n}\sum_{i=1}^{n}H_i\times 100\% \tag{2.5.3}$$

$$H_i=\begin{cases}1, |e(i)|\leqslant 0.1\\ 0,\text{其他}\end{cases}(i=1,2,\cdots,n) \tag{2.5.4}$$

其中，n 为样本总数；$e(i)(i=1,2,\cdots,n)$为预测误差。

2.5.1.2　改进型 EMD-Elman 神经网络的预测结果与分析

(1) Elman 神经网络子模型的训练

Elman 神经网络子模型的建模过程在训练集上进行。本节充分考虑了过程变量与硅含量之间的关系，因此，训练集包括硅含量 $\boldsymbol{y}$ 及与之相关的因变量 $\boldsymbol{x}_1\sim\boldsymbol{x}_7$。

首先，将训练集的各自变量和因变量分别进行 EMD，得到的分量数目如表 2.5.3 所示。本节仅对硅含量的 EMD 结果进行了展示，如图 2.5.2 所示，其他变量的结果与之类似。由图 2.5.2 可得，硅含量 $\boldsymbol{y}$ 分解得到了一系列不同频率的时间序列 $\boldsymbol{c}_i(i=1,2,\cdots,8)$，其中，$\boldsymbol{c}_1$ 和 $\boldsymbol{c}_2$ 为高频分量，主要受到噪声的影响，包含少量的有规律信息。为了避免输入中噪声的引入，提高模型的预测精度，对 $\boldsymbol{c}_1$ 和 $\boldsymbol{c}_2$ 建模时，将其回归项作为模型的输入，即利用其时间序列的历史时刻的值预测当前时刻的值。

表 2.5.3　变量经 EMD 得到的分量数目

变量	分量数目
$\boldsymbol{y}$	9
$\boldsymbol{x}_1$	8
$\boldsymbol{x}_2$	8
$\boldsymbol{x}_3$	8
$\boldsymbol{x}_4$	8
$\boldsymbol{x}_5$	9
$\boldsymbol{x}_6$	9
$\boldsymbol{x}_7$	8

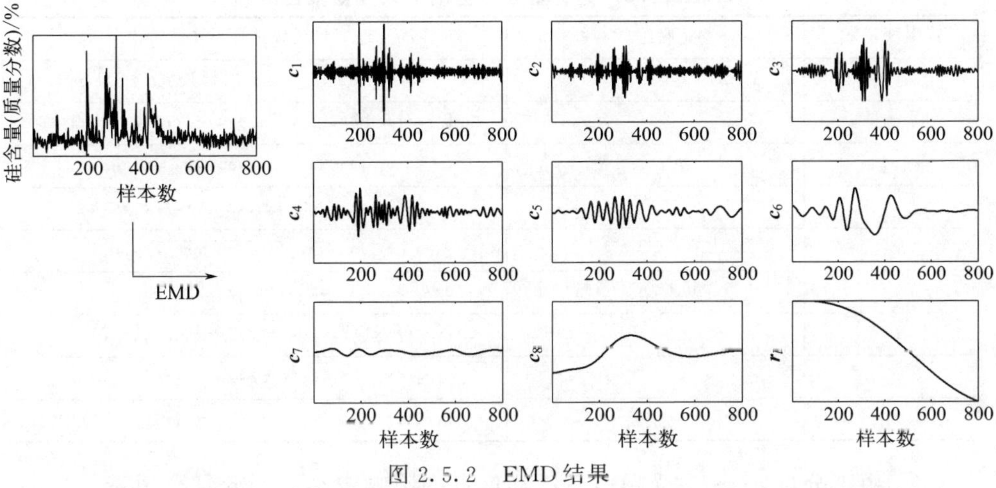

图 2.5.2　EMD 结果

低频分量 $\boldsymbol{c}_7$、$\boldsymbol{c}_8$ 和 $\boldsymbol{r}_l$ 包含高炉炼铁过程中缓慢变化的信息，主要受到高炉内部结构变化的影响，如死焦层透气性的变化等[3]。建模时，变化较为缓慢的输入变量能够更好地对其特性进行说明。在炉况平稳的情况下，风温、风量等基本不发生变化，对 $\boldsymbol{c}_7$、$\boldsymbol{c}_8$ 和 $\boldsymbol{r}_l$ 进行预测时，可将其分量作为模型的输入。然而，由于本节选择的数据存在较大的波动，引入了更多动态变化的信息，并且，从图 2.5.2 中可以看出，硅含量等时间序列的波动信息也被分解并反映在分量中，对低频分量进行建模时，这些动态信息的存在对于预测建模是不利的。随着输入变量的增加，变量间关系错综复杂，使得建模更加困难，模型的预测精度更加难以保证。低频分量在总能量中占有很大的比例[3]，低频分量的预测精度对于模型整体预测精度的提高起着重要的作用。考虑到历史信息与当前信息有很强的相关性，且能够更好地描述数据波动产生的高阶动态信息，因此，同 $\boldsymbol{c}_1$ 和 $\boldsymbol{c}_2$ 类似，这里也将利用时间序列的历史信息作为模型的输入来预测其当前的信息，这将有利于模型预测精度的提高。

分量 $\boldsymbol{c}_3 \sim \boldsymbol{c}_6$ 的频率处于中间，受噪声及波动的影响较小，因此仍考虑利用过程变量的信息进行建模。

综合考虑以上各分量的特性及采集数据的特点，本节在对硅含量的各分量建立子模型时，分为两种情况进行讨论：

① 对分量 $\boldsymbol{c}_1$、$\boldsymbol{c}_2$、$\boldsymbol{c}_7$、$\boldsymbol{c}_8$ 和 $\boldsymbol{r}_l$，利用时间序列自身的性质进行建模，即将历史时刻的信息$\{\{c_i(t-1)\},\{c_i(t-2)\},\cdots,\{c_i(t-d)\}\}(i=1,2,7,8)$作为子模型的输入，对当前时刻$\{c_i(t)\}(i=1,2,7,8)$的值进行预测。其中，时滞 d 利用 PACF 算法进行确定，结果如表 2.5.4 所示。

表 2.5.4 硅含量各分量的输入变量集合

输出变量 $\boldsymbol{c}_i$	关联维数	近似最优输入子集 $\boldsymbol{U}_{\text{opt}\_i}$
$\boldsymbol{c}_1$		$\{\{c_1(t-1)\},\{c_1(t-2)\},\{c_1(t-3)\}\}$
$\boldsymbol{c}_2$		$\{\{c_2(t-1)\},\{c_2(t-2)\},\cdots,\{c_2(t-5)\}\}$
$\boldsymbol{c}_3$	7	$\{\boldsymbol{x}_{13},\boldsymbol{x}_{33},\boldsymbol{x}_{12},\boldsymbol{x}_{14},\boldsymbol{x}_{22},\boldsymbol{x}_{23},\boldsymbol{x}_{73}\}$
$\boldsymbol{c}_4$	7	$\{\boldsymbol{x}_{14},\boldsymbol{x}_{13},\boldsymbol{x}_{23},\boldsymbol{x}_{34},\boldsymbol{x}_{24},\boldsymbol{x}_{33},\boldsymbol{x}_{44}\}$
$\boldsymbol{c}_5$	4	$\{\boldsymbol{x}_{24},\boldsymbol{x}_{15},\boldsymbol{x}_{74},\boldsymbol{x}_{34},\boldsymbol{x}_{14},\boldsymbol{x}_{25},\boldsymbol{x}_{44}\}$
$\boldsymbol{c}_6$	7	$\{\boldsymbol{x}_{48},\boldsymbol{x}_{16},\boldsymbol{x}_{26},\boldsymbol{x}_{15},\boldsymbol{x}_{58}\}$
$\boldsymbol{c}_7$		$\{\{c_7(t-1)\},\{c_7(t-2)\},\cdots,\{c_7(t-7)\}\}$
$\boldsymbol{c}_8$		$\{\{c_8(t-1)\},\{c_8(t-2)\},\cdots,\{c_8(t-7)\}\}$
$\boldsymbol{r}_l$		$\{\{r_l(t-1)\},\{r_l(t-2)\},\cdots,\{r_l(t-7)\}\}$

② 由于分量 $\boldsymbol{c}_3 \sim \boldsymbol{c}_6$ 受噪声及波动信息的影响较小，因此结合风量、风温等过程变量的信息对其进行预测建模。EMD 提取了变量不同尺度的信息，此时，输入集合变为$\{\boldsymbol{x}_{11},\cdots,\boldsymbol{x}_{18},\boldsymbol{x}_{21},\cdots,\boldsymbol{x}_{28},\cdots,\boldsymbol{x}_{71},\cdots,\boldsymbol{x}_{78}\}$，维数为 58。直接利用高维变量建模不仅占用大量资源、造成时间的浪费，而且使模型变得复杂、可解释性差。因此，需要进行输入变量的选择。

对输入集合$\{\boldsymbol{x}_{11},\cdots,\boldsymbol{x}_{18},\boldsymbol{x}_{21},\cdots,\boldsymbol{x}_{28},\cdots,\boldsymbol{x}_{71},\cdots,\boldsymbol{x}_{78}\}$的各分量进行归一化处理后，根据 mRMR 算法分别为每个 $\boldsymbol{c}_i(i=3,4,5,6)$ 选择近似最优输入子集 $\boldsymbol{U}_{\text{opt}\_i}(i=3,4,5,6)$。在 mRMR 算法运行时，需要预先给定最优输入子集的变量数 m 及近邻数 k，本节通过多次尝试，将 k 值设定为 6。对于确定性系统而言，关联维数即为生成该复杂系统所必需的独立变量的个数[8]。因此，本节将关联维数作为近似最优输入子集 $\boldsymbol{U}_{\text{opt}\_i}(i=3,4,5,6)$ 所含变量的数目 m。以

分量 $\boldsymbol{c}_3$ 为例，对 $\boldsymbol{c}_3$ 进行相空间重构，并利用平均互信息法确定延迟时间 τ_3，如图 2.5.3(a) 所示，选择曲线上第一个局部极小值点对应的 τ 作为系统的延迟时间间隔，此时 $\tau_3=3$。利用 G-P 算法计算关联维数，得到 $\boldsymbol{c}_3$ 的双对数 $\ln C_N(r,\tau,m)$-$\ln r$ 图，如图 2.5.3(b) 所示，将曲线上斜率达到饱和时的线性部分的斜率作为系统的关联维数，得到 $m_3=7$。

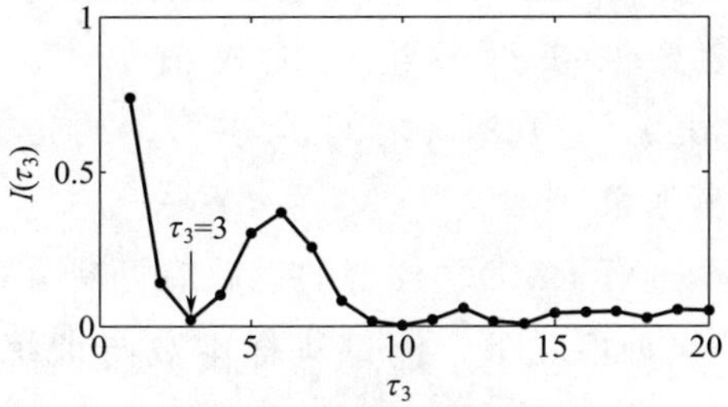

(a) 平均互信息曲线

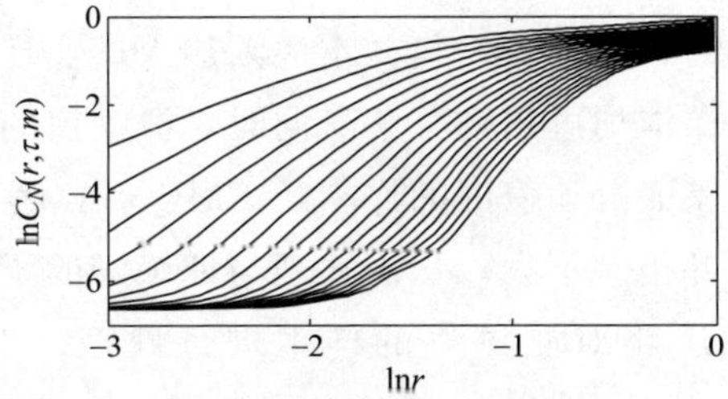

(b) 双对数 $\ln C_N(r,\tau,m)$−$\ln r$ 图

图 2.5.3　分量 $\boldsymbol{c}_3$ 的相关曲线

同理，可得到 $\boldsymbol{c}_4 \sim \boldsymbol{c}_6$ 的关联维数，如表 2.5.4 所示。根据计算得到的关联维数确定 $\boldsymbol{U}_{\mathrm{opt}\_i}(i=3,4,5,6)$ 并进行了模型的训练，发现以下现象：

对于分量 $\boldsymbol{c}_5$，如果选择 4 个输入进行建模，模型的预测精度较低。这表明选择的过程变量较少，使得 EMD 后输入分量集合包含的信息较少，4 个输入分量不足以对 $\boldsymbol{c}_5$ 的动态特性进行描述。对于分量 $\boldsymbol{c}_6$，进行模型训练时，分别选择 5 个输入分量和 7 个输入分量建立的子模型均能达到较好的预测效果。这说明，随着输入的增加，对输出具有解释性的信息并未增加，进一步表明输入分量集合包含的信息较少。

根据选定的输入和输出变量，分别对各 $\boldsymbol{c}_i(i=1,2,\cdots,8)$ 及 $\boldsymbol{r}_l$ 分量建立 Elman 神经网络子模型，本节采用两层的 Elman 神经网络。其中，隐层神经元和输出层神经元的传输函数分别为双曲正切函数 tansig() 和线性传输函数 purelin()，网络的训练函数选取的是 traingdx 函数。对于隐层神经元数目的确定，主要通过多次尝试进行。逐步增加隐层神经元的个数，选取使模型命中率较高且模型精度较好的神经元的数目，作为最终模型的隐层神经元数目。

利用粒子群算法确定改进型 EMD-Elman 神经网络的权值。考虑到实际工业中往往把命中率作为评价模型预测精度的重要指标之一，本节将命中率作为 PSO 算法的粒子适应度函数。算法的参数设置如下：惯性权值为 0.65，加速因子 c_1 和 c_2 分别为 1 和 2，粒子的最大速度为 0.05，种群数目为 300，迭代次数为 100。本实验算法获得一组最优权值为：$v=[0.4918, 0.7203, -0.0126, 0.5763, 0.5029, 0.3468, 0.5935, 0.8737, 0.9505]$。

（2）测试集的预测结果

首先对测试集样本进行 EMD。分解的思路有两种：①单独对测试集的样本进行 EMD。然而，这种情况下，测试集样本数与训练集样本数差距很大，二者在 EMD 之后得到的分量数目相差较大，不利于子模型的匹配和计算。②引入固定宽度的滑动窗，滑动窗包含了训练集的部分样本与测试集的部分样本。随着滑动窗的移动，新的测试集样本逐渐加入，实现了滑动窗内样本的更新，并保证测试集的样本均可得到分解。同时，滑动窗的宽度始终与训练集的长度相同，这样可以保证滑动窗内的样本经 EMD 后，得到的分量数目与训练集的分量数目相同或者相差不大，从而实现与训练好的子模型相匹配。

本节采用第二种思路对测试集的样本进行处理。由于训练集样本数为 800，因此滑动窗的宽度设置为 800。以硅含量为例，随着滑动窗的移动，将测试集样本逐步进行分解，得到的分量数目如图 2.5.4 所示。可以看出，分量数目基本上为 9 个，少量为 8 个，极少数为 10 个。当分量数目为 8 个时，因为第 8 个分量为剩余分量，此时，可以将零作为其第 7 个本征模态函数分量代入训练好的模型；而对于分量为 10 的情况，建模时，将第 9 个分量直接忽略。这样的处理方式，造成了能量的浪费，对模型的预测精度产生了不利的影响。

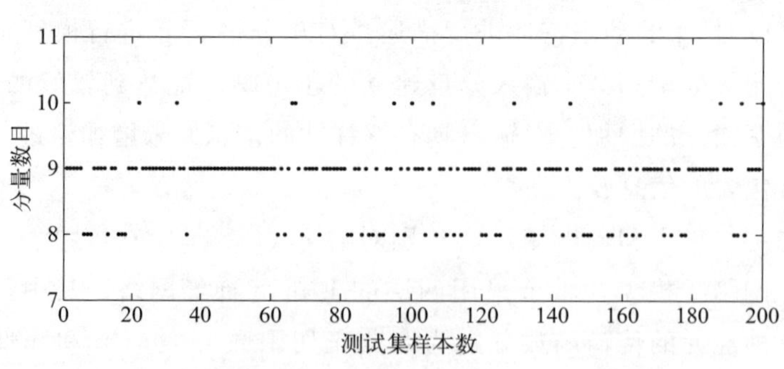

图 2.5.4 随滑动窗的移动硅含量经 EMD 得到的分量数目

EMD后，对硅含量的各 $\boldsymbol{c}_i(i=1,2,\cdots,8)$ 及 $\boldsymbol{r}_l$ 分量的测试集进行预测。这里需要说明两点：①随着滑动窗的移动，预测模型是不变的[2]，因此，在训练集上得到的子模型可直接用于测试集的预测；②在滑动窗移动过程中，输入变量不需重新进行选择，直接使用表2.5.4中得到的输入变量集合（近似最优输入子集）$\boldsymbol{U}_{\mathrm{opt\_}i}(i=1,2,\cdots,9)$ 即可，但每次进行预测时都需要对 $\boldsymbol{U}_{\mathrm{opt\_}i}(i=1,2,\cdots,9)$ 进行归一化处理。

高炉炼铁过程是一个相对平稳运行的过程。当滑动窗的宽度不变时，随着滑动窗的移动，对某个变量进行EMD后，得到的任一分量所蕴含的规律基本上是不发生变化的。因此，输入变量集合 $\boldsymbol{U}_{\mathrm{opt\_}i}(i=1,2,\cdots,9)$ 仍可对输出变量进行描述，不需重新选择输入变量。而判断任一分量所蕴含的规律是否会发生变化，本节从平均瞬时频率及幅值两个角度进行说明：

随着滑动窗的移动，EMD得到的分量总数基本保持不变，如果对应分量的平均瞬时频率及幅值基本上不变，那么其蕴含的规律基本不发生变化。在2.1.3节中，对硅含量EMD得到的各分量的平均瞬时频率进行了计算，结果表明：硅含量的动态特性主要由两个基本的平均瞬时频率决定，其他频率都是基本频率 $2^i(i=1,2,\cdots)$ 的倍数。因此，随着滑动窗的移动，如果相应分量的基本平均瞬时频率和幅值保持不变，说明该分量含有的基本信息保持不变，那么它对输出变量的解释将不变，此时建模不需要重新进行输入变量的选择。

本节以硅含量为例进行EMD，基本平均瞬时频率分别为0.32和0.09，对应的分量分别为 $\boldsymbol{c}_1$ 和 $\boldsymbol{c}_3$。随着滑动窗的移动，这两个分量的平均瞬时频率及幅值的变化如图2.5.5所示。可以看出，随着滑动窗的移动，$\boldsymbol{c}_1$ 和 $\boldsymbol{c}_3$ 的平均瞬时频率及幅值基本上保持不变，因此，分量蕴含的规律基本保持不变。由于其他分量的平均瞬时频率由基本频率对 $2^i(i=1,2,\cdots)$ 做除法得出，所以其蕴含的规律也可以认为保持不变。因此，对测试集进行预测时无需进行变量的重新选择。尽管建模时做了一定的简化，即认为 $\boldsymbol{c}_1$ 和 $\boldsymbol{c}_3$ 的平均瞬时频率及幅值基本上保持不变，但分量 $\boldsymbol{c}_3$ 在100～200个样本点间实际存在一些较为明显的变化。导致这些变化的原因可能是硅含量时间序列中波动的影响，并且波动对低频分量的影响会更大，这将对预测模型的精度产生不利的影响。

将训练好的Elman神经网络子模型用于测试集样本的预测，预测结果如图2.5.6所示，评价指标如表2.5.5所示。相对于固定尺度的建模而言，各子模型命中率均在90%以上，分量 $\boldsymbol{c}_2$、$\boldsymbol{c}_7$、$\boldsymbol{c}_8$ 及 $\boldsymbol{r}_l$ 子模型的命中率甚至高达

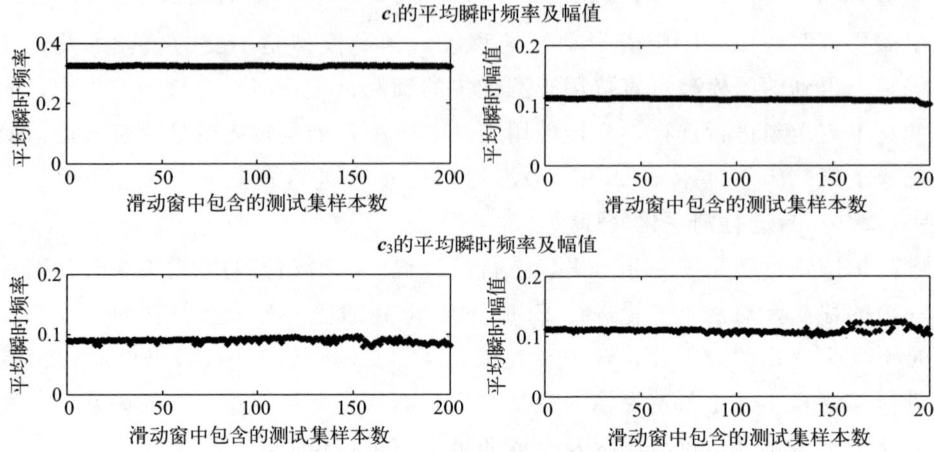

图 2.5.5 随滑动窗移动，c_1 和 c_3 的平均瞬时频率及幅值的变化

100%。可见，EMD 将特性复杂的硅含量分解为频率及特性更加简单的分量并分别进行预测，降低了预测建模的难度，同时提高了模型的预测精度。与 c_3～c_6 相比，分量 c_2、c_7、c_8 及 r_l 子模型的预测效果更好。这表明，不考虑过程变量的信息，仅利用时间序列自身的历史信息与当前信息进行建模，能够更好地描述时间序列的高阶动态特征，从而提高子模型的预测精度。

表 2.5.5 子模型在测试集上的预测结果

分量	MSE($\times10^{-3}$)	RATE/%
c_1	2.5	94.00
c_2	0.69	100.00
c_3	1.90	96.50
c_4	2.30	97.00
c_5	2.70	94.00
c_6	1.10	99.50
c_7	10^{-5}	100.00
c_8	10^{-5}	100.00
r_l	10^{-4}	100.00

将各子模型的预测结果进行加权融合，得到硅含量的预测结果，曲线如图 2.5.7 所示。表 2.5.6 为模型的性能指标，基于过程变量的改进型 EMD-Elman 神经网络模型的命中率高达 88%，能够满足高炉现场对命中率的要求。

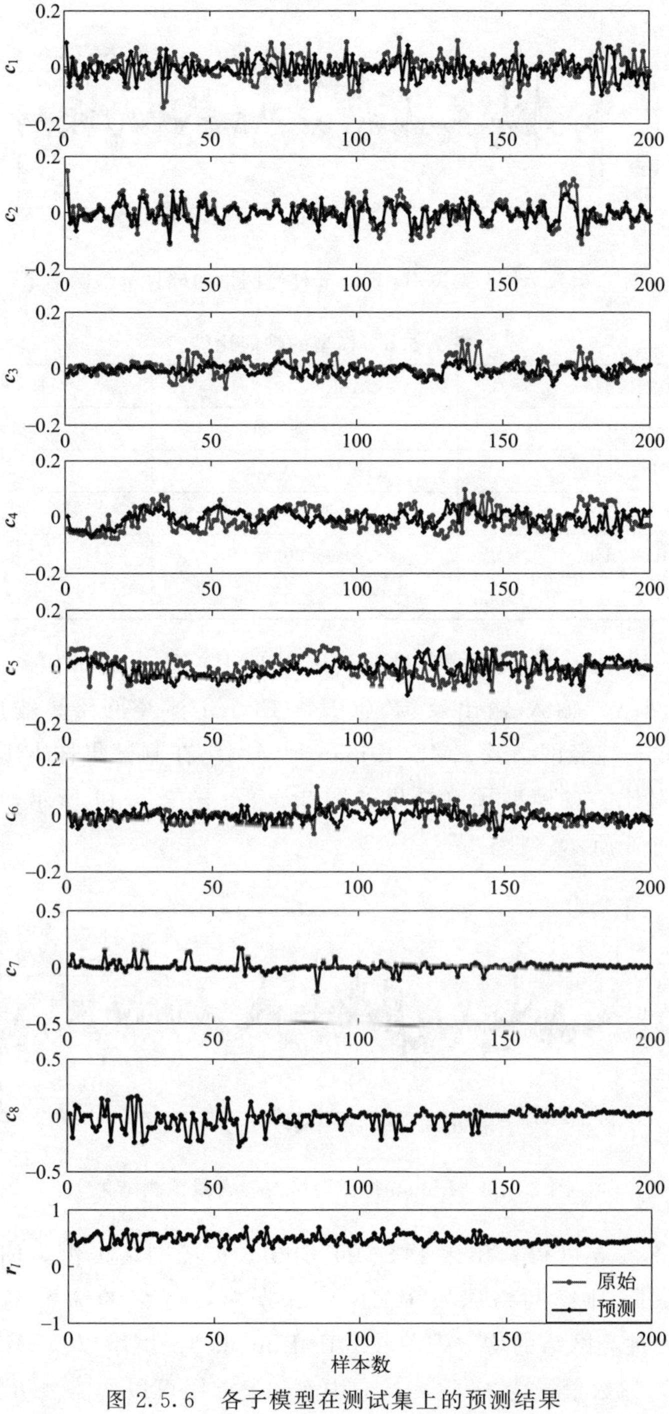

图 2.5.6 各子模型在测试集上的预测结果

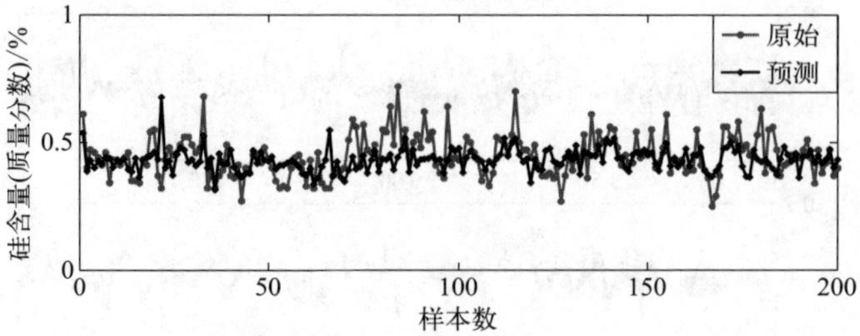

图 2.5.7 改进型 EMD-Elman 神经网络的硅含量预测结果

表 2.5.6 模型的性能比较

预测模型	MSE($\times10^{-3}$)	RATE/%
Elman	6.00	80.50
OHF Elman	5.10	81.00
OIF Elman	5.20	81.00
EMD-Elman	5.30	82.50
基于过程变量的改进型 EMD-Elman	5.10	88.00

为了进一步比较基于过程变量的改进型 EMD-Elman 的性能，本节分别将 Elman 神经网络、输入-输出反馈（OIF）Elman 神经网络、输出-隐藏反馈（OHF）Elman 神经网络及 EMD-Elman 神经网络在测试集样本上的预测效果与之进行了对比。各模型预测结果如图 2.5.8～图 2.5.11 所示，模型的性能指标如表 2.5.6 所示。

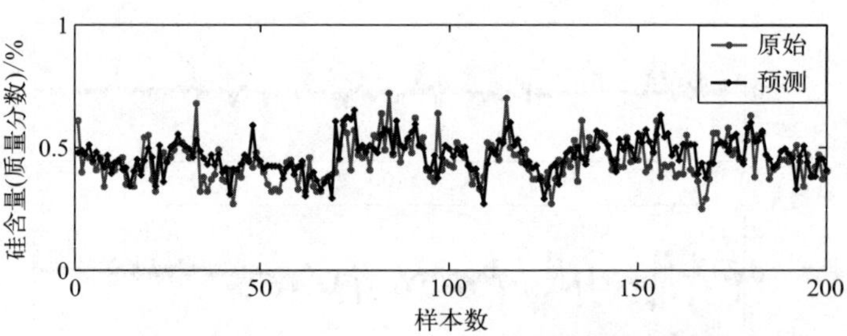

图 2.5.8 Elman 神经网络的硅含量预测结果

分析表 2.5.6 可得，相比于 EMD-Elman 神经网络模型，Elman 神经网络、OIF Elman 神经网络以及 OHF Elman 神经网络的命中率更低，虽然 EMD-Elman 神经网络的均方误差较 OIF Elman 神经网络以及 OHF Elman 神经网络高些，但数量级为 10^{-3}，与命中率相比差距可以忽略。可见，EMD 将原始硅含量序列中不同尺度的信息提取出来分别建模，增加了模型对有用信息

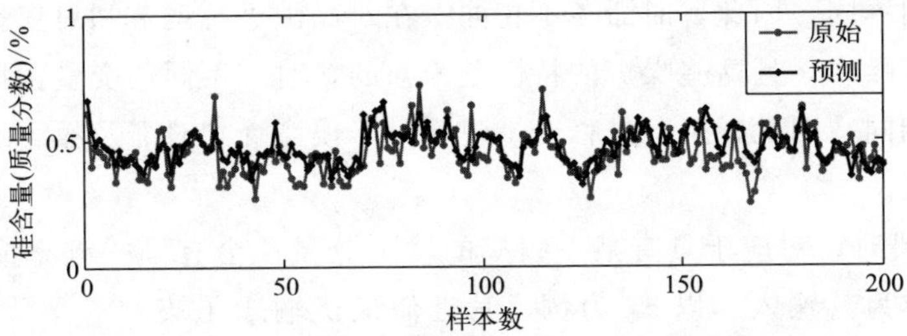

图 2.5.9　OIF Elman 神经网络的硅含量预测结果

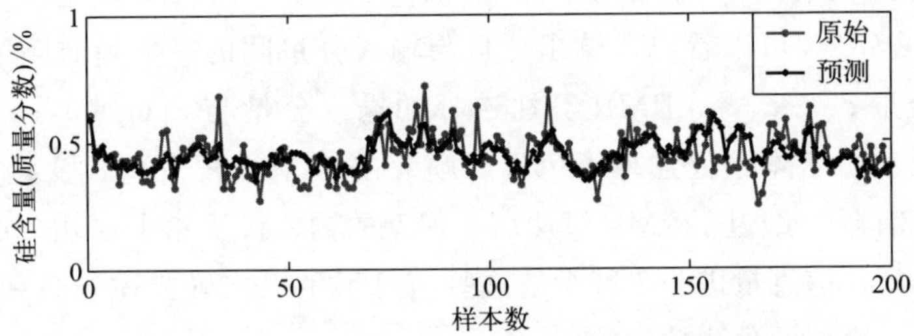

图 2.5.10　OHF Elman 神经网络的硅含量预测结果

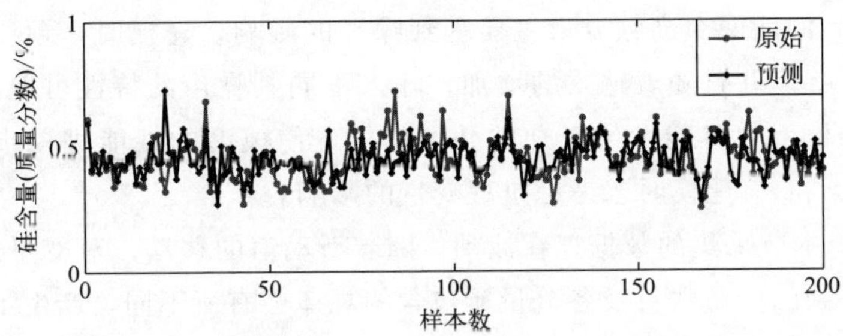

图 2.5.11　EMD-Elman 神经网络的硅含量预测结果

的利用，提高了模型的预测精度。

相比于 EMD-Elman 神经网络，基于过程变量的改进型 EMD-Elman 神经网络模型的命中率更高，均方误差更小，模型的预测效果更好。说明通过引入权值实现了对子模型预测结果的调节，从而进一步逼近目标硅含量，提高了模型的预测精度。

通过以上对比，可以看出，当炉况存在波动时，基于过程变量的改进型 EMD-Elman 神经网络模型可以实现对铁水硅含量的准确预测，并且命中率能够满足工业现场的需求，在实际生产中有一定的应用价值。然而，建模过程中仍然存在一些问题，下面将逐一进行分析：

① 高炉炼铁过程中，过程变量存在时滞，且由于每个过程变量在高炉中

作用的时间不同，因此，时滞各不相同。在对高炉进行调节和对变量进行测量时均会引入噪声，且这些噪声的特性是未知的，对于不同的变量，噪声的特性可能也不相同。因此，基于过程变量建模时，模型受到时滞及噪声的影响，预测精度降低。

② 建模时，对应于具有某一频率的输出分量，会有同一频率或者相近频率的分量作为其输入。以 $\boldsymbol{c}_3$ 为例，其近似最优输入子集 $\boldsymbol{U}_{\text{opt\_3}}$ 为$\{\boldsymbol{x}_{13},\boldsymbol{x}_{33},\boldsymbol{x}_{12},\boldsymbol{x}_{14},\boldsymbol{x}_{22},\boldsymbol{x}_{23},\boldsymbol{x}_{73}\}$，设 $\boldsymbol{c}_3$ 的平均瞬时频率为 ω_3，$\omega_3=0.0934$，$\boldsymbol{U}_{\text{opt\_3}}$ 中各输入分量对应的平均瞬时频率为$\{0.0745,0.0743,0.1589,0.0387,0.1591,0.0745,0.0758\}$。可以看出，输出分量与输入分量间的平均瞬时频率接近。

对于分量 $\boldsymbol{c}_3\sim\boldsymbol{c}_6$，mRMR 算法选择的输入分量与 $\boldsymbol{c}_i\,(i=3,\cdots,6)$基本处于同一频段。由于本节仅选择了风温、喷煤等 7 个过程变量，变量数目较少，包含的信息有限，经过 mRMR 算法后，模型的输入仅使用了这几个过程变量某些频段的信息，信息量进一步减少。这些信息不足以准确描述 $\boldsymbol{c}_i\,(i=3,\cdots,6)$的规律，因此，模型的预测精度较低。

对于分量 $\boldsymbol{c}_1$ 和 $\boldsymbol{c}_2$，其输入分量的平均瞬时频率主要为 ω_{i1} 或 ω_{i2}。由于 EMD 后得到的前两个高频分量主要受到噪声的影响，建模时，预测模型会受到噪声的干扰。并且随着输入的增加，输入不同其噪声的特性可能互不相同，噪声在预测模型中可能发生复杂的叠加作用，使模型的性能进一步恶化。因此，在对 $\boldsymbol{c}_1$ 和 $\boldsymbol{c}_2$ 建模时未考虑过程变量的影响。

③ 由于本节采集的数据存在波动，随着滑动窗的移动，对变量进行 EMD 时，每次得到的分量数目及各分量所包含的规律会有所不同，产生了额外的动态信息。

对分量 $\boldsymbol{c}_3\sim\boldsymbol{c}_6$ 进行预测建模时，由于过程变量间存在相互作用，使得这些额外的动态信息也相互交织变得更加复杂，训练好的模型难以对其进行描述，因而影响了模型的预测精度。

相对于较高频率的分量而言，这些额外的动态信息对低频分量的建模影响更大。因为低频分量描述的是高炉炼铁过程中缓慢变化的规律，对于滑动窗移动过程中产生的这些相互交织、关系复杂的动态信息，其子模型很难进行描述。因此，在对 $\boldsymbol{c}_7$、$\boldsymbol{c}_8$ 及 $\boldsymbol{r}_l$ 建模时未考虑过程变量的影响。

④ 根据 2.1.3 节可知，低频分量对总能量的贡献较大；利用滑动窗技术对测试集样本进行 EMD 时，忽略了某些低频分量，这造成了能量的损失，从而降低了模型的预测精度。以硅含量为例，如图 2.5.4 所示，随着滑动窗的移动，分量的数目为 8、9 或 10，由于训练集分解得到了 9 个分量——包括 8 个

本征模态函数分量和 1 个剩余分量，所以训练得到了 9 个子模型，且每个子模型对应 1 个平均瞬时频率。当分量总数为 10，由于缺少与第 9 个本征模态函数分量对应的子模型，建模时第 9 个分量（低频分量）被忽略；当分量总数为 8，将零分量作为第 8 个本征模态函数分量进行建模。这样的处理导致能量的损失，对子模型的预测结果进行加权融合后，使得硅含量的预测精度降低。对 $\boldsymbol{c}_3 \sim \boldsymbol{c}_6$ 进行预测建模时，随着过程变量的增加，能量的损失逐步增加，并且当炉况存在波动时，能量的损失会进一步加剧，这导致 $\boldsymbol{c}_3 \sim \boldsymbol{c}_6$ 子模型的预测精度降低。

由于能量损失的现象在低频分量更常发生，而低频分量对总能量的贡献更大，因此，为了提高子模型的预测精度，对 $\boldsymbol{c}_7$、$\boldsymbol{c}_8$ 及 $\boldsymbol{r}_l$ 建模时未考虑过程变量的影响。

⑤ 基于过程变量的改进型 EMD-Elman 神经网络实际为集成的模型，在子模型进行融合时，会产生误差的累加，因此，保证每个模型的预测精度是非常重要的。由图 2.5.6 可知，对于子模型来说，不考虑过程变量的信息，仅利用时间序列自身的历史信息与当前信息进行建模，能够更好地描述时间序列的高阶动态特征，从而提高子模型的预测精度，这为接下来进行模型的改进提供了一种思路。

通过以上的分析以及分量 $\boldsymbol{c}_1$、$\boldsymbol{c}_2$、$\boldsymbol{c}_7$、$\boldsymbol{c}_8$ 及 $\boldsymbol{r}_l$ 的预测结果可知，如果建模时不引入多变量，将会减少时滞、噪声、数据波动产生的额外动态信息、能量损失等对模型的影响，从而提高子模型的预测精度，进一步提高模型整体的精度。由于硅含量的演变过程是由与之相关的过程变量的演化所决定的，所以这些过程变量的演变规律可以由硅含量来体现[8]，并且，预测建模时，包含硅含量的回归项可以增加预测模型对有用信息的利用，这将有利于描述系统的高阶动态[28]。因此，将硅含量历史时刻的信息作为模型的输入，当前时刻的信息作为模型的输出，建立单变量的预测模型，将有利于增加模型对有用信息的利用，从而提高模型的预测精度。

2.5.2 基于质量变量的改进型 EMD-Elman 神经网络在铁水硅含量预测中的应用

2.5.2.1 数据采集及模型评价标准

在本节中，硅含量的时间序列与 2.5.1.1 节相同，此处不再赘述。将样本集分为训练集和测试集两部分。训练集包含 800 个样本，用于 Elman 神经网络子模型的训练及权值的确定。测试集包含 200 个样本，用于模型的验证。模型的评价标准参见 2.5.1.1 节。

2.5.2.2 改进型 EMD-Elman 神经网络的预测结果与分析

(1) Elman 神经网络子模型的训练

Elman 神经网络子模型的训练过程在训练集上进行。首先，对训练集进行 EMD，得到 8 个本征模态函数分量和 1 个剩余分量，结果如图 2.5.2。分量 $\boldsymbol{c}_1$ 包含硅含量序列最小尺度（频率最高）的特征，随着序数的增加，分量的频率逐次降低，各分量相对平稳。EMD 实现了序列的平稳化，简化了各分量频率及动态特性，有利于降低建模难度；同时提取了数据的不同尺度信息，充分利用了不同尺度信息对目标结果的贡献。

利用 PACF 确定各本征模态函数分量和剩余分量的滞后阶数，进而确定 Elman 神经网络子模型的输入、输出变量，计算结果如表 2.5.7 所示。以分量 $\boldsymbol{c}_1$ 为例进行说明，假设 $\boldsymbol{c}_1$ 的输出为 $\{c_1(t)\}(t=4,5,\cdots,N)$，由于其时滞为 3，则根据时间序列特性，其输入分别为 $\{c_1(t-1)\}(t=4,5,\cdots,N)$、$\{c_1(t-2)\}(t=4,5,\cdots,N)$、$\{c_1(t-3)\}(t=4,5,\cdots,N)$。

表 2.5.7 各分量的时滞

分量	分量的时滞
$\boldsymbol{c}_1$	3
$\boldsymbol{c}_2$	5
$\boldsymbol{c}_3$	6
$\boldsymbol{c}_4$	8
$\boldsymbol{c}_5$	8
$\boldsymbol{c}_6$	7
$\boldsymbol{c}_7$	7
$\boldsymbol{c}_8$	7
$\boldsymbol{r}_l$	7

根据选定的输入和输出变量，分别对各本征模态函数分量和剩余分量建立 Elman 神经网络子模型。与其他分量相比，$\boldsymbol{c}_1$ 和 $\boldsymbol{c}_2$ 为高频分量，受到高炉炼铁的过程噪声及测量噪声等的影响，因此在模型训练过程中，其子模型的训练难度更大，且子模型的预测精度和命中率更低。

利用 PSO 算法确定改进型 EMD-Elman 神经网络的权值。本节仍将命中率作为 PSO 算法的粒子适应度函数，算法的参数设置如下：惯性权值为

0.65，加速因子 c_1 和 c_2 均为 2，粒子的最大速度为 1，种群数目为 100，迭代次数为 200。本实验算法获得的一组最优权值为：$\boldsymbol{v}=[1.105, 1.0515, 0.8819, 0.9875, 0.9373, 1.4328, 0.9897, 0.8822, 0.8626, 0.9954]$。由于在 Elman 神经网络子模型训练过程中，分量 $\boldsymbol{c}_7$、$\boldsymbol{c}_8$ 及 $\boldsymbol{r}_l$ 的模型预测精度较高，命中率可达 100%，因此在 PSO 寻优时得到的权值 $\boldsymbol{v}$ 仅在 1 附近波动，可调范围较小。

(2) 测试集的预测结果

在对测试集样本进行预测建模之前，应首先对其进行 EMD。本节沿用滑动窗技术，滑动窗的宽度设为 800。随着滑动窗的移动，测试集样本分解后得到的分量数目基本保持不变。

经过 EMD 后，对测试集的各分量分别进行预测，得到子模型的预测结果如图 2.5.12 所示。与基于过程变量的预测模型相比，基于质量变量建模时，$\boldsymbol{c}_3 \sim \boldsymbol{c}_6$ 的命中率达到 100%，子模型有更高的精度。尽管随着滑动窗的移动，每次 EMD 后的各分量仍然存在变化，但由于过程变量间相互作用的缺失，其对模型的影响减小。同时，各子模型的输入和输出之间具有更强的相关性，能够更好地描述输出分量的高阶动态，因此，子模型的预测精度比基于过程变量的子模型更高。

将图 2.5.12 中子模型的预测结果进行加权融合，得到硅含量的预测结果，预测曲线如图 2.5.13 所示。表 2.5.8 为模型的性能指标。基于质量变量的改进型 EMD-Elman 神经网络模型命中率达到 92.5%，具有较高的预测精度，能够满足工业现场的要求。

为了进一步说明基于质量变量的改进型 EMD-Elman 神经网络模型对硅含量的预测效果，本节分别对比了 Elman 神经网络、OIF Elman 神经网络、OHF Elman 神经网络、EMD-Elman 神经网络及基于过程变量的改进型 EMD-Elman 神经网络在测试集样本上的预测效果，如图 2.5.14～图 2.5.17 所示，评价指标如表 2.5.8 所示。

表 2.5.8　模型的性能比较

预测模型	MSE($\times 10^{-3}$)	RATE/%
Elman	5.90	81.00
OHF Elman	7.20	80.05
OIF Elman	6.70	81.00
EMD-Elman	3.70	92.00
基于过程变量的改进型 EMD-Elman	5.10	88.00
基于质量变量的改进型 EMD-Elman	3.70	92.50

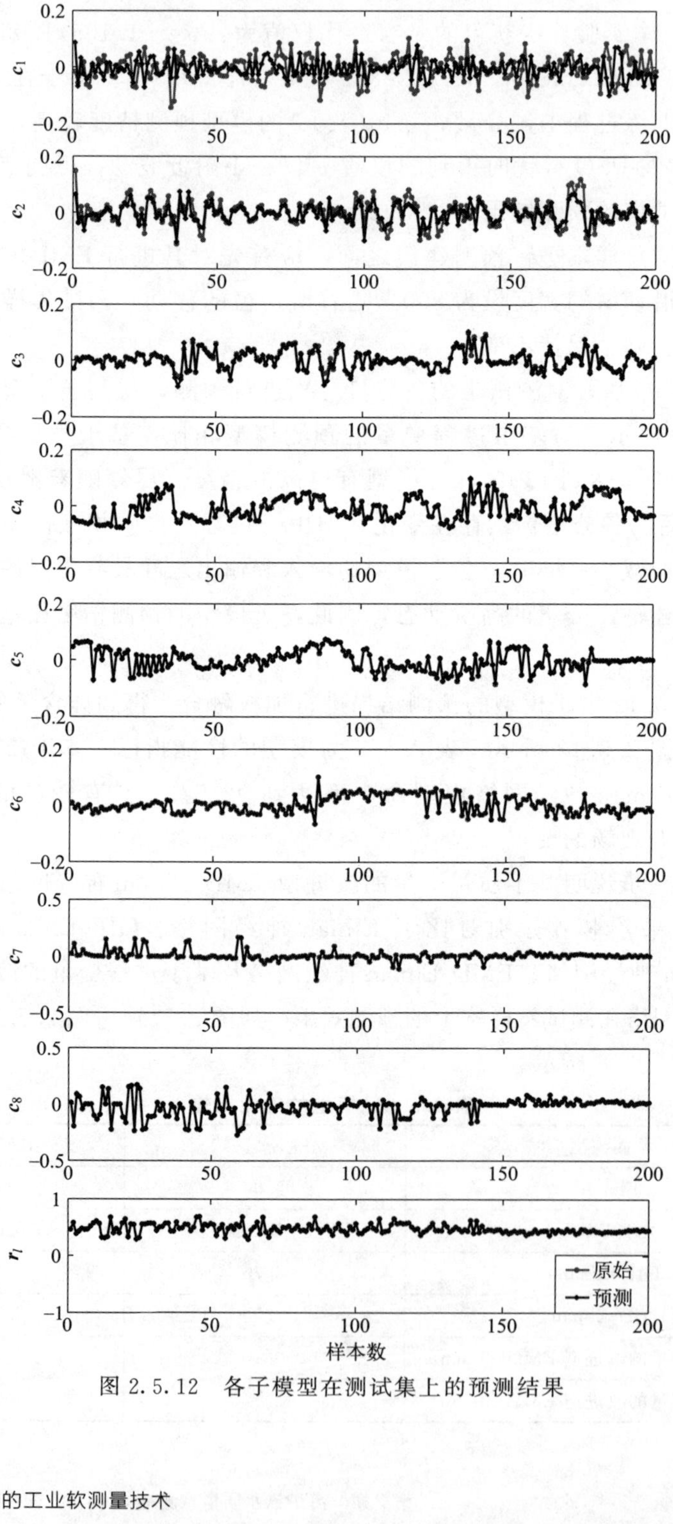

图 2.5.12 各子模型在测试集上的预测结果

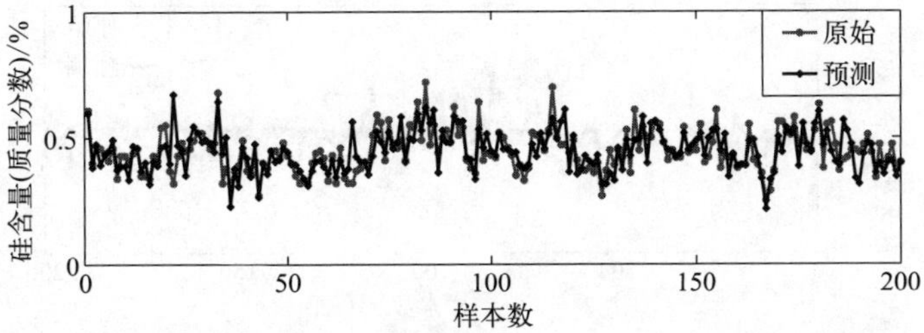

图 2.5.13　基于质量变量的改进型 EMD-Elman 神经网络的硅含量预测结果

对比图 2.5.14～图 2.5.17，可以看出与 EMD-Elman 神经网络模型相比，Elman 神经网络、OIF Elman 神经网络以及 OHF Elman 神经网络的预测结果均存在一定的时延，且模型的预测效果较差。分析表 2.5.8 可得，EMD-Elman 神经网络的均方误差为 0.0037，明显低于其他三组模型；命中率为 92.00%，远高于其他三组模型，表明 EMD-Elman 神经网络模型的预测精度更高。EMD 将原始硅含量序列中不同尺度的信息提取出来分别建模，增加了模型对有用信息的利用，有效地解决了基于固定尺度假设的模型存在的时延问题，提高了模型的预测精度。

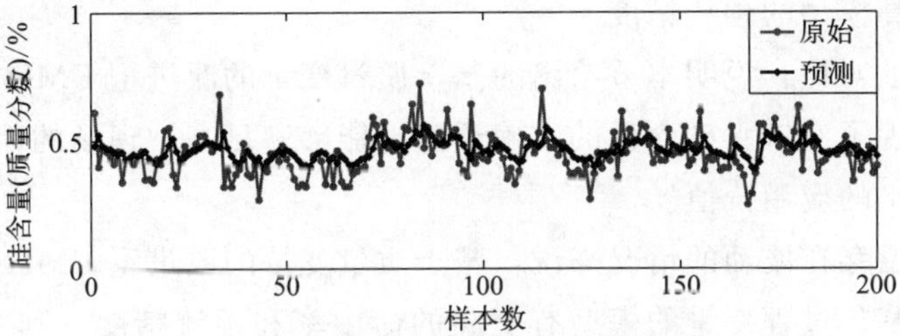

图 2.5.14　Elman 神经网络的硅含量预测结果

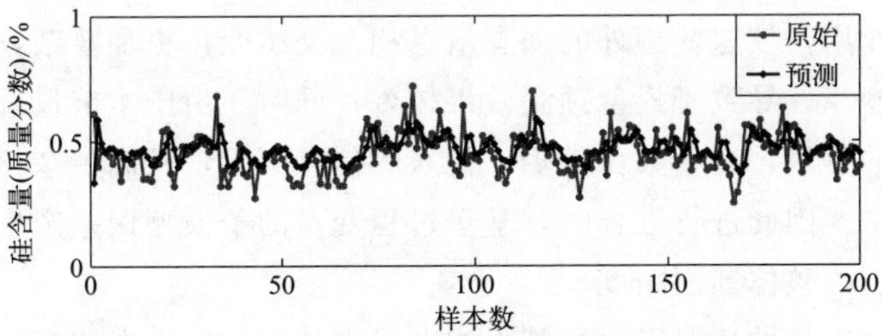

图 2.5.15　OIF Elman 神经网络的硅含量预测结果

由表 2.5.8 可知，与 EMD-Elman 神经网络相比，基于质量变量的改进型 EMD-Elman 神经网络模型的命中率稍高，均方误差相等，模型的预测效果更

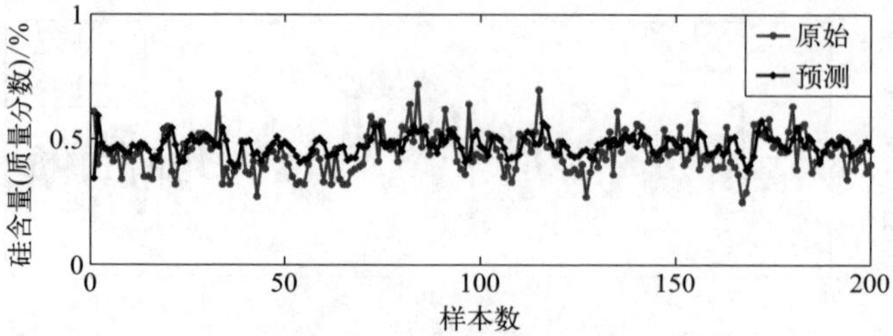

图 2.5.16　OHF Elman 神经网络的硅含量预测结果

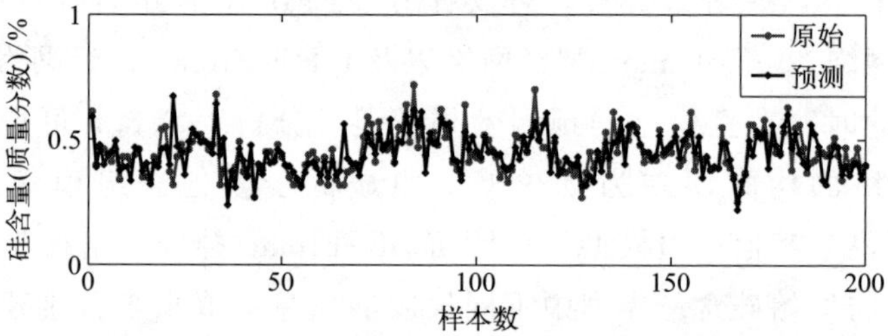

图 2.5.17　EMD-Elman 神经网络的硅含量预测结果

好。说明通过引入权值实现了对子模型预测结果的微调，从而进一步逼近目标硅含量，提高模型的预测精度。

通过以上对比，说明本节给出的基于质量变量的改进型 EMD-Elman 神经网络模型实现了对铁水硅含量的准确预测，能够满足高炉现场的需求，在实际生产中有一定的应用价值。

对于炉温存在波动的情况来说，基于质量变量的改进型 EMD-Elman 神经网络模型比基于过程变量的模型有更高的命中率和预测精度。其主要原因是：由于数据存在波动，在对测试集进行建模时，随着滑动窗的移动，EMD 得到的分量数目及特性会发生变化，产生额外的动态信息，基于过程变量建模时，变量间相互作用，使这些额外的动态信息相互交织变得更加复杂，子模型难以描述其中的规律，导致子模型预测效果较差；同时，由于本节仅选取了 7 个与硅含量相关的变量，变量数目较少，代入的信息不足，限制了基于过程变量的模型预测效果。因此进行融合时，基于过程变量的子模型误差产生叠加，进一步降低了模型的整体预测精度。

基于质量变量的情况下，尽管由波动引入的额外的动态信息仍然存在，但仅限于硅含量一个变量，相对于多变量情况更加简单。由于利用时间序列自身的特性进行建模，子模型的输入与输出之间的相关性更大，因此子模型的预测精度更高，误差更小，融合后模型的整体预测精度更佳。

参考文献

[1] 温显斌 . 多尺度随机模型及其应用 [M]. 北京：科学出版社，2010.

[2] Chu Y，Gao C. Data-based multiscale modeling for blast furnace system [J]. AIChE Journal，2014，60 (6)：2197-2210.

[3] Gao C，Zeng J，Zhou Z. Identification of multiscale nature and multiple dynamics of the blast furnace system from operating data [J]. AIChE Journal，2011，57 (12)：3448-3458.

[4] 范虹 . 非平稳信号特征提取方法及其应用 [M]. 北京：科学出版社，2013.

[5] Huang N E，Shen Z，Long S R，et al. The empirical mode decomposition and the Hilbert spectrum for nonlinear and non-stationary time series analysis [J]. Proceedings of the Royal Society of London A：Mathematical，Physical and Engineering Sciences，1998，454 (1971)：903-995.

[6] Wang W，Zhang Y，Li J，et al. Forecasting wind speed using empirical mode decomposition and Elman neural network [J]. Applied Soft Computing，2014，23：452-459.

[7] 赵敏 . 高炉冶炼过程的复杂机理及其预测研究 [D]. 杭州：浙江大学，2008.

[8] 王海燕，卢山 . 非线性时间序列分析及其应用 [M]. 北京：科学出版社，2006.

[9] Zhao G B，Yang Y R. Multiscale resolution of fluidized-bed pressure fluctuations [J]. AIChE Journal，2003，49 (4)：869-882.

[10] Cover T M，Thomas C J. 信息论基础 [M]. 阮吉寿，张华，译 . 北京：机械工业出版社，2008.

[11] 龚伟 . 基于信息熵和互信息的流域水文模型不确定性分析 [D]. 北京：清华大学，2012.

[12] Scott D W. Multivariable density estimation：Theory，practice，and visualization [M]. New York：Wiley，1992.

[13] Moon Y，Rajagopalan B，Lall U. Estimation of mutual information using kernel density estimators [J]. Physical Review E，1995，52 (3)：2318-2321.

[14] Kraskov A，Stögbauer H，Grassberger P. Estimating mutual information [J]. Physical Review E，2004，69 (6)：066138.

[15] Taken F. On the numerical determination of the dimension of an attractor [J]. Lecture Notes in Mathematics，1981，898：361-381.

[16] Mane R. On the dimension of the compact invariant sets of certain nonlinear maps [C] //Proceedings of a Symposium Held at the University of Warwick 1979/80. 2006：230-242.

[17] Fraser A M，Swinney H L. Independent coordinates for strange attractors from mutual information [J]. Physical Review A，1986，33 (2)：1134-1140.

[18] Grassberger P，Procaccia I. Characterization of strange attractors [J]. Physical Review Letters，1983，50 (5)：346-349.

[19] Peng H，Long F H，Ding C. Feature selection based on mutual information criteria of max-dependency，max-relevance，and min-redundancy [J]. IEEE Transactions on Pattern Analysis and Machine Intelligence，2005，27 (8)：1226-1238.

[20] Ding C，Peng H. Minimum redundancy feature selection from microarray gene expression data

[J]. Journal of Bioinformatics and Computational Biology，2005，3（2）：185-205.

[21] Hagan M T，Demuth H B，Beale M H. 神经网络设计 [M]. 北京：机械工业出版社，2002.

[22] 周开利，康耀红. 神经网络模型及其 MATLAB 仿真程序设计 [M]. 北京：清华大学出版社，2005.

[23] 朱凯，王正林. 精通 MATLAB 神经网络 [M]. 北京：电子工业出版社，2010.

[24] MATLAB 中文论坛. MATLAB 神经网络 30 个案例分析 [M]. 北京：北京航空航天大学出版社，2010.

[25] Elman J L. Finding structure in time [J]. Cognitive Science，1990，14（2）：179-211.

[26] 时小虎. Elman 神经网络与进化算法的若干理论研究及应用 [D]. 长春：吉林大学，2006.

[27] Kennedy J. Encyclopedia of machine learning [M]. New York：Springer US，2010.

[28] Pettersson F，Chakraborti N，Saxén H. A genetic algorithms based multi-objective neural net applied to noisy blast furnace data [J]. Applied Soft Computing，2007，7（1）：387-397.

第3章 高炉铁水质量软测量的Adaboost方法

在机器学习中，当应用场景相对简单时，单一的优秀学习算法就能够取得令人满意的效果；但在具有复杂动态特性的应用场景中，集成学习往往能取得更理想的效果。因此，针对高炉复杂的动态特性，本章以 Elman 神经网络（ElmanNN）作为基础的学习算法，结合 Adaboost 集成学习算法，给出了高炉铁水质量预测建模的 Elman-Adaboost 方法。

3.1 神经网络与 Adaboost 算法理论基础

3.1.1 反向传播神经网络与 Elman 神经网络概述

神经网络（NN）是由神经元互联组成的网络，是模仿人类智能的一种重要形式，体现了人脑的大量基本特征，如并行信息处埋、学习、联想、模式分类等。形成完整的 NN 需要三大要素：神经元、神经元之间的拓扑形式和学习算法。反向传播神经网络（BPNN）是最简单且应用最广泛的神经网络结构。ElmanNN 是 NN 中一个重要分支，具有良好的动态性能，属于典型的局部递归内时延反馈型神经网络。

由 Kolrnogorov 定理[1] 可得，单隐层 BPNN 已足够以任意自由度近似任何从输入层到输出层的连续映射关系。单隐层 BPNN 和 ElmanNN 的拓扑形式如图 3.1.1 所示。图中显示，ElmanNN 比 BPNN 多了一列特殊的反馈节点，该列节点可以记录隐层节点若干个时间延迟的输出值，从而能够表达输入与输出之间的时间延迟[2]。因此，ElmanNN 在预测建模[3]、系统辨识[4]、时间序列分析[5-7] 和控制[8] 等领域得到了广泛应用。针对高炉系统特有的复杂多变的动态特性，可利用 ElmanNN 来预测硅含量的具体数值。

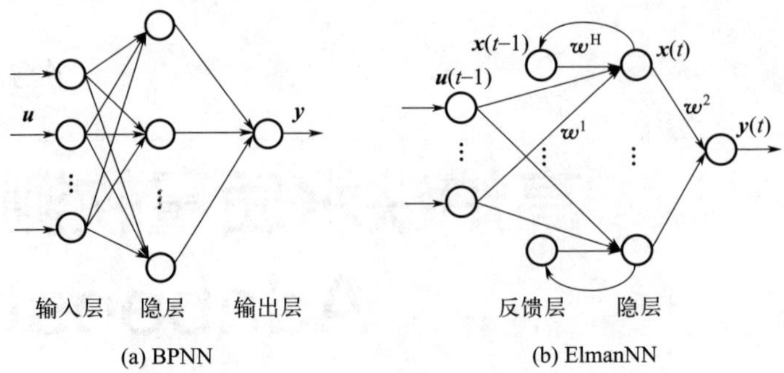

图 3.1.1　BPNN 结构图和 ElmanNN 结构图

反馈层输出 $\boldsymbol{x}(t)$和在输入 $\boldsymbol{u}(t)$作用下的输出 $\boldsymbol{y}(t)$为：

$$\boldsymbol{x}(t)=f_1[\boldsymbol{w}^{\mathrm{H}}\boldsymbol{x}(t-1)+\boldsymbol{w}^1\boldsymbol{u}(t-1)] \tag{3.1.1}$$

$$\boldsymbol{y}(t)=f_2[\boldsymbol{w}^2\boldsymbol{x}(t)] \tag{3.1.2}$$

式中，$\boldsymbol{w}^1$ 为输入层到隐层的权值矩阵；$\boldsymbol{w}^2$ 为隐层到输出层的权值矩阵；$\boldsymbol{w}^{\mathrm{H}}$ 为反馈层到隐层的权值矩阵；f_1 多取为 Sigmoid 函数：

$$f(x)=\frac{1}{1+\mathrm{e}^{-x}} \tag{3.1.3}$$

f_2 多取为线性函数：

$$f(x)=x \tag{3.1.4}$$

3.1.2　Adaboost 强回归器算法

Adaboost 强回归器的核心思想是，通过多次对同一组训练数据进行训练，得到多个预测精度不同的弱回归器，随后通过一定的方法将这些弱回归器融合，形成一个精度更高的强回归器。该算法的实质是通过改变数据的分布来实现：根据每次训练数据中每个样本的预测值是否符合要求，以及前一次训练过程中的总预测精度，来调整每个样本的权重，将权重更新后的新数据集输入下一次训练的弱回归器进行训练，最终将若干个弱回归器合并。

Adaboost 强回归器的算法流程如下：

给定一个训练集 $\boldsymbol{T}=\{(x_1,y_1),(x_2,y_2),\cdots,(x_N,y_N)\}$，其中 N 为训练集的对数，$x_i\in\mathbb{R}^n$，$y_i\in\mathbb{R}$，$i=1$，2，…，N。

① 初始化训练样本的权值分布。每个训练样本起初的权值相等：

$$w_{1i}=\frac{1}{N} \tag{3.1.5}$$

$$\boldsymbol{D}_1=(w_{11}, w_{12}, \cdots, w_{1N}) \tag{3.1.6}$$

② 进行多轮迭代。对于 $m=1$，2，…，M，M 为迭代的轮数，即弱回归器的个数：

a. 使用经过权重 $\boldsymbol{D}_m$ 处理后的训练数据集学习，得到弱回归器 $G_m(x)$，弱回归器中每个样本 x_i 的训练误差为：

$$e_{i,m}=|G_m(x_i)-y_i| \tag{3.1.7}$$

b. 计算 $G_m(x)$在训练数据集上的预测误差率：

$$E_m=P(e_{i,m}>\theta)=\sum_{i=1}^{N} w_{mi} I(e_{i,m}>\theta) \tag{3.1.8}$$

式中，$P(e_{i,m}>\theta)$表示事件 $e_{i,m}>\theta$ 的加权概率；$I(e_{i,m}>\theta)$是一个指示函数，当 $e_{i,m}>\theta$ 时值为 1，否则值为 0。由上式可知，$G_m(x)$在训练集上的预测误差率 E_m 就是 $e_{i,m}>\theta$ 的训练样本的权值之和，θ 为预先规定的阈值。

c. 计算 $G_m(x)$的系数，α_m 表示 $G_m(x)$在最终预测器中的重要程度：

$$\alpha_m=\frac{1}{2\mathrm{e}^{E_m}} \tag{3.1.9}$$

由上式可知，α_m 与 E_m 成反比，也就是说，预测误差率越大，所得到的弱回归器在强回归器中的作用就越小。

d. 更新训练数据集的权值分布：

$$w_{m+1,i}=\begin{cases}\dfrac{w_{mi}}{Z_m}\times 1.1, e_i(t)>\theta \\ \dfrac{w_{mi}}{Z_m}, e_i(t)\leqslant\theta\end{cases} \tag{3.1.10}$$

$$\boldsymbol{D}_{m+1}=(w_{m+1,1}, w_{m+1,2}, \cdots, w_{m+1,i}, \cdots, w_{m+1,N}) \tag{3.1.11}$$

该步骤使得在弱回归器 $G_m(x)$ 中误差较大的训练样本的权重变大，而误差较小的训练样本的权重保持不变。经过这种权值的转换，Adaboost 方法将训练的重心放在预测精度较低的样本上。其中，Z_m 是归一化因子，可表示为：

$$Z_m=\sum_{i=1}^{N} w_{mi} \tag{3.1.12}$$

③ 构建线性组合，得到强回归器：

$$G(x)=\sum_{m=1}^{M} \alpha_m G_m(x) \tag{3.1.13}$$

结合上述，图 3.1.2 展示了 Adaboost 强回归器算法的训练步骤。

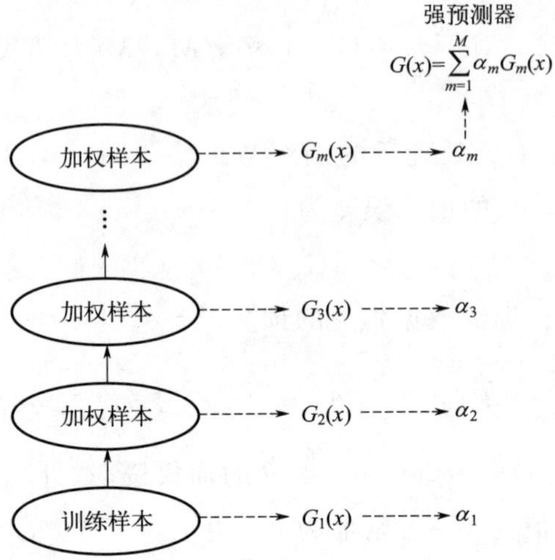

图 3.1.2　Adaboost 强回归器算法训练步骤示意图

3.1.3　Adaboost 强分类器算法

Adaboost 强分类器的核心思想与强回归器类似，本质上也是通过调整数据分布来实现。具体而言，Adaboost 强分类器算法的步骤如下，以二分类的问题为例：

给定一个训练集 $\boldsymbol{T}=\{(x_1,y_1),(x_2,y_2),\cdots,(x_N,y_N)\}$，其中 N 为训练集的对数，$x_i\in\mathbb{R}^n$，$y_i\in\{-1,1\}$，$i=1,2,\cdots,N$。

① 初始化训练样本的权值分布。每一个训练样本起初的权值相等：

$$w_{1i}=\frac{1}{N} \tag{3.1.14}$$

$$\boldsymbol{D}_1=(w_{11},w_{12},\cdots,w_{1N}) \tag{3.1.15}$$

② 进行多轮迭代。对于 $m=1,\ 2,\ \cdots,\ M$，M 为迭代轮数，即弱分类器数目：

a. 采用经过权值矩阵（权重）$\boldsymbol{D}_m$ 处理后的训练数据集进行学习，得到弱分类器：

$$G_m(x)\rightarrow\{-1,1\} \tag{3.1.16}$$

b. 计算 $G_m(x)$分类误差率：

$$E_m=P[G_m(x_i)\neq y_i]=\sum_{i=1}^{N}w_{mi}I[G_m(x_i)\neq y_i] \tag{3.1.17}$$

由式(3.1.17) 可知，$G_m(x)$在训练集上的误差率 E_m 即在 $G_m(x)$中分类错误的样本所对应的权值求和。

c. 计算 α_m，即 $G_m(x)$在强分类器中的重要程度：

$$\alpha_m=\frac{1}{2}\ln\frac{1-E_m}{E_m} \tag{3.1.18}$$

分析上式可知，当 $E_m\leqslant 1/2$ 时，$\alpha_m\geqslant 0$，α_m 与 E_m 成反比，这表示分类误差率越大，在强分类器中占的比重越小。

d. 更新训练数据集的权值分布：

$$w_{m+1,i}=\frac{w_{mi}}{Z_m}\exp[-\alpha_m y_i G_m(x_i)] \tag{3.1.19}$$

$$\boldsymbol{D}_{m+1}=(w_{m+1,1},w_{m+1,2},\cdots,w_{m+1,i},\cdots,w_{m+1,N}) \tag{3.1.20}$$

该步骤使得被弱分类器 $G_m(x)$分类错误的样本权重变大，反之变小。处理之后，Adaboost 可以更加注意较难分的样本。其中，Z_m 是归一化因子：

$$Z_m=\sum_{i=1}^{N}w_{mi}\exp[-\alpha_m y_i G_m(x_i)] \tag{3.1.21}$$

③ 构建弱分类器的线性组合：

$$f(x)=\sum_{m=1}^{M}\alpha_m G_m(x) \tag{3.1.22}$$

从而得到强分类器，具体如下：

$$G(x)=\mathrm{sign}[f(x)]=\mathrm{sign}\left[\sum_{m=1}^{M}\alpha_m G_m(x)\right] \tag{3.1.23}$$

综上所述，图 3.1.3 提供了 Adaboost 强分类器算法的训练步骤。

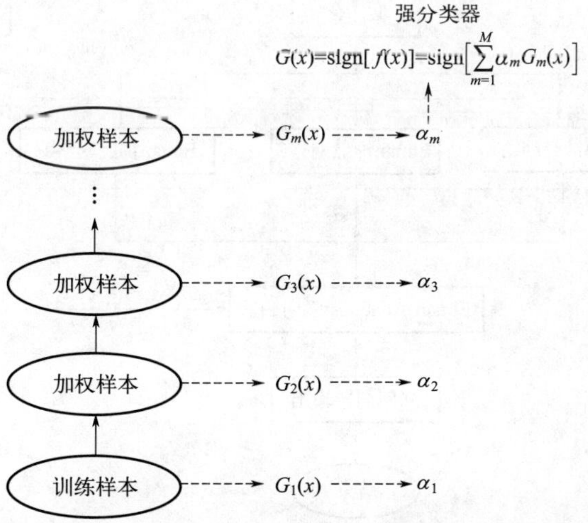

图 3.1.3　Adaboost 强分类器算法训练步骤示意图

3.2 高炉铁水硅含量的 Elman-Adaboost 回归预测模型

3.2.1 问题描述

从狭义角度来看，高炉铁水硅含量的预测是对硅含量的具体数值进行预测，本质上是一个回归问题。然而，文献［9］提出了一种对硅含量变化方向的预测方法，这实际上是一个分类问题。值得注意的是，Adaboost 算法在回归和分类领域都有广泛应用。因此，本章所讨论的高炉铁水硅含量预测建模是广义上的预测，包括对硅含量具体数值的回归预测和数值变化方向的分类预测。在回归预测中，Elman-Adaboost 模型为强回归器；在分类预测中，Elman-Adaboost 为强分类器。

本节主要介绍高炉铁水硅含量的 Elman-Adaboost 回归预测模型，模型的具体训练过程如图 3.2.1 所示，其步骤为：

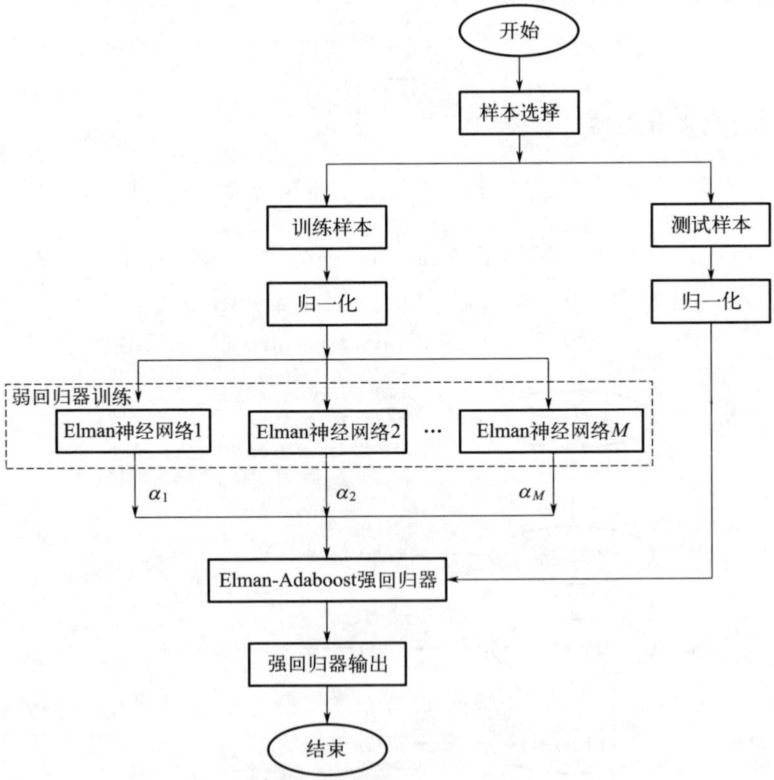

图 3.2.1　基于 Elman-Adaboost 的强回归器模型

① 参数初始化。

② 样本选择，从样本空间中随机选取 N 组为训练样本，n 组为测试样本。

③ 训练样本归一化处理，具体计算方式如下：

$$x_s=\frac{x-\min(x)}{\max(x)-\min(x)} \tag{3.2.1}$$

式中，x 为归一化处理前的变量；x_s 为归一化处理后的变量。

④ 弱回归器训练，将归一化处理后的训练样本输入弱回归器中，用于弱回归器的训练。此处的弱回归器为 ElmanNN，其学习算法见 3.1.1 节。

⑤ 强回归器形成，将多个弱回归器融合以形成 Elman-Adaboost 强回归器，用于对测试样本进行预测。Adaboost 强回归器算法的具体流程见 3.1.2 节。

⑥ 测试样本归一化处理，与步骤③相同。

⑦ 评估 Elman-Adaboost 强回归器的效果，将归一化处理后的测试样本输入所形成的 Elman-Adaboost 强回归器中，将得到的输出 $\hat{y}_i$ 与真实值 y_i 比较，利用回归命中率 J 和误差均方值 MSE 两个关键技术指标来衡量预测精度的高低，即

$$J=\frac{1}{n}\sum_{i=1}^{n}H_i\times 100\% \tag{3.2.2}$$

$$H_i=\begin{cases}1, |\hat{y}_i-y_i|<0.1\\0, |\hat{y}_i-y_i|\geqslant 0.1\end{cases} \tag{3.2.3}$$

$$\mathrm{MSE}=\frac{1}{n}\sum_{i=1}^{n}(\hat{y}_i-y_i)^2 \tag{3.2.4}$$

3.2.2 多变量 Elman-Adaboost 强回归器

由于高炉内机理复杂，许多变量与硅含量的变化有因果关系，如炉顶压力、透气性、喷煤、富氧率、热风压力、热风温度等。因此，将多变量作为模型的输入，硅含量的值作为模型的输出，可构造出多变量 Elman-Adaboost 强回归器（MEASP）。MEASP 模型形成过程见 3.2.1 节。

Matlab 中验证集设置的默认步数偏小，通过反复试验，本节选择的最大步数为 15。其他参数设置如下：最大迭代次数为 300，学习率为 0.05。与输入数据及其滞后选择相同，模型参数选择的合适与否同样影响模型最终的预测精度。

另一个重要参数为隐节点数的确定。目前，对于隐节点数的确定尚没有统

一标准，并且对于不同规模的非线性建模情况，隐节点数的取值差异较大。资料显示，确定 BPNN 隐节点数 h 可由下述三个经验公式获取：

$$h=\sqrt{n(m+2)}+1 \tag{3.2.5}$$

$$h<\sqrt{n+m}+a, a\in[0,10] \tag{3.2.6}$$

$$h=\log_2 n \tag{3.2.7}$$

式中，n 为输入层节点数目；m 为输出层节点数目。本节中，取 $n=12$，$m=1$，经过计算 $h\in[3,14]$。由于 ElmanNN 结构的特殊性与动态性，一般情况下隐节点数 H 大于 BPNN，故取其两倍以上。为训练网络生成 M 个弱回归器，选择 $H\in\{5,10,15,20,25,30,35,40\}$ 来训练网络。一般情况下弱回归器个数为 10 个左右，为确定最合适的弱回归器个数，取 $M\in\{5,10,15,20\}$ 进行试验。由于隐节点数 H 和弱回归器个数 M 的参数组合只有 $8\times4=32$ 种，因此运行一次程序共产生 32 个仿真结果，需从中选择精度最高的组合作为最终的最优 MEASP。本方法将 ElmanNN 作为弱回归器，结合 Adaboost 算法形成强回归器。在应用过程中拥有更高的计算效率，防止了 NN 训练的过拟合，同时具有更高的预测精度。

3.2.3 单变量 Elman-Adaboost 强回归器

文献 [10] 的研究显示，单变量模型也可以取得较高的预测精度。因此，本节以单变量，即硅含量的时间序列，作为模型的输入，将硅含量的值作为模型的输出。该模型被称为单变量 Elman-Adaboost 强回归器（SEASP）。

SEASP 的输入变量为硅含量的时间序列。为了更好地处理时间序列数据，此处引入了常用的方法：相空间重构。相空间重构可以将一维的时间序列数据嵌入高维空间中，从而更充分地捕捉数据的动态特性。

1980 年，Packard 等提出了用时间序列重构相空间的两种方法：导数重构法和坐标延迟重构法[11]。理论上，这两种方法都能实现相空间重构；但在实际应用中，由于导数重构法需要时间序列的先验信息且对误差敏感，因此多采用坐标延迟重构法[12]。坐标延迟重构法通过一维时间序列$\{x(n)\}$的不同时间延迟来构造 m 维相空间矢量[13]：

$$\boldsymbol{x}(i)=\{x(i),x(i+\tau),\cdots,x[i+(m-1)\tau]\} \tag{3.2.8}$$

式中，m 代表嵌入维数；τ 代表时间延迟。

在 Takens 定理[14]中，理想情况下，假设一维时间序列是无限长和无噪声的，则嵌入维数 m 和时间延迟 τ 可以取任意值。然而在实际情况下，无法满足无限长和无噪声的两个条件。

嵌入维数和时间延迟是相互关联的，确定其中一个参数可以推导出另一个。1998 年，Kugiumtzis 提出了时间窗长度的方法用于确定这些参数[15]。1999 年，Kim 等提出了 C-C 方法，该方法基于时间窗长度的方法，通过使用关联积分将时间延迟和嵌入维数关联在一起[16]。C-C 方法在实际应用中广泛用于确定时间延迟和嵌入维数，可以同时确定两个参数。C-C 方法展现了良好的快速性和稳定性，并且能在较短的时间内确定出两个参数，因此本节采用 C-C 方法来确定嵌入维数 m 和时间延迟 τ。

具体而言，C-C 法的计算步骤如下。延迟时间窗口的定义为：

$$\tau_w=(m-1)\tau \tag{3.2.9}$$

从式中可以看出，嵌入维数 m 和时间延迟 τ 是有联系的，两者通过延迟时间窗口彼此依赖。

重构相空间中嵌入时间序列的关联积分定义为：

$$C(m,N,r,\tau)=\frac{2}{M(M-1)}\sum_{1\leqslant i\leqslant j\leqslant M}\theta(r-d_{ij}) \tag{3.2.10}$$

$$M=N-(m-1)\tau-1 \tag{3.2.11}$$

$$\theta(z)=\begin{cases}0, z<0\\1, z\geqslant 0\end{cases} \tag{3.2.12}$$

$$d_{ij}=\|\boldsymbol{Y}_i-\boldsymbol{Y}_j\|_\infty \tag{3.2.13}$$

式中，N 代表数据组的大小；M 代表重构后的数据点数；r 代表大于 0 的一个小数；τ 代表时间延迟；$\boldsymbol{Y}_i$ 和 $\boldsymbol{Y}_j$ 是基于时间序列通过延迟坐标嵌入生成的重构点，分别表示时间序列在重构相空间中的两个状态点。关联积分是一个累积分布函数，表示相空间中任意两点之间距离小于半径 r 的概率，这里点与点之间的距离用矢量差的无穷范数表示。定义统计量为：

$$S_1(m,N,r,\tau)=C(m,N,r,\tau)-C^m(1,N,r,\tau) \tag{3.2.14}$$

上式在实际计算时，需要先把时间序列 $\{x(n)\}$ 拆分为 t 个不相交的子序列，长度均为 $N_s=N/t$：

$$\boldsymbol{x}^1=\{x_1,x_{t+1},\cdots,x_{N-t+1}\} \tag{3.2.15}$$

$$\boldsymbol{x}^2=\{x_2,x_{t+2},\cdots,x_{N-t+2}\} \tag{3.2.16}$$

$$\cdots$$

$$\boldsymbol{x}^t=\{x_t,x_{2t},\cdots,x_N\} \tag{3.2.17}$$

随后，将式(3.2.14) 采用分块平均策略，计算每个序列的 $S_2(m,N,r,\tau)$：

$$S_2(m,N,r,\tau)=\frac{1}{t}\sum_{s=1}^{t}\left[C_s(m,\frac{N}{t},r,\tau)-C_s^m(1,\frac{N}{t},r,\tau)\right] \tag{3.2.18}$$

当 $N\to\infty$ 时，

$$S_2(m,r,\tau)=\frac{1}{t}\sum_{s=1}^{t}\left[C_s(m,r,\tau)-C_s^m(1,r,\tau)\right] \tag{3.2.19}$$

画出 $S_2(m,r,\tau)$-t 的曲线，第一个零点时的 t 即为 τ，认为此时重构吸引子轨道在相空间中完全展开，选取对应值最大和最小的两个半径 r，定义差量为：

$$\Delta S_2(m,\tau)=\max\{S_2(m,r_j,\tau)\}-\min\{S_2(m,r_j,\tau)\} \tag{3.2.20}$$

上式度量了 $S_2(m,r,\tau)$-t 对所有半径 r 的最大偏差。所以局部最大时间 t 应该是 $S_2(m,r,\tau)$ 的零点和 $\Delta S_2(m,\tau)$ 的最小值，最优延迟时间 τ 对应着这些局部最大时间 t 中的第一个。定义 $S_{2\text{cor}}(m,\tau)$：

$$S_{2\text{cor}}(m,\tau)=S_2(m,r,\tau)+\Delta S_2(m,\tau) \tag{3.2.21}$$

取 $S_{2\text{cor}}(m,\tau)$ 的全局最小值作为时间序列的时间窗口长度 τ_w，根据式(3.2.9)可计算出嵌入维数 m。

SEASP 模型的构建过程见 3.2.1 节。

Matlab 中验证集设置的最大步数为 15，最大迭代次数为 300，学习率为 0.05。模型参数的选择同样会影响模型的分类精度，因此这些参数的确定是否合适对于模型性能至关重要。

SEASP 输入层节点数为 4（由嵌入维数 m 确定），输出层节点数为 1。根据经验公式计算，得出隐节点数 $h\in[2,13]$，因此取其 2 倍以上，选择 $H\in\{5,10,15,20,25,30,35,40\}$ 来训练网络，以生成 M 个弱回归器。为确定最合适的弱回归器个数，取 $M\in\{5,10,15,20\}$ 进行试验。因此，每次程序运行共产生 32 个仿真结果。这与 MEASP 方法所需进行的试验次数相同，最终从中选择精度最高的组合作为最终的最优 SEASP。

3.2.4 案例分析

用于模型训练及测试的数据来自国内某钢厂的一个大型高炉的实际生产数据。由于高炉内机理复杂，许多变量与硅含量的变化有因果关系，故选择表 3.2.1 中的 12 个重要变量作为 ElmanNN 的输入。

表 3.2.1 ElmanNN 的输入变量

符号	名称	单位	符号	名称	单位
x_1	炉顶压力	kPa	x_7	料批	—

续表

符号	名称	单位	符号	名称	单位
x_2	透气性	%	x_8	热风压力	kPa
x_3	喷煤	t/h	x_9	热风温度	K
x_4	富氧率	%	x_{10}	热风流量	m^3/h
x_5	炉顶温度	K	x_{11}	鼓风湿度	%
x_6	压差	kPa	x_{12}	前一炉硅含量（质量分数）	%

由于ElmanNN初始权值和阈值的随机性，预测输出会有所波动，为了评估32个MEASP的预测精度，对模型进行了10次实验并取平均值，不同参数的模型平均命中率如表3.2.2所示。

表3.2.2 不同数目弱回归器及隐节点的平均命中率——多变量 单位：%

M	H							
	5	10	15	20	25	30	35	40
5	91.6	94.0	92.8	**94.8**	92.4	93.2	92.8	93.2
10	93.2	94.4	93.6	94.4	94.4	93.2	93.6	93.2
15	94.4	94.4	94.4	93.6	93.6	92.8	93.2	93.2
20	**94.8**	93.6	92.8	94.4	94.4	93.6	92.4	94.0

由表中可以看出，当$M=5$、$H=20$时和当$M=20$、$H=5$时，都达到了94.8%的命中率。通过对其误差均方值（均方误差）的比较，如表3.2.3所示，发现$M=20$、$H=5$所组成的强回归器的误差均方值较小，同时其弱回归器的结构为12-5-1，模型较为精简。

表3.2.3 两个参数取值不同的强回归器模型的误差均方值比较

参数	$M=5$、$H=20$	$M=20$、$H=5$
MSE	0.00284	0.00272

当$M=5$、$H=20$与$M=20$、$H=5$时，预测误差绝对值曲线分别如图3.2.2、图3.2.3所示。对比图3.2.2、图3.2.3，可以看出图3.2.3中强回归器的误差绝对值小于0.1的比例较高，误差普遍较小。

通过以上分析，选择结构为12-5-1的Elman神经网络为弱回归器，具体数目为20，组成最优MEASP。其平均命中率为94.8%，误差均方值为0.00272。预测结果中真实值与预测值的比较如图3.2.4所示。从图中能够发现，预测值能较好地与真实值的变化同步。

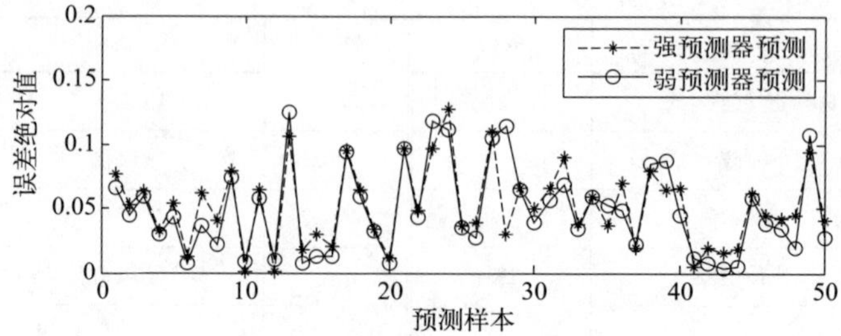

图 3.2.2　当 $M=5$、$H=20$ 时的预测误差绝对值

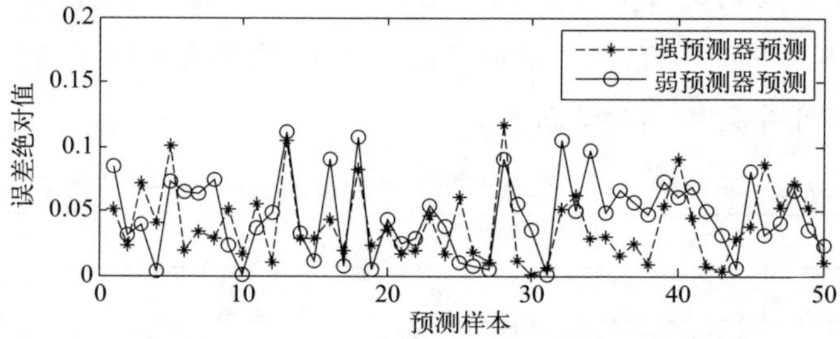

图 3.2.3　当 $M=20$、$H=5$ 时的预测误差绝对值

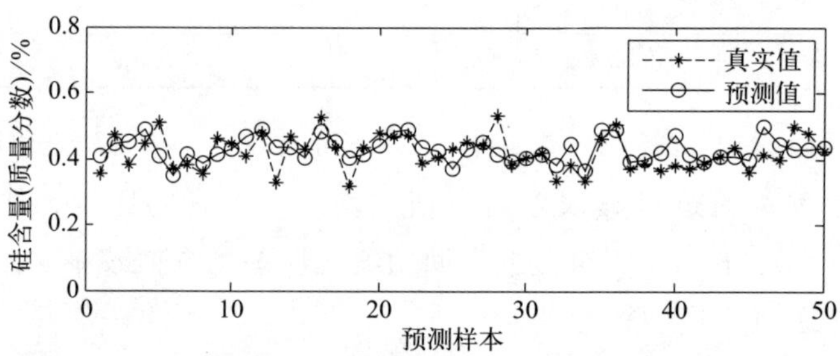

图 3.2.4　当 $M=20$、$H=5$ 时的强回归器预测结果

为了验证 MEASP 的有效性，将其预测结果分别与多变量 BP 神经网络（MBPNN）、多变量 Elman 神经网络（MENN）和多变量 BP-Adaboost 强回归器（MBPASP）比较。MBPNN 通过反复试验确定为 12-25-1；MENN 的结构与最优 MEASP 中的弱回归器相同；MBPASP 中的弱回归器结构与 MBPNN 相同，弱回归器个数与最优 MEASP 相同。其次，这四种预测方法的训练样本和测试样本的随机选择以及其他参数的设置（最大迭代次数、学习率等）都相同，因此结果具有可比性。其结果如表 3.2.4 和图 3.2.5、图 3.2.6 所示。

表 3.2.4 四种方法的平均回归命中率与误差均方值对比——多变量

编号	预测方法	$J/\%$	MSE
1	MBPNN	78.0	0.0053
2	MENN	92.0	0.0036
3	MBPASP	88.0	0.0038
4	MEASP	94.0	0.0033

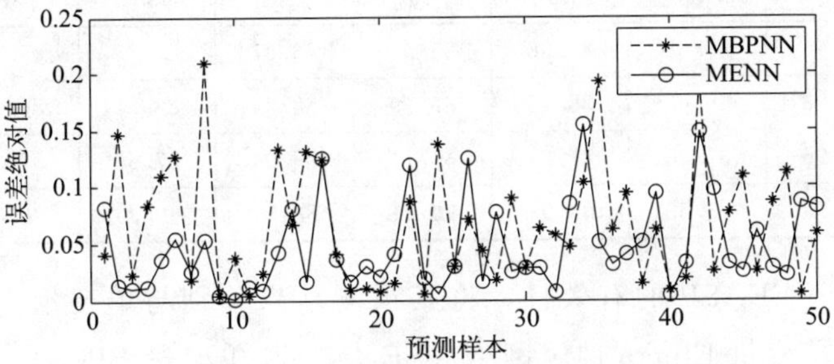

图 3.2.5 MBPNN 与 MENN 的预测误差绝对值比较

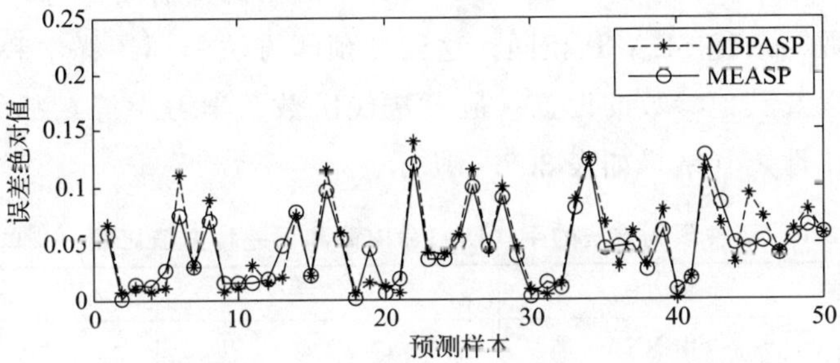

图 3.2.6 MBPASP 与 MEASP 的预测误差绝对值比较

通过分析表 3.2.4 中的数据，可得出以下结论：比较方法 1 和方法 2，MENN 的预测精度比 MBPNN 高，说明 ElmanNN 的动态性能更好，更能有效地反映高炉的动态特性；比较方法 1、3 和 2、4，使用了 Adaboost 算法的强回归器都比单一神经网络的预测精度高，说明 Adaboost 算法能够普适性地提高弱回归器的预测精度；比较方法 3 和方法 4，可以归纳出弱回归器的选择影响了最终强回归器的预测精度，选择适合高炉动态特性的 ElmanNN 能有效提高最终的预测精度。

分析图 3.2.5 和图 3.2.6 中的曲线，可以明显看出，MBPNN 的误差绝对值波动最大，而 MEASP 的误差绝对值最小且最为平稳，说明 MEASP 预测误差不仅最低而且较为稳定，波动较小，吻合度高。

为了评估32个SEASP的预测精度，对模型进行了10次仿真取平均，不同参数的平均命中率结果如表3.2.5所示。由表3.2.5可以看出，当$M=20$、$H=20$时，平均命中率最高（为90.21%），此时的误差均方值为0.00232。

表3.2.5　不同数目弱回归器及隐节点的平均命中率——单变量

单位：%

M	H							
	5	10	15	20	25	30	35	40
5	87.66	86.38	87.66	85.96	86.81	87.23	85.53	89.36
10	87.23	88.08	88.93	89.79	88.51	88.51	86.38	86.38
15	85.96	87.23	87.24	85.11	88.94	87.66	87.66	88.51
20	89.79	85.53	88.93	**90.21**	88.51	89.36	88.08	85.96

为了验证SEASP的有效性，将其预测结果分别与单变量BP神经网络（SBPNN）、单变量Elman神经网络（SENN）和单变量BP-Adaboost强回归器（SBPASP）比较。SBPNN通过反复试验确定为4-10-1；SENN的结构与最优SEASP中的弱回归器相同；SBPASP中的弱回归器结构与SBPNN相同，弱回归器个数与最优SEASP相同。这四种预测方法的训练样本和测试样本的随机选择，以及其他参数的设置（最大迭代次数、学习率等）都相同。因此，结果具有可比性，其结果如表3.2.6所示。

表3.2.6　四种预测方法的平均回归命中率和误差均方值比较——单变量

编号	预测方法	J/%	MSE
1	SBPNN	76.6	0.0068
2	SENN	89.36	0.0034
3	SBPASP	85.11	0.0039
4	SEASP	91.49	0.0031

分析表3.2.6中的数据，与MEASP中的分析方法相同，比较方法1、2，可见SENN的预测精度比SBPNN高，说明ElmanNN的动态性能更好，更能有效地反映高炉的动态特性；比较方法1、3和2、4的结果，说明了Adaboost算法是一种能有效提高预测精度的普适算法；比较方法3、4，可以看出弱回归器的选择影响了最终强回归器的预测精度，选择适合于高炉动态特性的ElmanNN能有效提高最终的预测精度。

横向对比MEASP和SEASP两种方法，MEASP的回归命中率高于SEASP，呈现更好的预测效果。其可能的原因为：

① SEASP 在处理硅时间序列时，使用了 C-C 法确定了嵌入维数 m 和时间延迟 τ，由于方法中存在假设，对条件进行了理想化，因此最终确定的嵌入维数 m 和时间延迟 τ 存在误差，影响了最终模型的精度。

② SEASP 中的硅时间序列是通过一定的采样时间测量得到的，因此原始数据间相差一定的时间间隔，使原本连续的硅含量变化数据变成不连续的数据，丢失了一些重要的数据变化点，因此前后序列中包含的信息有遗漏。MEASP 中的多个输入变量与输出变量处在同一时间维度上，未有信息丢失，因此多变量作为预测模型的输入比使用单变量更能有效提取高炉的信息，使得训练后的模型最终的预测效果好于单变量的模型。

3.3 高炉铁水硅含量的 Elman-Adaboost 分类预测模型

3.3.1 问题描述

本节主要介绍硅含量的 Elman-Adaboost 分类预测模型。硅含量值的变化方向可分为上升和下降两个方向：当硅含量上升时，将结果记为 1；当硅含量下降时，将结果记为 −1。显然，这是一种二分类问题。

本节所使用的模型的训练步骤见 3.2.1 小节。与 3.2.1 小节不同的是，本节使用 Adaboost 强分类器算法，并选择误分率 W 和误分率的标准偏差 WST 来比较分类精度的高低，即：

$$W=\frac{1}{n}\sum_{i=1}^{n}h_i\times 100\% \tag{3.3.1}$$

$$h_i=\begin{cases}1, \hat{y}_i\neq y_i\\0, \hat{y}_i=y_i\end{cases} \tag{3.3.2}$$

$$\mathrm{WST}=\sqrt{\frac{\sum_{i=1}^{m}(W_i-\overline{W})^2}{m-1}} \tag{3.3.3}$$

为了与回归问题保持一致，将误分率换算为分类命中率：

$$L=100\%-W \tag{3.3.4}$$

3.3.2 多变量 Elman-Adaboost 强分类器

将炉顶压力、透气性、喷煤、富氧率、热风压力、热风温度等多变量作为模型的输入，硅含量值的变化方向作为模型的输出，该模型称为多变量

Elman-Adaboost 强分类器（MEASC）。

标准型 MEASC 所得到的误分率较高，分类命中率较低，仅稍高于随机猜测的预测精度，因此实用价值低。为了提高分类命中率，分别从训练模型、训练数据和训练过程三个方面对标准型 MEASC 进行改进，提出改进型 MEASC。

在训练模型方面，引入 Improved（改进型）ElmanNN 与参数调整的 Adaboost（PAdaboost）算法。Improved ElmanNN 的结构如图 3.3.1 所示。从图中可以看出，Improved ElmanNN 的结构复杂，其输入层包括结构单元 1、输入节点和结构单元 2。其中结构单元 1 包含了隐层的时间延迟，输入节点即为外部的输入，结构单元 2 包含了输出层的时间延迟。这是与 Standard（标准型）ElmanNN 在结构上最大的不同之处。因此，Improved ElmanNN 比 Standard ElmanNN 具有更好的动态性能，更能有效存储数据中的历史信息。

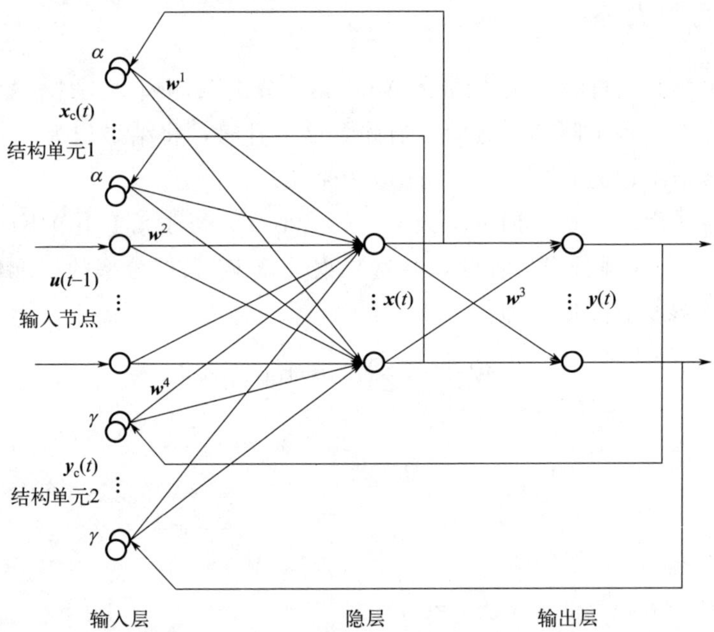

图 3.3.1 Improved ElmanNN 结构示意图

设结构单元 1 的节点为 $\boldsymbol{x}_c(t)$，输入节点为 $\boldsymbol{u}(t-1)$，结构单元 2 的节点为 $\boldsymbol{y}_c(t)$，隐层节点的输出为 $\boldsymbol{x}(t)$，输出层节点的输出为 $\boldsymbol{y}(t)$，则可以引出 Improved ElmanNN 的数学模型如下：

$$\boldsymbol{x}(t)=f_1[\boldsymbol{w}^1\boldsymbol{x}_c(t)+\boldsymbol{w}^2\boldsymbol{u}(t-1)+\boldsymbol{w}^4\boldsymbol{y}_c(t)] \tag{3.3.5}$$

$$\boldsymbol{x}_c(t)=\alpha\boldsymbol{x}_c(t-1)+\boldsymbol{x}(t-1) \tag{3.3.6}$$

$$\boldsymbol{y}_c(t)=\gamma\boldsymbol{y}_c(t-1)+\boldsymbol{y}(t-1) \tag{3.3.7}$$

$$\boldsymbol{y}(t)=f_2[\boldsymbol{w}^3\boldsymbol{x}(t)] \tag{3.3.8}$$

式中，$\boldsymbol{w}^1$ 为结构单元 1 到隐层的权值矩阵；$\boldsymbol{w}^2$ 为输入节点到隐层的权值矩阵；$\boldsymbol{w}^3$ 为隐层到输出层的权值矩阵；$\boldsymbol{w}^4$ 为结构单元 2 到隐层的权值矩阵；α 为结构单元 1 的自延迟系数；γ 为结构单元 2 的自延迟系数；f_1 多取为 Sigmoid 函数；f_2 多取为线性函数。

Improved ElmanNN 的特点为：

① 结构复杂，具有更好的动态性能，适用于更复杂的非线性动态过程；

② 相较于 Standard ElmanNN 多了输出节点的反馈，通常预测效果优于 Standard ElmanNN；

③ 参数 α、γ 可调节，具有一定的灵活度。

PAdaboost 算法是 Adaboost 算法的一种改进算法，两者的不同点在于权值的调整策略[17]。在 Adaboost 算法中，算法的迭代使得当前弱分类器更关注分类错误的样本。然而，对分类错误的样本过分关注容易产生过拟合效应，权值的调整容易导致已被分类正确的样本被分类错误。显然，这会使得训练过程陷入恶性循环，影响最终算法的预测精度和收敛速度。PAdaboost 算法将权值调整策略分为以下四种情况来改进：

① 若前一轮训练得到的强分类器分类正确，本轮得到的强分类器分类错误；

② 若前一轮训练得到的强分类器分类错误，本轮得到的强分类器分类错误；

③ 若前一轮训练得到的强分类器分类错误，本轮得到的强分类器分类正确；

④ 若前一轮训练得到的强分类器分类正确，本轮得到的强分类器分类正确。

PAdaboost 强分类器算法的具体权值调整策略如下：

给定一个训练集 $\boldsymbol{T}=\{(x_1,y_1),(x_2,y_2),\cdots,(x_N,y_N)\}$，其中 N 为训练集的对数，$x_i\in\mathbb{R}^n$，$y_i\in\{-1,1\}$，$i=1,2,\cdots,N$。

① 初始化训练样本的权值分布。每一个训练样本起初的权值相等：

$$w_{1i}=\frac{1}{N} \tag{3.3.9}$$

$$\boldsymbol{D}_1=(w_{11},w_{12},\cdots,w_{1N}) \tag{3.3.10}$$

② 进行多轮迭代。对于 $m=1,2,\cdots,M$，M 为迭代轮次，即弱分类器数目：

a 至 c 步骤与 Adaboost 强分类器算法相同；

d. 更新训练数据集的权值分布：

设 $F_m(x_i)=\sum_{t=1}^{m}\alpha G_t(x)$，若 $y_iF_{m-1}(x_i)>0$，$y_iF_m(x_i)<0$，则

$$w_{m+1,i}=\frac{w_{mi}}{Z_m}\exp[-(1-\beta)y_iG_m(x_i)+2\beta y_iF_{m-1}(x_i)] \tag{3.3.11}$$

式中，β 是 PAdaboost 算法中的一个调整参数，用于控制权值更新的幅度，体现了对强分类器当前状态的关注程度。

若 $y_iF_{m-1}(x_i)<0$，$y_iF_m(x_i)<0$，则

$$w_{m+1,i}=\frac{w_{mi}}{Z_m}\exp[-(1-\beta)y_iG_m(x_i)] \tag{3.3.12}$$

若 $y_iF_{m-1}(x_i)<0$，$y_iF_m(x_i)>0$，则

$$w_{m+1,i}=\frac{w_{mi}}{Z_m}\exp[-(1+\beta)y_iG_m(x_i)-2\beta y_iF_{m-1}(x_i)] \tag{3.3.13}$$

若 $y_iF_{m-1}(x_i)>0$，$y_iF_m(x_i)>0$，则

$$w_{m+1,i}=\frac{w_{mi}}{Z_m}\exp[-(1+\beta)y_iG_m(x_i)] \tag{3.3.14}$$

$$\boldsymbol{D}_{m+1}=(w_{m+1,1},w_{m+1,2},\cdots,w_{m+1,i},\cdots,w_{m+1,N}) \tag{3.3.15}$$

其中，Z_m 是归一化因子。

③ 构建弱分类器的线性组合：

$$f(x)=\sum_{m=1}^{M}\alpha_mG_m(x) \tag{3.3.16}$$

从而得到强分类器，如下：

$$G(x)=\mathrm{sign}[f(x)]=\mathrm{sign}\left[\sum_{m=1}^{M}\alpha_mG_m(x)\right] \tag{3.3.17}$$

从权值调整策略可以看出，情况①比情况②权值增加的倍数要大，情况④比情况③权值增加的倍数更大。PAdaboost 算法更加关注前一轮分类正确但后一轮被分类错误的样本，以及前一轮分类正确且后一轮依旧分类正确的样本。可以发现，PAdaboost 对 Adaboost 算法的改进能够提高分类正确的样本数，因此分类命中率能有效提升。

3.3.3 单变量 Elman-Adaboost 强分类器

将单变量作为模型的输入，硅含量值的变化方向作为模型的输出，该模型称为单变量 Elman-Adaboost 强分类器（SEASC）。

标准型 SEASC 的误分率较高，分类命中率较低，仅稍高于随机猜测的分类预测精度，因此实用价值不高。为了降低误分率，提高分类预测精度，分别从训练模型、训练数据和训练过程等三个方面对标准型 SEASC 进行改进，给出改进型 SEASC。在训练模型方面，引入 Improved ElmanNN 作为模型的弱分类器，使用 PAdaboost 算法提升弱分类器的分类命中率。在训练数据方面，对输入数据进行相对化处理。在训练过程方面，具体步骤见 3.3.2 小节，提高了模型的训练精度。

3.3.4 案例分析

比较标准型 MEASC 与改进型 MEASC，如表 3.3.1 所示。

表 3.3.1　标准型 MEASC 与改进型 MEASC 的比较

项目	标准型 MEASC	改进型 MEASC
训练模型	Standard ElmanNN	Improved ElmanNN
	Adaboost	PAdaboost
训练数据	绝对值	相对值
隐层节点数 H	24	45
弱分类器数 K	25	50
自延迟系数 α、γ	—	0.7、0.5
最大迭代次数	300	500
最大误差不降低次数	50	500
平均误分率 W	30.20%	10.81%
标准偏差 WST	0.0361	0.0238
平均分类命中率 L	69.80%	89.19%

通过在训练模型、训练数据和训练过程三个方面的改进，最终的平均分类命中率达到了 89.19%，实现了显著提升。这表明 Improved ElmanNN 模型相比于 Standard ElmanNN 模型的动态性能更好，更适合于高炉这种复杂非线性动态特征明显的工业过程。同时，PAdaboost 算法在提升分类命中率方面优于 Adaboost 算法。这也说明，在数据驱动建模过程中，数据的预处理和模型训练参数的调节对最终的预测精度有着重要的影响。

为了验证改进型 MEASC 的有效性，将其预测结果分别与多变量 BP 神经网络（MBPNN）、改进型多变量 Elman 神经网络（Improved MENN）和多变量 BP-Adaboost 强分类器（MBPASC）比较。这四种预测方法的训练样本和测试样本的随机选择以及其他参数的设置，包括模型的参数（隐层节点数 H

和弱分类器数 K）以及训练过程中的参数（最大迭代次数、最大误差不降低次数等）都相同，因此结果具有可比性。其结果如表 3.3.2 所示。

表 3.3.2　四种不同的预测方法的分类命中率对比——多变量

编号	预测方法	$L/\%$
1	MBPNN	59.20
2	Improved MENN	81.63
3	MBPASC	69.39
4	Improved MEASC	91.84

分析表中数据，与回归预测大致呈现类似的结论。比较方法 1 和方法 2，Improved MENN 的分类命中率比 MBPNN 高，说明 Improved ElmanNN 的动态性能更好，更能有效地反映高炉的动态特性。比较方法 1、3 与 2、4，使用了 Adaboost 算法的强分类器都比单一 NN 的分类命中率高，说明 Adaboost 算法能够普适性地提高分类命中率。比较方法 3 和方法 4，可以看出弱分类器的选择影响了最终强分类器的分类命中率，选择适应高炉动态特性的 Improved ElmanNN 能有效提高最终的分类命中率。

四种方法的分类预测结果分别如图 3.3.2～图 3.3.5 所示。通过比较分类预测结果图可以发现，MBPNN 分类正确的样本数目最少，Improved MEASC 分类正确的样本数目最多。

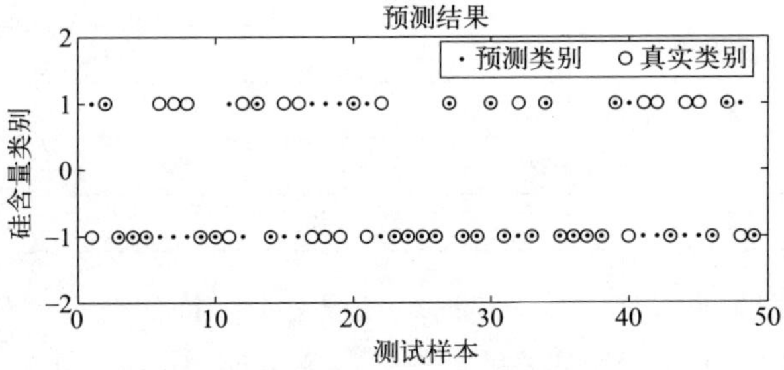

图 3.3.2　MBPNN 的分类预测结果

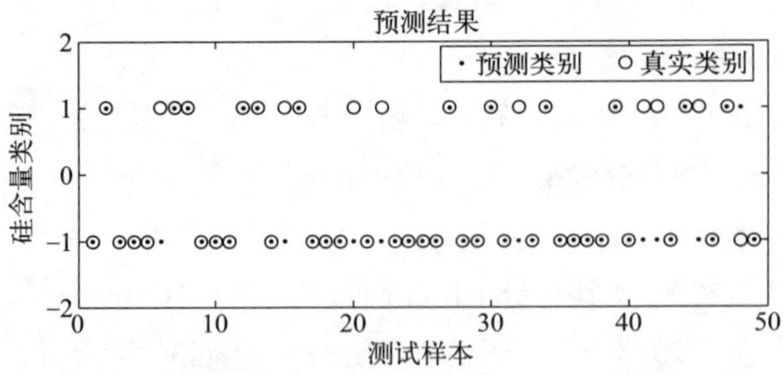

图 3.3.3　Improved MENN 的分类预测结果

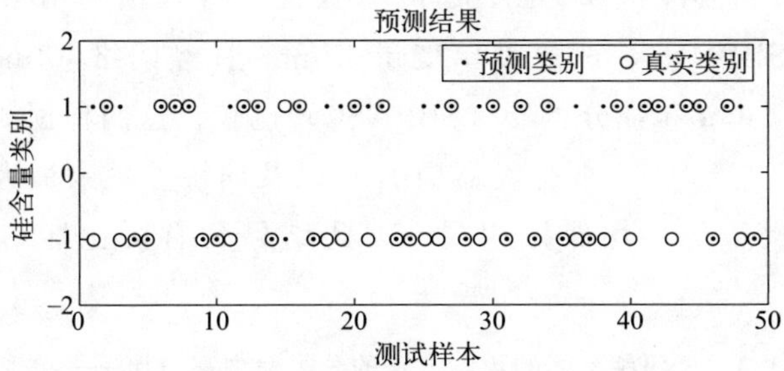

图 3.3.4 MBPASC 的分类预测结果

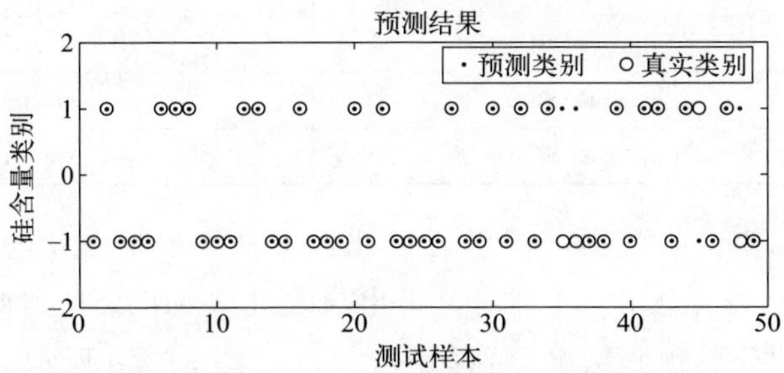

图 3.3.5 Improved MEASC 的分类预测结果

比较标准型 SEASC 与改进型 SEASC，如表 3.3.3 所示。

表 3.3.3 标准型 SEASC 与改进型 SEASC 的比较

项目	标准型 SEASC	改进型 SEASC
训练模型	Standard ElmanNN	Improved ElmanNN
	Adaboost	PAdaboost
训练数据	绝对值	相对值
隐层节点数 H	10	25
弱分类器数 K	20	50
自延迟系数 α、γ	—	0.8、0.4
最大迭代次数	300	500
最大误差不降低次数	50	500
平均误分率 W	28.30%	14.68%
标准偏差 WST	0.0333	0.0288
平均分类命中率 L	71.7%	85.32%

从表 3.3.3 中可以看出，通过在训练模型、训练数据和训练过程三个方面的改进，最终的平均分类命中率达到了 85.32%，有了大幅的提升。

然后，为了验证改进型 SEASC 的有效性，将其预测结果分别与单变量 BP 神经网络（SBPNN）、改进型单变量 Elman 神经网络（Improved SENN）和单变量 BP-Adaboost 强分类器（SBPASC）比较。这四种预测方法的模型结构参数（隐层节点数 H 和弱分类器数 K）以及训练参数（最大迭代次数、最大误差不降低次数等）均保持相同，因此结果具有可比性。其预测结果如表 3.3.4 所示。

表 3.3.4　四种不同的预测方法的分类命中率对比——单变量

编号	预测方法	$L/\%$
1	SBPNN	55.32
2	Improved SENN	74.47
3	SBPASC	65.96
4	Improved SEASC	85.11

分析表 3.3.4 中的数据，可以通过比较方法 1 和方法 2，比较方法 1、3 和方法 2、4，比较方法 3 和方法 4，得出与改进型 MEASC 类似的结论。

四种方法的分类预测结果分别如图 3.3.6～图 3.3.9 所示。通过比较分类预测结果图可以发现，SBPNN 分类正确的样本数目最少，Improved SEASC 分类正确的样本数目最多。

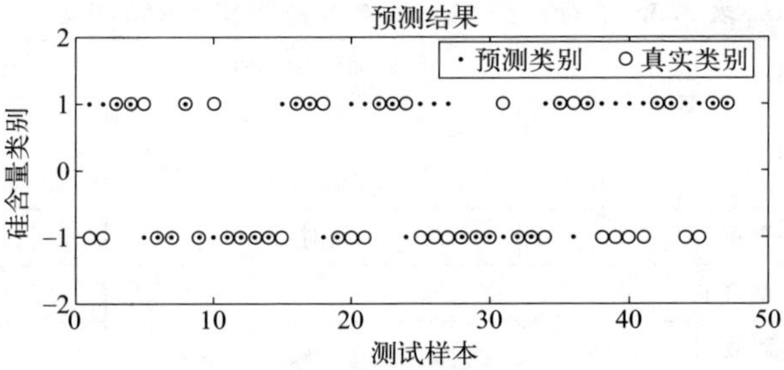

图 3.3.6　SBPNN 的分类预测结果

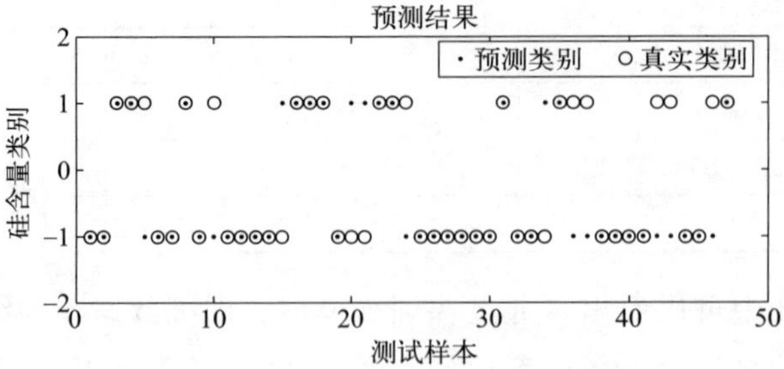

图 3.3.7　Improved SENN 的分类预测结果

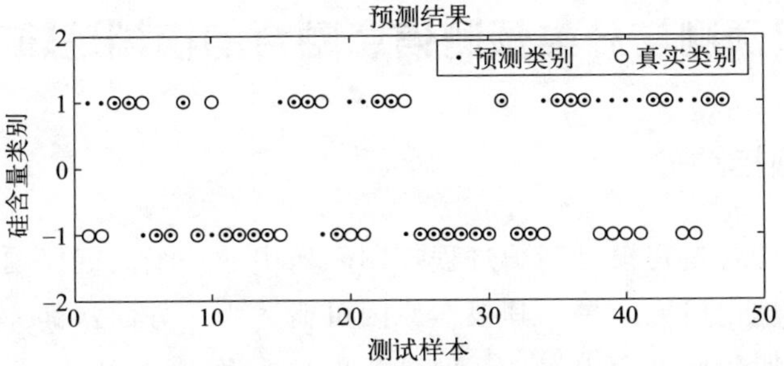

图 3.3.8 SBPASC 的分类预测结果

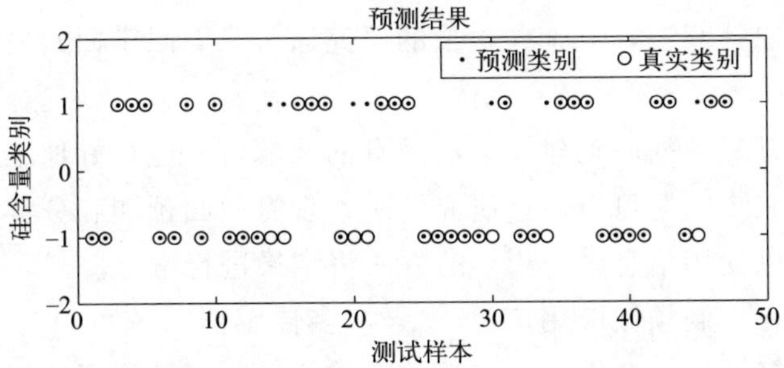

图 3.3.9 Improved SEASC 的分类预测结果

通过纵向比较，改进型 MEASC（SEASC）相比于标准型 MEASC（SEASC）的平均分类命中率要高，尤其在 MEASC 方法中，平均分类命中率提高了近 20%，效果显著。通过横向比较，改进型 MEASC 的分类命中率要高于改进型 SEASC，说明 MEASC 的分类预测效果优于 SEASC。这一现象可能归因于以下几点：①SEASC 用于训练的硅时间序列数据信息不够完整。高炉在炼铁过程中产生的铁水中的硅含量是一个连续变化的值，而对其数据的收集是通过间隔采样化验得出的离散值。采样时间间隔的不一致，导致一些关键值缺失，进而影响模型训练对输入与输出变量关系的捕捉。可以通过填补缺失值的方法来改善这种情况。②SEASC 在处理硅时间序列时，使用 C-C 法确定嵌入维数 m 和时间延迟 τ，这一过程中可能存在误差，影响了最终模型的精度。而 MEASC 由于输入变量是多变量，且与输出变量在同一时间维度上获取，前后对应，因此分类预测效果更佳。综上所述，改进型 MEASC 在分类预测中的表现优于标准型 MEASC 和 SEASC，这证明了改进型方法在处理复杂非线性动态特征时的有效性和优越性。

3.4 回归预测与分类预测信息融合的模糊逻辑控制方法

3.4.1 问题描述

高炉铁水硅含量建模是高炉过程控制领域中的一个关键议题，但成功的实际应用远少于理论研究成果，其根本原因可概述为三方面：其一，在炉况平稳时预测效果普遍较好，命中率高，但是如果炉况发生波动时，命中率就会立即降低，使模型失去了预测的意义；其二，在硅含量升降转折处经常会出现一个铁次的滞后，当转折不连续时，滞后量影响小，但当转折连续出现时就会导致严重的滞后现象；其三，对于硅含量的研究通常只着眼于回归或分类其中一个方面。

前两个问题是数据驱动建模方法固有的问题，不能很好地跟踪炉况的阶跃性突变。而第三个问题可以通过研究解决，现有回归预测和分类预测模型及其预测结果，可以使用信息融合[18] 的方法将结果进行融合。

信息融合在控制领域应用广泛[19-22]，多传感器系统可以为复杂的非线性动态问题提供多源的、全面的、完整的有效信息。如何利用计算机强大的计算能力，将多源的数据进行融合，以最终做出控制决策，是信息融合理论主要研究的内容。

一般来说，具有鲁棒性、自适应性、联想记忆和并行处理能力的数据理论可以作为融合方法。常用的方法可以分为两大类：第一类是随机类算法，此类算法包括了加权平均法、卡尔曼滤波法、多贝叶斯估计法、证据推理和产生式规则等；第二类是人工智能类方法，包括模糊逻辑理论、神经网络、粗糙集理论和专家系统等。

模糊逻辑理论由美国控制论专家 L. A. Zadeh 提出，在控制领域有较多的交叉应用[23-26]。本节主要使用模糊逻辑理论将回归和分类的结果进行融合。

3.4.2 模糊逻辑控制介绍

现实生活中，有很多概念没有明确的分界线，例如高个子和矮个子、冷和热、青年和中年等。相对于明确的概念，这些概念被称为模糊概念。模糊性总是伴随着复杂性、不确定性和开放性，尽管模糊，但却不等同于随机性。在经典集合论中，一个元素 x 或者属于某个集合 A，即 $x \in A$，此时其特征函数值为 1；或者不属于某个集合 A，即 $x \notin A$，此时其特征函数值为 0。然而，在模糊概念中，用隶属函数 $\mu_A(x)$ 表示 $x \in A$ 的程度，$\mu_A(x) \in [0,1]$。

若 $\mu_A(x)=1$，则认为 x 完全属于 A；

若 $\mu_A(x)=0$，则认为 x 完全不属于 A；

若 $0<\mu_A(x)<1$，则认为 x 在 $\mu_A(x)$ 的程度上属于 A。

模糊集合的表示方法有向量表示法、Zadeh 表示法和序偶表示法。在这些方法中，Zadeh 表示法最为清晰：

给定有限论域 $X=\{x_1,x_2,\cdots,x_n\}$，A 为 X 上的模糊集合：

$$A=\frac{\mu_1}{x_1}+\frac{\mu_2}{x_2}+\cdots+\frac{\mu_n}{x_n} \tag{3.4.1}$$

式中，$\frac{\mu_i}{x_i}$ 在形式上与“分数”相同，但其意义并非表示“分数”，而是指在论域中的元素 x_i 与其隶属度 μ_i 之间的一一对应关系。式中的“+”号也并非表示求和，而是指将各项汇总，表示的是集合的概念。若 $\mu_i=0$，则可以略去该项。

在集合的运算中有交、并、补，类似的，在模糊集合中也有交、并、补的运算。设 A、B 为 X 上的模糊集合，模糊集合的交集运算如下：

$$\mu_{A \cap B}(x)=\mu_A(x) \wedge \mu_B(x) \tag{3.4.2}$$

其中，“∧”表示两者比较后取小值。

模糊集合的并集运算如下：

$$\mu_{A \cup B}(x)=\mu_A(x) \vee \mu_B(x) \tag{3.4.3}$$

其中，“∨”表示两者比较后取大值。

模糊集合的补集运算如下：

$$\mu_{\overline{A}}(x)=1-\mu_A(x) \tag{3.4.4}$$

下面，给出了模糊关系的合成运算，通常我们使用的是 Mamdami 模糊蕴含关系：

$$\boldsymbol{M}=\boldsymbol{R} \odot \boldsymbol{Q} \tag{3.4.5}$$

或

$$\mu_{\mathrm{m}}=\vee\{\mu_{\mathrm{R}} \wedge \mu_{\mathrm{S}}\} \tag{3.4.6}$$

$\boldsymbol{M}=\boldsymbol{R} \odot \boldsymbol{Q}$ 表示两个模糊关系 $\boldsymbol{R}$ 和 $\boldsymbol{Q}$ 的合成的新模糊关系。式(3.4.6) 进一步明确了合成运算的计算方法，μ_{R}、μ_{S} 和 μ_{m} 分别表示模糊关系 $\boldsymbol{R}$、$\boldsymbol{Q}$ 和 $\boldsymbol{M}$ 的隶属度函数；“∨”代表取大（max），“∧”代表取小（min），故式(3.4.6) 也称为 max-min 合成。

基本的模糊控制系统结构如图 3.4.1 所示。

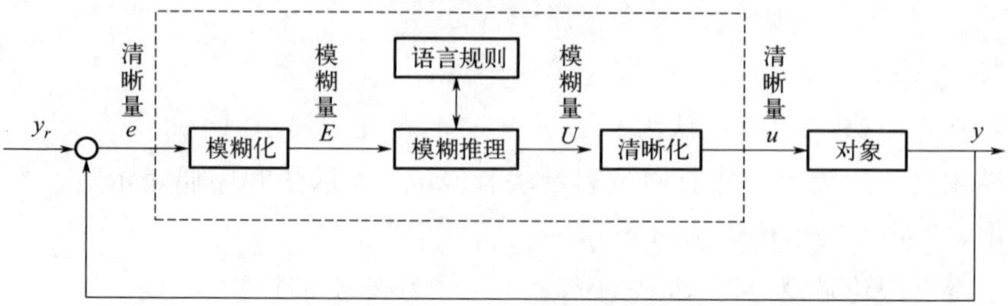

图 3.4.1　模糊控制系统

图中 y_r 为系统的设定值，y 为系统的输出值，这里 y_r、y 都属于清晰量。模糊控制器的输入是系统的偏差量 e，经过模糊化处理，得到模糊语言变量 E，以 $T(E)$ 记为 E 的语言值集合，比如

$$T(E)=\{\mathrm{NB},\mathrm{NM},\mathrm{NS},\mathrm{ZE},\mathrm{PS},\mathrm{PM},\mathrm{PB}\} \tag{3.4.7}$$

式中，NB 表示负大；NM 表示负中；NS 表示负小；ZE 表示零；PS 表示正小；PM 表示正中；PB 表示正大。

语言规则模块是一个规则库。设 E 为输入，控制量 U 为输出，那么规则形式为：

规则 1：IF E_1 THEN U_1，ELSE

规则 2：IF E_2 THEN U_2，ELSE

……

规则 n：IF E_n THEN U_n

规则也可通过表格形式给出，规则的设定可以来自先验知识或专家经验。控制量 U 也可跟输入量 E 一样设定几个语言值。通常情况下，一个语言变量（如 E、U）可任意划分为多个语言值，但过多、过细的划分不会带来控制精度上的提升。因此，当需要设计一个模糊控制器时，可以首先预设较小的级数（比如 3 挡），之后在优化过程中根据具体的情况适当增加。

在实际应用中，由于各种复杂的实际状况，采取的控制措施可能会出现相互矛盾的情况。为了解决这类问题，可以计算由数据产生的每条控制规则的强度。由于计算出的每条规则的强度不同，可以选择强度最大的规则当作最终规则。这样既解决了控制规则中彼此矛盾的问题，又减少了控制规则的数量。控制规则强度的计算方法是将各语言变量值的隶属度相乘。

3.4.3　回归预测与分类预测信息融合

将模糊逻辑控制应用于高炉铁水硅含量的回归预测与分类预测的信息融合

上，需要解决两个问题：隶属度的确定以及语言规则的确定。

(1) 隶属度的确定

对于比较直观的问题，比如冷和热的问题，我们可以简单地设定一些参数：在 0～100℃的范围内，以 37℃为界，每降低 10℃，冷的系数增加 0.1，系数越大表示越接近“冷”；每增加 10℃，热的系数增加 0.1，系数越大就代表越接近“热”。模糊集合的表示如下：

$$\text{COLD}=\frac{0.3}{7}+\frac{0.2}{17}+\frac{0.1}{27}+\frac{0}{37} \tag{3.4.8}$$

$$\text{HOT}=\frac{0}{37}+\frac{0.1}{47}+\frac{0.2}{57}+\frac{0.3}{67}+\frac{0.4}{77}+\frac{0.5}{87}+\frac{0.6}{97} \tag{3.4.9}$$

这样就可以比较形象地描述冷（COLD）与热（HOT）。

然而，对于高炉这样的复杂非线性动态系统，隶属度函数比较难获取。虽然可以通过 NN 学习的方法获得隶属度的数值，但是这样获取隶属度的可解释性较差。通过 3.2 和 3.3 节的内容，我们已经获得了预测方法的模型以及回归命中率和分类命中率的计算方法，可将回归命中率和分类命中率作为隶属度。

设某一次 MEASP 的回归命中率为 $\mu_i(\text{MEASP})$，$i=1,2,\cdots,n$，则模糊集合可表示如下：

$$A_i=\frac{\mu_i(\text{MEASP})}{0.1}+\frac{\mu_i(\text{MEASP})}{0.2}+\cdots+\frac{\mu_i(\text{MEASP})}{0.9} \tag{3.4.10}$$

设某一次 SEASP 的回归命中率为 $\mu_i(\text{SEASP})$，$i=1,2,\cdots,n$，则模糊集合可表示如下：

$$B_i=\frac{\mu_i(\text{SEASP})}{0.1}+\frac{\mu_i(\text{SEASP})}{0.2}+\cdots+\frac{\mu_i(\text{SEASP})}{0.9} \tag{3.4.11}$$

则回归预测最终的隶属度为：

$$\mu_p=(A_1\wedge A_2\wedge\cdots\wedge A_n)\vee(B_1\wedge B_2\wedge\cdots\wedge B_n) \tag{3.4.12}$$

记录该隶属度以及该隶属度（回归命中率）对应的硅含量回归预测值 p。

设某一次 MEASC 的分类命中率为 $\mu_i(\text{MEASC})$，$i=1,2,\cdots,n$，则模糊集合可表示如下：

$$C_i=\frac{\mu_i(\text{MEASC})}{0.1}+\frac{\mu_i(\text{MEASC})}{0.2}+\cdots+\frac{\mu_i(\text{MEASC})}{0.9} \tag{3.4.13}$$

设某一次 SEASC 的分类命中率为 $\mu_i(\text{SEASC})$，$i=1,2,\cdots,n$，则模糊集合可表示如下：

$$D_i=\frac{\mu_i(\text{SEASC})}{0.1}+\frac{\mu_i(\text{SEASC})}{0.2}+\cdots+\frac{\mu_i(\text{SEASC})}{0.9} \tag{3.4.14}$$

则分类预测最终的隶属度为：

$$\mu_c = (C_1 \wedge C_2 \wedge \cdots \wedge C_n) \vee (D_1 \wedge D_2 \wedge \cdots \wedge D_n) \tag{3.4.15}$$

记录该隶属度以及该隶属度（分类命中率）对应的硅含量分类预测值 c。

(2) 语言规则的确定

低硅铁的冶炼是高炉炼铁的发展趋势。

硅含量的降低能够提高生产效率。1950 年，鞍钢高炉的铁水硅含量（质量分数）从 1.5%降到了 0.8%～1.0%，能做到铁水直接送入平炉炼钢，取消了预备精练炉；1956 年，降低到 0.5%左右；1979 年以来，杭钢、首钢、宝钢等厂又逐渐降低到 0.3%～0.4%。

硅含量的降低能够减少生产成本。根据杭钢的统计：铁水硅含量每降低 1%，产量可以提升 5%～6%，焦比可以下降 48～75kg/t。

虽然降低硅含量有提高生产效率、减少生产成本等优势，但也不能一味追求过低的硅含量，在推行递归铁冶炼技术时，硅含量应该设定在一个较低的数值区间平稳波动。合适的铁水硅含量范围是 0.3%～0.4%。当硅含量低于 0.3%时，将导致铁水的温度不足，从而使生产难度变大；当硅含量过高时，需要采取控制措施，来降低硅含量。降低硅含量的方法有提高炉顶压力、降低焦比、提高炉渣碱度等，具体原理如下：

① 提高炉顶压力（顶压），让 SiO_2 的还原反应无法顺利进行，这样就可以降低铁水中的硅含量，首钢统计出顶压 $p_{顶}$ 对硅含量［Si］的影响为［Si］$=0.734-2.75p_{顶}$，俄罗斯新利佩茨克厂高炉统计为［Si］$=2.498-8.4p_{顶}$；

② 降低焦比，可以有效地控制并降低 SiO_2 的还原量，有利于降低铁水硅含量；

③ 提高炉渣碱度，渣中 SiO_2 因受到炉渣碱度升高的影响，活度变低，使得 SiO_2 的还原受到抑制，与此同时渣带位置下降，SiO_2 还原反应范围变小，还原的硅量也就相对变少，此两点对冶炼低硅铁产生积极影响。

当硅含量过低时，可取相反的操作。综上所述，模糊控制规则（语言规则）如表 3.4.1 所示。

表 3.4.1　模糊控制规则

E	U_1	U_2	U_3
NB	NB	PB	NB
NS	NS	PS	NS
ZE	ZE	ZE	ZE

续表

E	U_1	U_2	U_3
PS	PS	NS	PS
PB	PB	NB	PB

表 3.4.1 中，E 的取值如下：

① 当隶属度 μ_p 对应的硅含量回归预测值 $p-0.4\%\geqslant 0.1\%$，隶属度 μ_c 对应的硅含量分类预测值 $c=1$ 时，$E=$PB；

② 当隶属度 μ_p 对应的硅含量回归预测值 $p-0.4\%\geqslant 0.1\%$，隶属度 μ_c 对应的硅含量分类预测值 $c=-1$ 时，$E=$ZE；

③ 当隶属度 μ_p 对应的硅含量回归预测值 $0<p-0.4\%<0.1\%$，隶属度 μ_c 对应的硅含量分类预测值 $c=1$ 时，$E=$PS；

④ 当隶属度 μ_p 对应的硅含量回归预测值 $0<p-0.4\%<0.1\%$，隶属度 μ_c 对应的硅含量分类预测值 $c=-1$ 时，$E=$ZE；

⑤ 当隶属度 μ_p 对应的硅含量回归预测值 $0.3\%<p<0.4\%$，隶属度 μ_c 对应的硅含量分类预测值 $c=-1$ 或 1 时，$E=$ZE；

⑥ 当隶属度 μ_p 对应的硅含量回归预测值 $0<0.3\%-p<0.1\%$，隶属度 μ_c 对应的硅含量分类预测值 $c=1$ 时，$E=$ZE；

⑦ 当隶属度 μ_p 对应的硅含量回归预测值 $0<0.3\%-p<0.1\%$，隶属度 μ_c 对应的硅含量分类预测值 $c=-1$ 时，$E=$NS；

⑧ 当隶属度 μ_p 对应的硅含量回归预测值 $0.3\%-p\geqslant 0.1\%$，隶属度 μ_c 对应的硅含量分类预测值 $c=1$ 时，$E=$ZE；

⑨ 当隶属度 μ_p 对应的硅含量回归预测值 $0.3\%-p\geqslant 0.1\%$，隶属度 μ_c 对应的硅含量分类预测值 $c=-1$ 时，$E=$NB。

此外，在表 3.4.1 中，U_1 为炉顶压力，U_2 为焦比，U_3 为炉渣碱度。由 E 的值可找到对应的 U 需采取的控制措施；NB 表示大幅降低（负大），NS 表示小幅降低（负小），ZE 表示零（保持不变，无需采取控制措施），PS 表示小幅升高（正小），PB 表示大幅升高（正大）。

参 考 文 献

[1] Fausett L. Fundamentals of neural networks: architectures, algorithms and applications [M]. New Jersey: Prertice-Hall, 1994.

[2] 时小虎. Elman 神经网络与进化算法的若干理论研究及应用 [D]. 长春：吉林大学，2006.

[3] Hell M, Secco L, Costa P, et al. Recurrent neural approaches for power transformers thermal

modeling [C] //Pattern Recognition and Machine Intelligence. 2005：287-293.

[4] Olaofe Z O. A 5-day wind speed & power forecasts using a layer recurrent neural network (LRNN) [J]. Sustainable Energy Technologies & Assessments，2014，6 (6)：1-24.

[5] Berthouze L，Tijsseling A. A neural model for context-dependent sequence learning [J]. Neural Processing Letters，2006，23 (1)：27-45.

[6] Hawkins J，Boden M. The applicability of recurrent neural networks for biological sequence analysis [J]. IEEE/ACM Transactions on Computational Biology & Bioinformatics，2005，2 (3)：243-253.

[7] Leibold C，Kempter R. Memory capacity for sequences in a recurrent network with biological constraints [J]. Neural Computation，2006，18 (4)：904-941.

[8] Chen Y S，Chang C J，Hsieh Y L. A channel effect prediction-based power control scheme using PRNN/ERLS for uplinks in DS-CDMA cellular mobile systems [J]. IEEE Transactions on Wireless Communications，2006，5 (1)：23-27.

[9] Jian L，Gao C. Binary coding SVMs for the multiclass problem of blast furnace system [J]. IEEE Transactions on Industrial Electronics，2013，60 (9)：3846-3856.

[10] 宋菁华．高炉冶炼过程的多尺度特性与硅含量预测方法研究 [D]. 杭州：浙江大学，2016.

[11] Packard N H，Crutchfield J P，Farmer J D，et al. Geometry from a time series [J]. Physical Review Letters，1980，45 (9)：712-716.

[12] 陈铿，韩伯棠．混沌时间序列分析中的相空间重构技术综述 [J]. 计算机科学，2005，32 (4)：67-70.

[13] 许小可．基于非线性分析的海杂波处理与目标检测 [D]. 大连：大连海事大学，2008.

[14] Takens F. Detecting strange attractors in turbulence [C] //Dynamical Systems and Turbulence. 1980.

[15] Kugiumtzis D. State space reconstruction parameters in the analysis of chaotic time series—the role of the time window length [J]. Physica D：Nonlinear Phenomena，1998，95 (1)：13-28.

[16] Kim H S，Eykholt R，Salas J D. Nonlinear dynamics，delay times，and embedding windows [J]. Physica D：Nonlinear Phenomena，1999，127 (1/2)：48-60.

[17] Wu S，Nagahashi H. Parameterized AdaBoost：Introducing a parameter to speed up the training of real AdaBoost [J]. IEEE Signal Processing Letters，2014，21 (6)：687-691.

[18] 王润生．信息融合 [M]. 北京：科学出版社，2007.

[19] 韩崇昭，朱洪艳，段战胜，等．多源信息融合 [M]. 北京：清华大学出版社，2010.

[20] 杨智博，杨春山，邓自立．面向跟踪系统的多传感器信息融合鲁棒保性能协方差交叉 Kalman 估计方法 [J]. 电子学报，2017，45 (7)：1627-1636.

[21] 弓鹏伟，费燕琼，宋立博．基于多传感器信息融合的轮履混合移动机器人路况识别方法 [J]. 上海交通大学学报，2017，51 (4)：398-402.

[22] Li Y，Jha D K，Ray A，et al. Information fusion of passive sensors for detection of moving targets in dynamic environments [J]. IEEE Transactions on Cybernetics，2016，47 (1)：93-104.

[23] Chen Z，Wang C，Wang H，et al. Heterogeneous sensor information fusion based on kernel adaptive filtering for UAVs' localization [C] //2017 IEEE International Conference on Information and Automation (ICIA) . 2017：171-176.

[24] 高慧英．基于多传感器信息融合的移动机器人避障系统研究［D］．哈尔滨：哈尔滨工业大学，2010.

[25] Guo T，Silamu W. A fuzzy logic information fusion algorithm for autonomous mobile robot avoidance based on multi-ultrasonic range sensors［C］//2009 Symposium on Piezoelectricity，Acoustic Waves，and Device Applications（SPAWDA 2009）．2009：84.

[26] Zhang Y，Liu Z J，Cheng Y F. Study on Multi-sensor Information Fusion Technology in the Dynamic Monitoring of Coal Mine Roof［C］//International Conference on Web Information Systems and Mining. 2012：629-636.

第4章

高炉铁水质量软测量的模糊神经网络方法

为了控制铁水硅含量保持在合适的范围，对硅含量进行实时的估计尤为重要。近年来，学者们提出了多种建模方法用于铁水质量的软测量建模，并在预测精度和可靠性方面取得了一定的成果。然而，大型高炉的复杂性、非线性和模糊性仍然对建模效果产生不可预估的影响，特别是在操作变量间的关系和时滞分析方面尚缺乏明确的解释。因此，本章给出了一种滑动窗口 T-S 模糊神经网络，用于铁水硅含量的软测量建模。通过估计硅含量，该方法可为高炉现场工程师提供操作指导。

4.1 互信息法特征选择

本节将简要阐述特征选择的相关背景知识，分析特征选择的应用特点和难点，并详细说明互信息法的作用机理及其在特征选择中的应用。

4.1.1 特征选择

在机器学习领域，特征和数据决定了性能上限，而算法和模型的作用是逼近这个上限。为了使机器学习算法在给定的数据集上表现出色，必须首先对原始数据进行预处理，即从给定的特征集合中选择与目标变量相关的特征。特征选择是一种高效的数据降维技术。孙林等[1] 提出了一种基于邻域粗糙集概念的多标记专属特征选择算法，用以解决多标记分类问题。徐洪峰等[2] 针对传统启发式搜索算法时间复杂度高的问题，提出了一种简单快捷的多标记特征选择算法。该方法首先使用互信息衡量每个维度的特征与标记之间的相关性，按照相关性总和排序选择特征。汪建新等[3] 为了更好地对烧结过程进行建模，提出基于最小二乘支持向量机的特征选择算法。研究人员使用特征选择的两个主要目的是降低维度和学习难度。特征选择方法可以大致分为以下三类[4]：

① 嵌入式特征选择：在模型训练过程中挑选出有意义的特征，将特征选择与模型训练结合。常见方法包括基于惩罚项和树模型的特征选择。

② 包裹式特征选择：将特征选择视为特征子集的搜索问题，依赖具体模型的效果评估特征选择方法的优劣。常用方法是递归特征消除算法，该方法首先使用全部特征训练模型，随后逐步移除权重较低的特征，并观察模型性能，当性能显著下降时停止训练。

③ 过滤式特征选择：根据特定的度量规则选择对预测结果最有用的特征子集。这些度量规则可以是卡方检验、欧拉距离、相关系数等距离度量，也可以是信息增益、信息增益率等基于信息熵的度量。

这三类特征选择方法各有不同之处。包裹式特征选择根据分类器的性能来衡量特征的有用性，而过滤式特征选择通过单变量统计而非交叉验证性能来衡量特征的相关性。尽管包裹式特征选择优化了分类器性能，但是由于需要重复的学习步骤和交叉验证，与过滤式特征选择方法相比，其计算量成倍增加。嵌入式特征选择方法与包裹式特征选择方法类似，均用于优化目标函数或者算法性能，但嵌入式方法在学习过程中使用了固有的模型构建度量。

互信息是定性评价自变量与因变量相关性的常用方法。与只能处理线性相关性的 Pearson 相关系数法不同，互信息能够处理变量间的非线性关系。李长松等[5] 提出了一种条件互信息特征选择法与 Adaboost 动态集成分类器集成的电能质量复合扰动分类算法，该方法首先基于条件互信息衡量特征标签与扰动类别的相关性，再根据特征集内部目标导向冗余性的评价准则，得到与不同扰动标签相匹配的最优分类特征集。互信息方法作为特征选择的评价函数是基于熵计算的，而熵用于衡量一个变量的不确定性程度。

4.1.2 熵增定义

1865 年，德国的物理学家克劳修斯提出了熵的概念，表示一个系统不受外界干扰时期内部最稳定状态变化的性质，在一个热力学系统中可逆过程的熵增定义为式(4.1.1)。

$$\Delta S=\frac{\Delta Q}{T} \tag{4.1.1}$$

其中，T 为热力学温度；ΔQ 是熵增过程中加入物质的热量，这个加热过程是可逆的。后来，玻尔兹曼在一系列论文中提出了熵的统计物理学意义，表明系统宏观物理性质可以被当作是所有可能的微观状态的等概率统计平均值。他认为一个系统的熵和所有可能微观状态的数目满足如式(4.1.2) 所示的简单关系，其中 k_B 是玻尔兹曼常数，Ω 是系统宏观状态中包含的所有微观状态的总数，i 表示可能的微观状态，p_i 表示该微观状态出现的概率。由此可见，熵作为衡量一个系统“混乱程度”的度量是合理的，因为一个系统越是混乱的情况下内部微观状态分布越是均匀。

$$HS = k_B \ln\Omega = -k_B \sum_i p_i \ln p_i \tag{4.1.2}$$

在统计学中熵又被称为自信息，可以用来衡量随机变量的不确定度[6]。假设 $\boldsymbol{X}$ 是离散型随机变量，其概率密度函数为 $p(x)$，根据定义可知随机变量 $\boldsymbol{X}$ 的熵 $H(\boldsymbol{X})$ 为：

$$H(\boldsymbol{X}) = -\sum_{x \in \boldsymbol{X}} p(x) \ln p(x) \tag{4.1.3}$$

其中，$\boldsymbol{X}$ 是 x 的取值空间。从熵的定义可以得出其具有许多特性，包括连续性、对称性、极值性和可加性等。连续性是指当熵值连续变化时，概率值小幅度变化也只能引起熵值的小幅变化。对称性是指即使 x 顺序重新排列，也不会影响熵值大小。极值性表示当所有变量等可能出现时熵取最大值，即当所有事件的发生概率相等时不确定性最大。可加性表示熵的取值与其过程被如何划分没有关系，如果子系统间的相互作用已知，则系统的总熵可以通过各个子系统的熵来计算得到。

基于式(4.1.3) 定义的单个离散随机变量的熵，可以把定义推广到两个随机变量的情况。对于服从联合概率分布 $p(x,y)$的一对随机变量$(\boldsymbol{X},\boldsymbol{Y})$，其条件熵 $H(\boldsymbol{Y}|\boldsymbol{X})$的定义是：

$$\begin{aligned} H(\boldsymbol{Y} \mid \boldsymbol{X}) &= \sum_{x \in \boldsymbol{X}} p(x) H(\boldsymbol{Y} \mid \boldsymbol{X} = x) = -\sum_{x \in \boldsymbol{X}} p(x) \sum_{y \in \boldsymbol{Y}} p(y \mid x) \ln p(y \mid x) \\ &= -\sum_{x \in \boldsymbol{X}} \sum_{y \in \boldsymbol{Y}} p(x,y) \ln p(y \mid x) \end{aligned} \tag{4.1.4}$$

4.1.3 互信息法

互信息法是用来度量一个随机变量包含另一个随机变量信息量的方法，互信息表示在提前给定另一随机变量先验知识的情况下，原随机变量不确定度的减少量。从式(4.1.3) 单变量熵和式(4.1.4) 条件熵的定义，我们可以得到互信息 $I(\boldsymbol{X};\boldsymbol{Y})$的表达式为：

$$
\begin{aligned}
I(\boldsymbol{X};\boldsymbol{Y}) &= \sum_{x,y} p(x,y)\ln\frac{p(x,y)}{p(x)p(y)} = \sum_{x,y} p(x,y)\ln\frac{p(x \mid y)}{p(x)} \\
&= -\sum_{x,y} p(x,y)\ln p(x) + \sum_{x,y} p(x,y)\ln p(x \mid y) \\
&= -\sum_{x} p(x)\ln p(x) - \left[-\sum_{x,y} p(x,y)\ln p(x \mid y)\right] \\
&= H(\boldsymbol{X}) - H(\boldsymbol{X} \mid \boldsymbol{Y})
\end{aligned}
\tag{4.1.5}
$$

由上式可知，$I(\boldsymbol{X};\boldsymbol{Y})$表示给定随机变量$\boldsymbol{Y}$条件下的随机变量$\boldsymbol{X}$不确定度的缩减量。同样，互信息也可以用来衡量已知变量$\boldsymbol{X}$时变量$\boldsymbol{Y}$的不确定度减少程度。从图 4.1.1 可明显看出互信息是两个熵之差，因此具有以下特性：

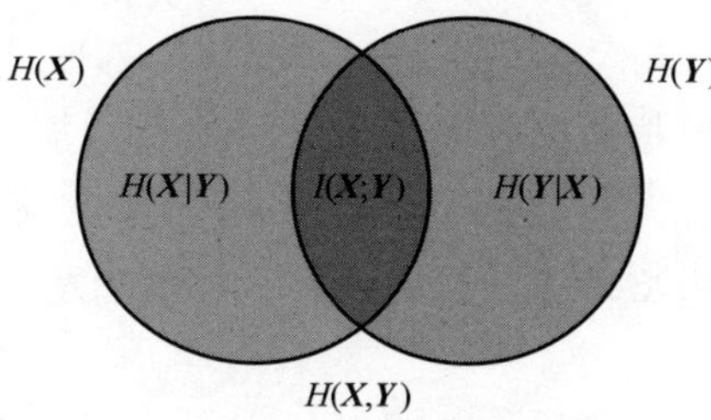

图 4.1.1　互信息与熵关系示意图

① 若$\boldsymbol{X}$和$\boldsymbol{Y}$是相互独立的变量，则$I(\boldsymbol{X};\boldsymbol{Y})=0$；

② $I(\boldsymbol{X};\boldsymbol{X})=H(\boldsymbol{X})$；

③ 互信息$I(\boldsymbol{X};\boldsymbol{Y})$通常是非负的，并且小于$\min[H(\boldsymbol{X}),H(\boldsymbol{Y})]$。

从上述分析可知，互信息数值越小，表示两个不同空间的随机变量之间的关联越少；互信息越大，两者关联越紧密。基于互信息法的特征选择在语音识别、文本分类、故障诊断等领域有众多应用研究，唐亮等[7] 以互信息最大化原则为基础提出了一种基于信息论模型的特征选择算法，并将其应用于文本分类中。吕宁等[8] 提出了一个估计候选特征与输出类别之间在已经给定特征子集情况下的条件互信息计算方法，TE 仿真过程的结果表明该算法能够提供精准的特征评价标准，针对故障诊断有较高的准确率。俞一彪等[9] 运用互信息法匹配（MIM）模型进行了语音音节识别，并建立了关键词句法模型以及相应的分析算法进行语句的识别和分析，在语音语句识别率上取得了很大的提升效果。

4.2　滑动窗口模型

时间序列是一串按时间维度记录的数据，描述了被测主体在一定时间范围内每隔一段时间的测量值，国内生产总值、消费者物价指数、股价、利率等都是时间序列数据，其时间间隔可以是秒、小时、天、季度、年等时间单位。因此，可以定义时间序列 $\boldsymbol{R}$ 是一个有限集合$\{(t_1,o_1),(t_2,o_2),\cdots,(t_n,o_n)\}$，其中 o 为测量值，时间 t 满足 $t_i<t_{i+1}(i=1,2,\cdots,n-1)$。时间序列分析通常指用于动态数据处理的统计方法，通过分析研究数据所蕴含的统计规律去解决行业中存在的具体问题。研究工作中进行时间序列分析通常有两个目的：一是学习观测序列的数据分布机制，建立数据的生成模型；二是基于历史数据和其他相关数据序列对序列的未来取值进行预测。

为了将时间序列数据的建模预测作为一个监督学习问题来求解，我们可以通过滑动窗口方法（滑窗法）对时间序列数据进行重构，即通过先前时间节点的数据来预测下一个时间节点数据，预测时所用的提前时间点被称为窗口宽度。因为滑窗法将过往一段时间的数据作为输入变量，将下一个时刻的数据作为模型输出变量，所以具有预测功能，滑动窗口模型如图 4.2.1 所示。

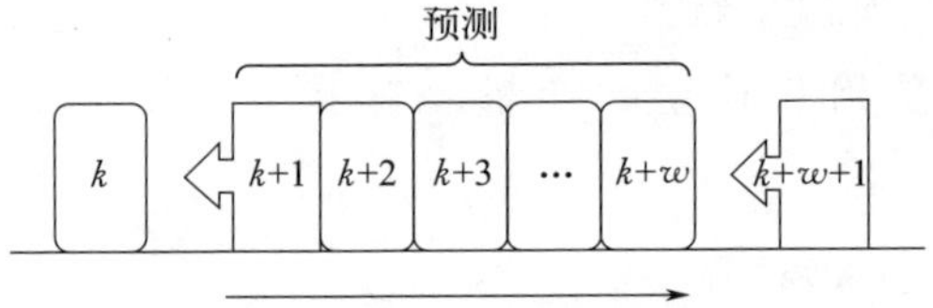

图 4.2.1　滑动窗口结构示意图

通过 $k+1$ 至 $k+w$ 时刻中的 w 个数据预测 $k+w+1$ 时刻的值，其中 k 代表时刻，w 为滑动窗口宽度。只预测下一个时刻的值被称为一步预测，而预测未来两个甚至更多时刻值的方法被称为多步预测。从图中可以明显看出，通过滑窗法可以有效将对时间序列的预测转化为回归或分类等有监督学习，且通过滑窗法处理的时间序列数据集可以被所有机器学习算法使用。单变量的时间序列分析可以拓展到具有多个变量的时间序列，即多元时间序列分析。Wang 等[10] 通过滑动窗口法（滑窗法）来识别样本间的相关性，用以增强故障检测的准确性。Urhan 等[11] 为了提升预测精度，提出了一种基于马氏距离和误差方差的自适应窗口大小的滑动窗口法。此外，Zhang 等[12] 将滑动窗口法和粒子群算法结合，用来创建一种优化的波长选择算法。

4.3　模糊神经网络算法

常规的神经网络具有强大的学习能力，但由于不可解释性，很难得到一线工程师的信赖。相比之下，模糊系统虽然能够很好地解释输出结果，但其基于知识规则的结构限制了泛化学习的能力。因此，将神经网络的学习能力引入模糊系统，或通过神经网络实现模糊系统的模糊推理，具有很大的吸引力。目前学者常用的模糊神经网络方法是将模糊系统的输入输出信号用神经网络的输入输出节点进行模糊处理，而模糊系统的隶属度函数和模糊规则通过神经网络的隐层节点来表示。通过这种基于神经网络并行处理的方式，模糊系统的推理能力得到极大提升。模糊神经网络已经在许多方面表现出优异的性能，主要应用于模糊模式识别、模糊专家系统、模糊控制和模糊矩阵方程等领域。例如，Khater 等[13] 基于强化学习理论建立了一种递归的模糊神经网络，能够使用少量模糊规则学习非线性系统的特征。Hsu 等[14] 为了实现小样本分类，将卷积神经网络学习到的特征图输入模糊神经网络的模糊化层，从而构建了一种卷积模糊神经网络。

模糊神经网络根据模糊规则不同，通常分为基于标准模型和基于 T-S 的模糊神经网络（简称 T-S 模糊神经网络）。基于标准模型的模糊神经网络，其模糊规则后件是输出量的某一模糊集合；而基于 T-S 的模糊神经网络，其模糊规则后件是输入语言变量的线性函数[15]。如图 4.3.1 所示，T-S 模糊神经网络由前件网络和后件网络两部分组成，其中前件网络用于匹配模糊规则的前件，后件网络则用于产生模糊规则的后件。

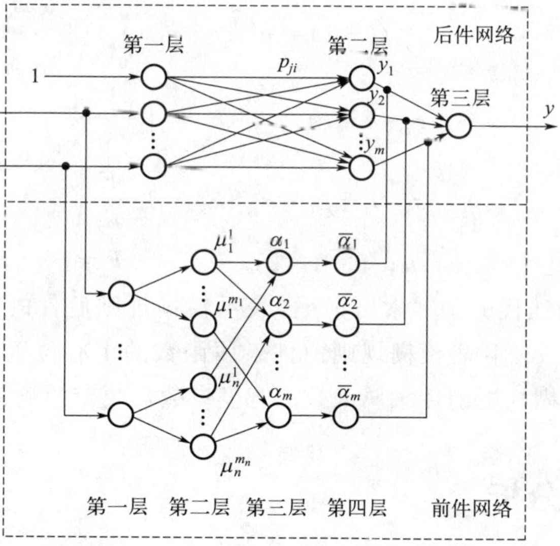

图 4.3.1　T-S 模糊神经网络结构图

前件网络共有四层结构，分别是输入层、模糊化层、规则层和归一化层。其中第一层负责将输入引入网络，第二层则对输入进行模糊化，第三层进行模糊推理，第四层去模糊化。后件网络由 r 个结构完全相同的子网络并列组成，每个子网络共有三层结构，分别是输入层、隐含层（隐层）和输出层。输入层的作用是将输入变量传递到隐含层，其第 0 个节点的输入值 $x_0=1$ 是为模糊规则后件提供常数项的值。隐含层的作用是计算每条规则的后件，该层共有 m 个节点，每个节点即代表一条规则，如式(4.3.1) 所示。

$$y_{kj}=p_{j0}^{k}x_0+p_{j1}^{k}x_1+\cdots+p_{jn}^{k}x_n=\sum_{i=0}^{n}p_{ji}^{k}x_i \tag{4.3.1}$$

式中，$k=1.2$，…，r；$j=1$，2，…，m。

后件子网络输出层的表达式为式(4.3.2)，y_k 是各个规则后件的加权和，$\overline{\alpha}$ 权重系数是各个模糊规则经归一化处理后的激活度，即前件网络的输出作为后件网络输出层的连接权值。

$$y_k=\sum_{j=1}^{m}\overline{\alpha}_j y_{kj}\,(k=1,2,\cdots,r) \tag{4.3.2}$$

设定 T-S 模糊神经网络的误差函数为误差平方和，如式(4.3.3) 所示。

$$E=\frac{1}{2}\sum_{i=1}^{r}(y_{i\mathrm{d}}-y_i)^2 \tag{4.3.3}$$

其中，y_i 和 $y_{i\mathrm{d}}$ 分别表示被控对象的实际输出和期望输出。算法中各参数的调整过程如下：

$$p_{ji}^{k}(l+1)=p_{ji}^{k}(l)-\beta\frac{\partial E}{\partial p_{ji}^{k}} \tag{4.3.4}$$

$$c_{ij}(k+l)=c_{ij}(k)-\beta\frac{\partial E}{\partial c_{ij}} \tag{4.3.5}$$

$$\sigma_{ij}(k+l)=\sigma_{ij}(k)-\beta\frac{\partial E}{\partial \sigma_{ij}} \tag{4.3.6}$$

其中，$i=0$，1，…，n；$j=1$，2，…，m；$k=1$，2，…，r；β 为学习率；l 表示当前迭代的步骤索引；p_{ji}^{k} 表示模糊规则后件的权重参数，用于计算规则的输出；c_{ij} 代表模糊规则前件隶属函数的中心位置参数，影响模糊化效果；σ_{ij} 为模糊规则前件隶属函数的宽度参数，决定模糊集合的覆盖范围。

4.4 案例分析

本节将通过一个炼铁过程的大型高炉生产实例，验证本章算法在解决铁水质量预报问题上的准确性和有效性。在柳州钢铁集团（柳钢）的多座高炉中，2 号高炉容积为 2650m^3，其检测设备最齐全，工艺技术最先进，年产铁水约

230 万吨，总共有 3 个出铁口和 30 个送风口。2 号高炉每批次出铁时间间隔约为 1h，出铁时操作工人取样并送入化验室，由专业设备检测铁水的化学成分。我们根据铁水样本的硅含量化学检测结果为标准，将其余过程变量按硅含量对齐到同一时间尺度。本节所用数据集均采自柳钢 2 号高炉，共 1000 个采样点，数据包含 12 个变量，具体过程变量如表 4.1.1 所示。

表 4.4.1 大型高炉炼铁关键过程变量表

变量	变量名称	单位
x_1	炉顶压力	kPa
x_2	透气性指数	$m^3/min \cdot kPa$
x_3	喷煤量	t/h
x_4	富氧率	%
x_5	炉顶温度	℃
x_6	全塔压差	kPa
x_7	热风压力	kPa
x_8	热风温度	℃
x_9	热风流量	m^3/min
x_{10}	冷风湿度	%
x_{11}	上一炉硅含量(质量分数)	%
y	硅含量(质量分数)	%

在构建具有滑动窗口的 T-S 模糊神经网络之前，首先需要先选择与硅含量关联性最大的特征子集。因此，互信息法被用来进行特征选择，自变量与因变量的互信息关系如图 4.4.1 所示。由图可知，x_{11} 与 y 具有最高的互信息，x_1、x_3、x_5 与硅含量 y 也具有一定程度的相关性。通过互信息法我们暂时选取的特征子集为$\{x_1,x_3,x_5,x_{11}\}$，即炉顶压力、喷煤量、炉顶温度、上一炉硅含量作为模型输入变量。

$$r=kc_A^n \tag{4.4.1}$$

$$\ln k=\ln A-\frac{E_a}{RT} \tag{4.4.2}$$

其中，k 代表反应速率常数；A 为频率因子；E_a 表示活化能；R 为气体常数；T 指代绝对温度。

互信息法选择出的特征子集通过化工过程原理分析也能得到交叉验证，从式(4.4.1) 化学反应动力学方程可知反应速度 r 与反应物浓度 c_A 的 n 次方成正比，因此喷煤量、原始硅含量这两个反应物和生成物对硅的生成速率有着显

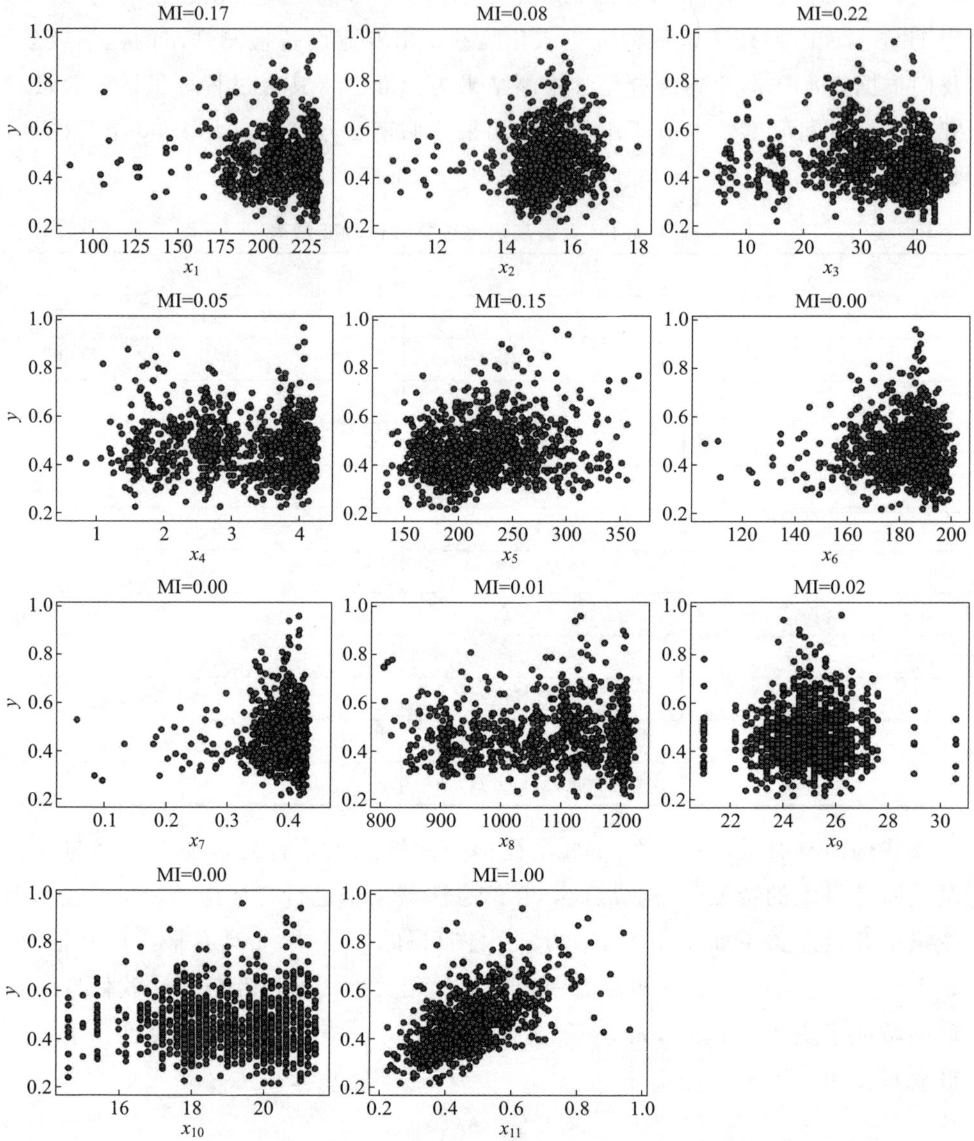

图 4.4.1　大型高炉过程变量互信息（MI）关系图

著影响。此外，炉内压力和炉内温度也会直接影响 CO 浓度，间接影响二氧化硅的还原速率。从式(4.4.2)阿伦尼乌斯方程可知，反应温度对反应速率常数 k 影响最大，因此不难理解炉顶温度也对硅含量有着极大的影响。在互信息特征选择与反应动力学分析的基础上发现硅含量与 4 个输入变量具有很高的关联性，但由于大型高炉冶炼过程是一个大滞后系统，各种操作参数对铁水质量的影响时间和范围不明确，因此需要通过相关性分析进一步确定输入变量的滑动窗口宽度，以便让铁水硅含量和操作参数保持在同一时间尺度。

在时间序列的回归分析中，自相关系数（ACF）和偏自相关系数（PACF）可用于估计最佳的模型滞后阶数。相关系数是指两个随机事件彼此之间相互影响的程度，而自相关系数则度量同一个随机事件在两个不同时间点之间的关联程度。对于一个平稳 AR(p)[1]序列来说，滞后 k 阶 PACF 指在给定了中间 $k-1$ 个随机变量 $X_{t-k+1}, X_{t-k+2}, \cdots, X_{t-2}, X_{t-1}$ 后，即在排除中间 $k-1$ 个随机变量干扰的情况下，X_{t-k} 对 X_t 影响的度量程度。因此，PACF 序列表示 t 和 $t-k$ 时刻处的时间序列值间的关联程度。在计算 ACF 和 PACF 的时候，假设 n 阶自回归在统计学上是不显著的，如果计算得到系数大于 2 倍标准差，则拒绝零假设。

由图 4.4.2 可知，ACF 序列在 5 阶后缓慢收敛到 2 倍误差范围内，而 PACF 在 2 阶后迅速收敛到 0 值附近，因此硅含量的滑动窗口设定为 2。综上所述，T-S 模糊神经网络中后件网络的输入变量为炉顶压力、炉顶温度、喷煤量、前两批铁水硅含量、上一批铁水硅含量、误差及其变化率；前件网络的输入为误差及其变化率；网络的输出变量为当前铁水硅含量。基于模糊集合理论选择输入输出变量建立硅含量预测模型，该模糊关系模型是通过相关分析建立得到的。其中最重要的步骤是确定模糊规则以便对系统进行辨识。衡量模糊关系模型复杂度的一个重要指标是模糊规则数，模糊规则数越少计算越简单，但会导致模型精确性降低；模糊规则数越多结果越精确，但会使得模型过于复杂，可靠性和可解释性降低。为了在精确性和复杂度之间取得平衡，使模糊神经网络具有优良的综合性能，模糊化分数 m 的值可以通过聚类方法进行选取，通过选取最优的样本聚类数作为模糊化分数。本节使用 K-means 聚类算法对样本集进行聚类。K-means 聚类算法是一种基于欧氏距离的迭代求解算法。该算法将距离作为相似性的评价指标，认为两个对象的欧氏距离越近相似性就越高。由于 K-means 聚类算法由许多距离靠近的对象组成簇类，因此算法的终极目标就是求取紧凑且独立的簇。

评价聚类方法的聚类效果一般有两个标准：外部评价指标与内部评价指标。内部评价指标利用数据集的特征属性来评价聚类方法的好坏，主要通过计算总体相似度、簇间平均相似度和簇内平均相似度三个指标来评价聚类产生的簇的质量水平。一个高效的聚类方法能够产生高品质的簇，即簇内相似度很高

[1] AR(p)表示模型是一种自回归模型，p 是模型的阶数，表示回归所依赖的滞后时刻数量。

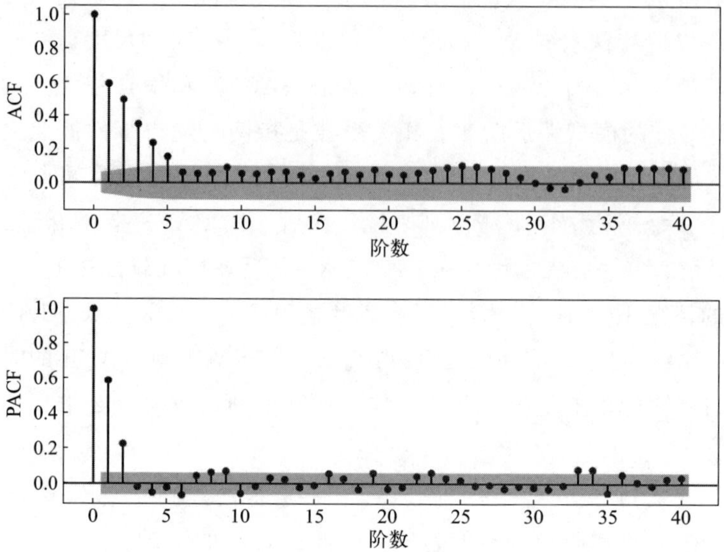

图 4.4.2 硅含量自相关与偏自相关系数图

的同时簇间相似度很低。因此，检验聚类算法的有效性指标通常通过衡量簇间距离与簇内距离来实现，其中最常用的是 Calinski-Harabasz 分数。如式(4.4.3) 所示，Calinski-Harabasz 分数是一种检验簇间距离和簇内距离的聚类算法评价系数。当簇内数据的协方差越小、簇间数据的协方差越大，分数值越大，表示聚类效果越好。对 1000 组样本进行 K-means 聚类分析的 Calinski-Harabasz 分数如图 4.4.3 所示。结果显示，Calinski-Harabasz 分数随着聚类数的增加先急剧增加再缓慢减小，在聚类数为 4 的时候达到顶峰。因此，对于从 2 号高炉获得的数据集，使用 K-means 进行聚类分析的最佳聚类数为 4，即模糊化分数 m 取 4。

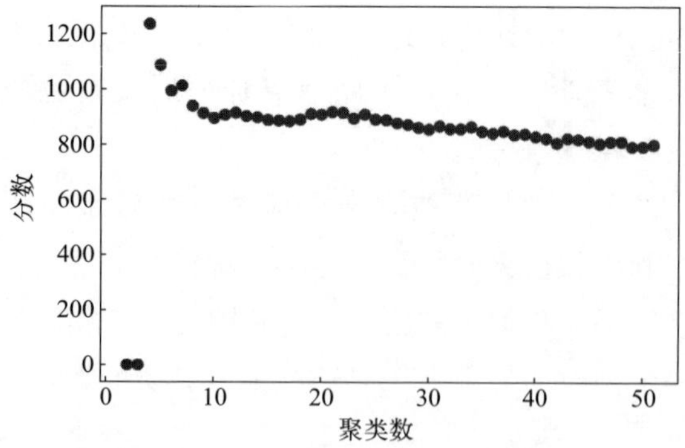

图 4.4.3 K-means 聚类 Calinski-Harabasz 分数评价图

$$m=\frac{\mathrm{Tr}\boldsymbol{B}_m}{\mathrm{Tr}\boldsymbol{W}_m}\times\frac{k-m}{m-1} \tag{4.4.3}$$

其中，k 是训练集样本数；m 是聚类数（模糊化分数）；$\boldsymbol{B}_m$ 是类别间数据协方差矩阵；$\boldsymbol{W}_m$ 是类别内部数据协方差矩阵；Tr 是矩阵的迹。

在实际工业制造过程中，常使用命中率（HR）来代表预测模型的准确性。其定义如式(4.4.4) 和式(4.4.5) 所示，HR 表示预测结果中预测值与真实值之差绝对值小于 0.1 的样本在总体样本中的占比。

$$H_i=\begin{cases}1, & |e(i)|\leqslant 0.1\\ 0, & \text{其他}\end{cases} \tag{4.4.4}$$

$$\mathrm{HR}=\frac{1}{n}\sum_{i=1}^{n}H_i\times 100\% \tag{4.4.5}$$

前期准备工作中，首先通过互信息法特征选择确定模型的输入变量，然后通过 ACF 和 PACF 分析选好的输入变量的时滞，最后通过 K-means 聚类方法确定了模糊化分数。在逐步确定了输入输出变量以及模型内部结构后，本节建立了具有滑动窗口的 T-S 模糊神经网络用于铁水质量预报。本节以输入节点数 5、隐含节点数 4、输出节点数 1 建立 T-S 模糊神经网络并进行 100 次迭代，在 800 组训练数据上得到的训练结果如图 4.4.4 所示。横坐标表示铁水的采样批次（铁水批次），纵轴表示归一化后的铁水硅含量。从图中可以看出，100 次训练后的模型在训练集上表现良好，能够很好地拟合硅含量整体和局部变化趋势，除了在尖峰处存在极个别误差较大的点，样本内预测误差大体保持在较小的范围内波动，表明具有滑动窗口的 T-S 模糊神经网络通过 100 次迭代能够很好地学习原始数据中的隐藏特征。因此可知 T-S 模糊神经网络能够很好地学习高炉炼铁过程的物理特征，能够学习到训练集样本的数据分布规律，为下

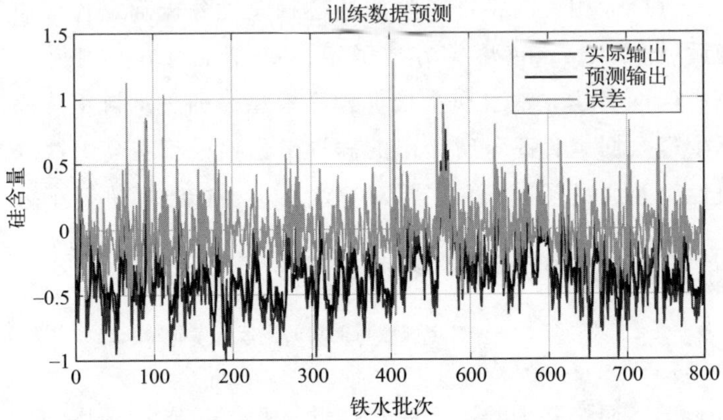

图 4.4.4　T-S 模糊神经网络训练效果图

一步使用样本外测试集验证模型性能打下了坚实的基础。

虽然 T-S 模糊神经网络在训练集上表现出良好的学习能力，但还是存在过拟合的可能性，因此需要通过样本外测试集来验证模型的泛化能力。通过 800 组训练集训练好的 T-S 模糊神经网络在 200 组测试数据集上的预测效果如图 4.4.5 所示。从图中可以看出硅含量预测结果能够较好地跟踪原始数据变化趋势，预测值与实际值的平均绝对误差为 0.0585，均方根误差为 0.0765。柳钢炼铁厂要求预测模型的命中率达 85%以上才能用于现场生产测试，而本次测试中具有滑动窗口的 T-S 模糊神经网络预测命中率为 90.5%，完全满足大型高炉生产运行的精度要求。

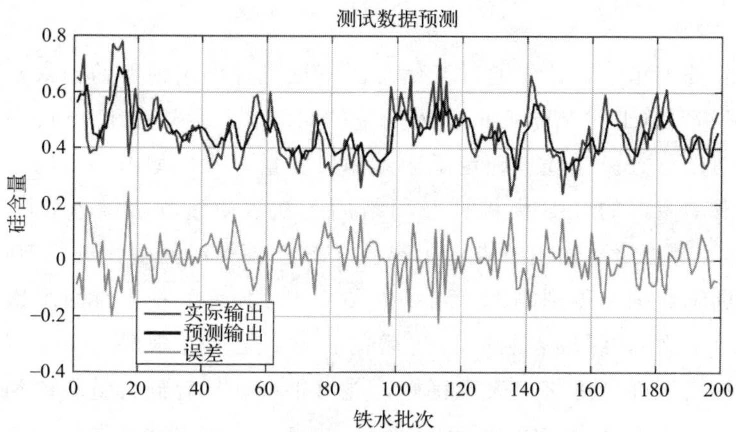

图 4.4.5　T-S 模糊神经网络预测结果图

针对大型高炉炼铁过程动态性和大惯性导致建模困难的问题，本节给出了一种铁水质量的模糊神经网络软测量方法。首先通过互信息方法从过程变量中选取与铁水质量指标相关的特征，然后通过相关性分析确定各个输入变量的滑窗宽度，随后通过 K-means 聚类方法确定模糊神经网络模糊化分数，最后采用 T-S 模糊神经网络建立铁水质量指标预测模型。通过从柳钢炼铁厂 2 号高炉获取的实际生产数据集验证了所给出的硅含量预报模型在高炉铁水冶炼过程建模上的有效性，并通过模型预测结果对算法各项性能指标进行了分析。

参考文献

[1] 孙林，潘俊方，张霄雨，等．一种基于邻域粗糙集的多标记专属特征选择方法 [J]．计算机科学，2018，45 (1)：173-178.

[2] 徐洪峰，孙振强．多标签学习中基于互信息的快速特征选择方法 [J]．计算机应用，2019，39 (10)：2815-2821.

[3] 汪建新，吴永刚，陈肖洁．LSSVM的特征选择算法在烧结过程的应用［J］．机械设计与制造，2018，(3)：75-77.

[4] 王娟，慈林林，姚康泽．特征选择方法综述［J］．计算机工程与科学，2005，27（12）：68-71.

[5] 李长松，刘凯，肖先勇，等．基于条件互信息特征选择法和Adaboost算法的电能质量复合扰动分类［J］．高电压技术，2019，45（002）：579-585.

[6] Ziesche P. Correlation strength and information entropy［J］. International Journal of Quan-tum Chemistry，1995，56（4）：363-369.

[7] 唐亮，段建国，许洪波，等．基于互信息最大化的特征选择算法及应用［J］．计算机工程与应用，2008，44（13）：130-133.

[8] 吕宁，于晓洋．基于二阶互信息特征选取的TE过程故障诊断［J］．化工学报，2009（9）：2252-2258.

[9] 俞一彪，赵鹤鸣，周旭东．运用互信息匹配及关键词分析的语音对话系统［J］．小型微型计算机系统，2003（1）：147-150.

[10] Wang L，Chen Q，Sun Y，et al. An active fault-tolerant control method based on moving window hidden Markov model［J］. Chemical Engineering Science，2020，227：115865.

[11] Urhan A，Alakent B. Integrating adaptive moving window and just-in-time learning paradigms for soft-sensor design［J］. Neurocomputing，2020，392：23-37.

[12] Zhang P，Xu Z，Wang Q，et al. A novel variable selection method based on combined moving window and intelligent optimization algorithm for variable selection in chemical modeling［J］. Spectrochimica Acta Part A：Molecular and Biomolecular Spectroscopy，2020，246：118986.

[13] Khater A A，El-Nagar A M，El-Bardini M，et al. Online learning based on adaptive learning rate for a class of recurrent fuzzy neural network［J］. Neural Computing and Applications，2020，32（12）：8691-8710.

[14] Hsu M J，Chien Y H，Wang W Y，et al. A convolutional fuzzy neural network architecture for object classification with small training database［J］. International Journal of Fuzzy Systems，2020，22（1）：1-10.

[15] Lin F J，Lu K C，Ke T H，et al. Reactive power control of three-phase grid-connected PV system during grid faults using Takagi—Sugeno Kang probabilistic fuzzy neural network control［J］. IEEE Transactions on Industrial Electronics，2015，62（9）：5516-5528.

第5章 高炉铁水质量软测量的循环神经网络方法

在第 4 章中，尽管模糊神经网络通过滑动窗口能够处理高炉炼铁时间序列数据，但常规的神经网络由于缺乏记忆功能，只能处理当前时刻的输入，对历史数据中蕴含的信息无法有效利用。考虑到高炉冶炼是一个连续生产系统，过程数据具有典型的动态时间序列数据特征。因此，具有记忆功能的循环神经网络在对高炉炼铁数据建模方面具有很大的潜力。在本章中，以某钢铁厂 2 号高炉为研究对象，基于循环神经网络框架，从门控机制与注意力机制方面进行改进，给出了两种面向高炉炼铁过程的铁水质量软测量方法：处理门门控循环神经网络和嵌入特征-时间注意力的门控循环神经网络。

5.1 循环神经网络理论基础

循环神经网络（RNN）可以描述对象的动态时间行为。和前馈神经网络输入特定结构的数据不同，循环神经网络会将过往状态在自身网络中循环传递，因此可以接收更广泛结构的时间序列数据输入。一个典型的循环神经网络的结构如图 5.1.1 所示，包含输入层、隐含层和输出层。环形箭头代表模型数据随时间循环流动，图片右侧可看作是模型沿时间展开的示意图。其中，$\boldsymbol{x}$ 表示输入向量，$\boldsymbol{s}$ 表示隐含层向量，$\boldsymbol{o}$ 表示输出向量，$\boldsymbol{U}$ 表示输入层到隐含层的权重矩阵，$\boldsymbol{V}$ 表示隐含层到输出层的权重矩阵，$\boldsymbol{W}$ 是隐含层上一时刻值到当前输入的权重矩阵，以上变量间的关联关系如式(5.1.1) 和式(5.1.2) 所示。

$$\boldsymbol{o}_t=g(\boldsymbol{V}\boldsymbol{s}_t) \tag{5.1.1}$$

$$\boldsymbol{s}_t=f(\boldsymbol{U}\boldsymbol{x}_t+\boldsymbol{W}\boldsymbol{s}_{t-1}) \tag{5.1.2}$$

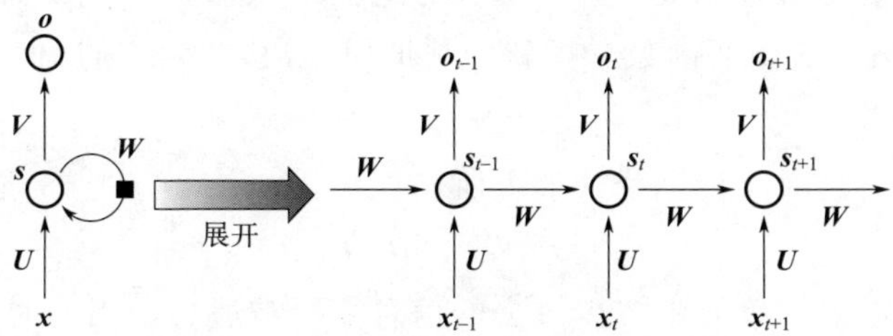

图 5.1.1　经典 RNN 模型结构

5.2　门控循环神经网络理论基础

在训练传统的 RNN 模型时，模型的参数随时间序列反向传播。反向传播沿着时间循环，使得梯度爆炸和梯度消失等问题在训练过程中极易发生。为解决这一问题，多种不同的 RNN 模型变体被提出，其中，LSTM[1] 和 GRU[2] 模型性能最为突出。虽然 LSTM 通过引入记忆单元提升了模型性能，但是该模型的参数量相对较大，这就使得模型的训练需要更多的数据和更长的训练时间。相比之下，GRU 模型简化了门控单元，减少了模型参数量，使得 GRU 模型更适应于工业过程建模。因此本节所提的方法以 GRU 模型为基础进行建模。GRU 模型结构如图 5.2.1 所示。

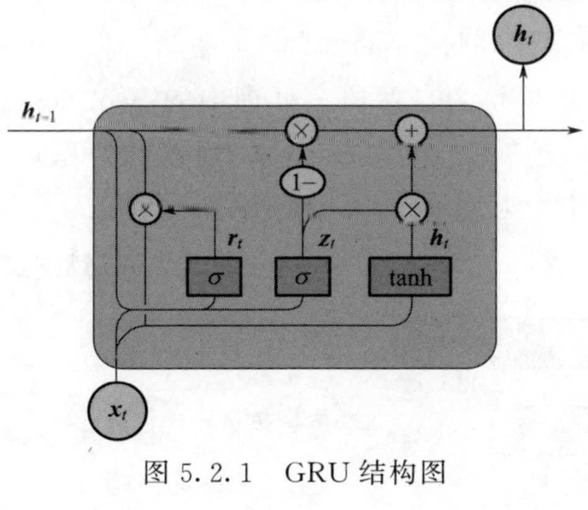

图 5.2.1　GRU 结构图

GRU 模型主要由重置门和更新门构成，更新门用于计算更新率 z_t，具体计算公式如下所示：

$$z_t=\sigma(W_z x_t+U_z h_{t-1}) \tag{5.2.1}$$

其中，x_t 表示的是当前时刻（t 时刻）模型的输入时间步；h_{t-1} 表示的是上一时刻模型的隐藏状态；$\boldsymbol{W}_z$ 表示的是输入权重；$\boldsymbol{U}_z$ 表示的是隐藏状态权重；σ 指 Sigmoid 激活函数。更新门帮助模型决定多少前序时刻及当前时刻信息需要被传递。

类似地，重置门的计算公式如下所示：

$$\boldsymbol{r}_t=\sigma(\boldsymbol{W}_r\boldsymbol{x}_t+\boldsymbol{U}_r\boldsymbol{h}_{t-1}) \tag{5.2.2}$$

重置门决定记忆单元中多少过去的信息需要被遗忘。当前时间步的隐藏状态可以用下式计算：

$$\boldsymbol{h}_t=\boldsymbol{z}_t\odot\boldsymbol{h}_{t-1}+(\boldsymbol{I}-\boldsymbol{z}_t)\odot\widetilde{\boldsymbol{h}}_t \tag{5.2.3}$$

候选状态$\widetilde{\boldsymbol{h}}_t$ 可以用下式计算：

$$\widetilde{\boldsymbol{h}}_t=\tanh(\boldsymbol{W}\boldsymbol{x}_t+\boldsymbol{r}_t\odot\boldsymbol{U}\boldsymbol{h}_{t-1}) \tag{5.2.4}$$

式中，$\boldsymbol{W}$ 为输入权重；$\boldsymbol{U}$ 为隐藏状态权重；$\odot$表示的是哈达玛积[3]。综上所述，当 $\boldsymbol{r}_t\rightarrow\boldsymbol{O}$ 时，前一时刻隐含层的信息就会被丢弃，允许模型舍弃一些和未来无关的历史信息；当 $\boldsymbol{z}_t\rightarrow\boldsymbol{I}$ 时，即将之前隐含层的信息全部拷贝到当前时刻的隐含层输出值，可以实现长距离依赖；反之，当 $\boldsymbol{r}_t\rightarrow\boldsymbol{I}$ 且 $\boldsymbol{z}_t\rightarrow\boldsymbol{O}$ 时，GRU 退化为标准 RNN，适合处理短距离依赖问题。

5.3 注意力机制理论基础

注意力机制是深度学习领域最具影响力的方法之一。其设计最初的目的是解决循环神经网络输入序列过长而记忆单元存储信息有限，导致信息损失的问题[4,5]。注意力机制最早是为自然语言处理中的 Seq2Seq 模型而设计的，随后迅速被应用至其他领域。为方便理解注意力机制，可以从基于注意力机制的 Seq2Seq 模型入手，其结构如图 5.3.1 所示。

假设输入序列为 $\boldsymbol{X}=[x_1,x_2,\cdots,x_T]$，表示模型连续的 T 个时间步的序

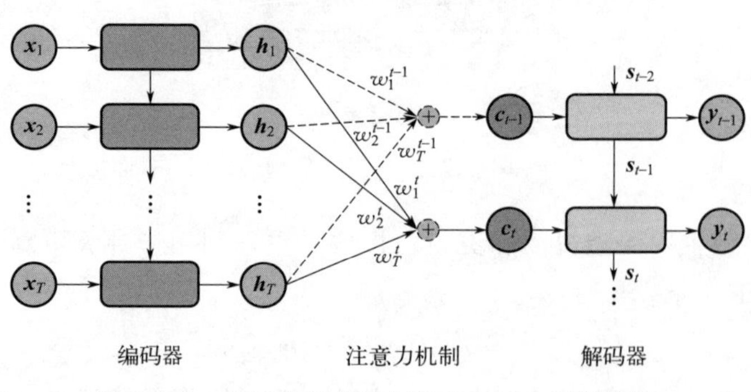

图 5.3.1 基于注意力机制的 Seq2Seq 模型结构

列输入。图中的深色和浅色方框分别表示模型编码器和解码器中的网络单元，它们可以是任意的循环神经网络单元。$\boldsymbol{h}_t$ 表示的是 t 时刻网络单元的隐藏状态。在原始的 Seq2Seq 模型中，编码器基于所有时间步的隐藏状态向量 $\boldsymbol{h}$ 编码出唯一的编码向量 $\boldsymbol{c}$，然后被用于解码出输出序列的各时间步结果。然而，由于 $\boldsymbol{c}$ 向量的长度是有限的，当输出序列过长时，编码向量很难完美地满足输出序列各时间步的解码信息需求。事实上，用唯一的编码向量去解码不同的时间步输出是不合理的。因此，在注意力机制中，当模型预测 t 步输出时，各时间步的 $\boldsymbol{h}$ 向量的信息贡献度均被考虑，然后编码出对应的编码向量 $\boldsymbol{c}_t$。通过计算编码阶段状态向量 $\boldsymbol{h}$ 和解码阶段向量 $\boldsymbol{s}_{t-1}$ 的相关性或相似性来获得各 $\boldsymbol{h}$ 向量的注意力权重。注意力权重代表着各 $\boldsymbol{h}$ 向量需要被编码进 $\boldsymbol{c}_t$ 向量的信息量。基于注意力机制的编码向量 $\boldsymbol{c}_t$ 的计算方法如下所示。

$$\boldsymbol{h}_t=\mathrm{RNN}(\boldsymbol{x}_t,\boldsymbol{h}_{t-1}) \tag{5.3.1}$$

$$\boldsymbol{c}_t=\sum_{i=1}^{T} w_i^t \boldsymbol{h}_i \tag{5.3.2}$$

$$w_i^t=\frac{\exp[s(\boldsymbol{h}_t,\boldsymbol{s}_{t-1})]}{\sum_{i=1}^{T}\exp[s(\boldsymbol{h}_i,\boldsymbol{s}_{t-1})]} \tag{5.3.3}$$

$$s(\boldsymbol{h}_t,\boldsymbol{s}_{t-1})=\boldsymbol{h}_t\boldsymbol{s}_{t-1} \tag{5.3.4}$$

其中，w_i^t 表示的注意力权重；$s(\boldsymbol{h}_t,\boldsymbol{s}_{t-1})$ 表示的是得分方程；RNN()表示一个递归神经网络单元的前向传播计算过程。需要指出的是，计算注意力权重的方法有很多，常见的有点积、余弦相似性等方法，上式中的得分方程可以是任意一种计算方法。

当模型不引入注意力机制时，解码阶段的输出由下式确定。

$$\boldsymbol{s}_t=f(\boldsymbol{y}_{t-1},\boldsymbol{s}_{t-1}) \tag{5.3.5}$$

$$p(\boldsymbol{y}_t|\boldsymbol{y}_1,\boldsymbol{y}_2,\cdots,\boldsymbol{y}_{t-1})=g(\boldsymbol{y}_{t-1},\boldsymbol{s}_t) \tag{5.3.6}$$

当模型引入注意力机制后，解码阶段的输出计算方式则如下所示。

$$\boldsymbol{s}_t=f(\boldsymbol{y}_{t-1},\boldsymbol{s}_{t-1},\boldsymbol{c}_t) \tag{5.3.7}$$

$$p(\boldsymbol{y}_t|\boldsymbol{y}_1,\boldsymbol{y}_2,\cdots,\boldsymbol{y}_{t-1})=g(\boldsymbol{y}_{t-1},\boldsymbol{s}_t,\boldsymbol{c}_t) \tag{5.3.8}$$

可以看出模型前序的输入可以通过 $\boldsymbol{c}$ 向量更为直接地影响模型的输入。这也证明了注意力机制具备残差连接，其能够有效地克服模型训练过程中梯度消失的问题。

当模型结构没有残差连接结构时，模型输入 $\boldsymbol{x}$ 经过 n 层网络单元后的输出为

$$H(\boldsymbol{x})=f_n\{\cdots f_2[f_1(\boldsymbol{x})]\} \tag{5.3.9}$$

模型训练反向传播时，对输入 $\boldsymbol{x}$ 求导结果如下所示。

$$\frac{\partial H(\boldsymbol{x})}{\partial \boldsymbol{x}}=\frac{\partial f_n}{\partial f_{n-1}}\times\frac{\partial f_{n-1}}{\partial f_{n-2}}\times\cdots\times\frac{\partial f_1}{\partial \boldsymbol{x}} \tag{5.3.10}$$

可以看到求导为连乘过程，这极易发生梯度消失问题。

当模型结构引入残差连接结构，模型输入 $\boldsymbol{x}$ 经过 n 层网络单元后的输出为

$$H(\boldsymbol{x})=f_n\{\cdots f_2[f_1(x)]\}+\boldsymbol{x} \tag{5.3.11}$$

模型训练反向传播时，对输入 $\boldsymbol{x}$ 求导结果如下所示。

$$\frac{\partial H(\boldsymbol{x})}{\partial \boldsymbol{x}}=\frac{\partial f_n}{\partial f_{n-1}}\times\frac{\partial f_{n-1}}{\partial f_{n-2}}\times\cdots\times\frac{\partial f_1}{\partial \boldsymbol{x}} \tag{5.3.12}$$

可以看到残差连接在求导过程中引入了加和成分，这有效地保证了输入的求导梯度的大小，这也从克服梯度消失的角度证明了注意力机制的有效性。

可以看出，当 Seq2Seq 模型输出不同的时间步时，模型会聚焦于不同的输入时间步来获得不同的编码变量向量 $\boldsymbol{c}$。当计算不同的 $\boldsymbol{h}$ 向量的注意力权重时，需要计算各隐藏状态同目标输出的相似性或相关性，而不幸的是目标输出是未知的。因此，需要寻找一个能够代表目标输出与输入序列各步计算相似性的变量。由于输出序列各步之间的关系十分紧密，在模型预测输出上一时间步的结果后，可以认为上一时间步的解码状态向量 $\boldsymbol{s}_{t-1}$ 包含了足够的关于目标输出 $\boldsymbol{y}_t$ 的先验信息。因此，可以计算 $\boldsymbol{s}_{t-1}$ 同编码阶段各隐藏状态向量 $\boldsymbol{h}$ 的相似性来近似代替目标输出 $\boldsymbol{y}_t$ 同输入序列各步的相似性，最终获得各隐藏状态向量 $\boldsymbol{h}$ 的注意力权重。

5.4 高炉铁水质量的改进循环神经网络软测量方法

5.4.1 处置门门控循环神经网络

虽然 GRU-RNN 在处理时间序列数据方面表现出优异的性能，但它不能完全满足炼铁现场对在线数据处理的高实时性要求。因此，本节给出一种改进的门控循环神经网络结构，通过对 GRU 隐含层内部门控单元进行改造简化，以提高其运行效率。改进后的 GRU-RNN 将更新门和重置门合并为单一的处置门，组成基于处置门门控循环单元（dGRU）的神经网络[6,7]，即处置门门

控循环神经网络。其内部构造如图 5.4.1 所示。

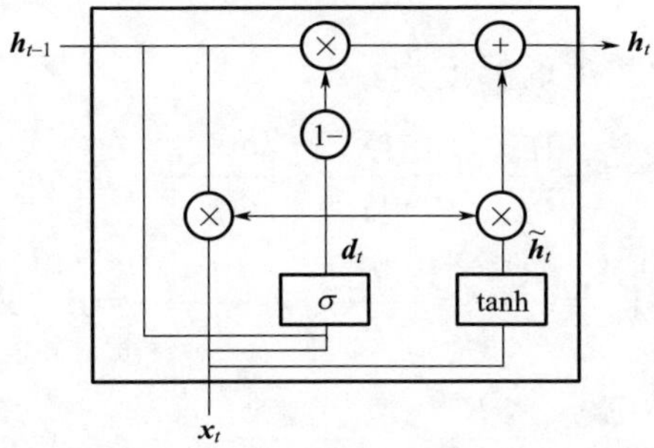

图 5.4.1　dGRU 结构示意图

从图中可以看出，dGRU 的核心就是处置门（$\boldsymbol{d}_t$）。dGRU 的当前状态输出 $\boldsymbol{h}_t$ 是由处置门 $\boldsymbol{d}_t$ 来控制过往状态 $\boldsymbol{h}_{t-1}$ 与候选状态 $\widetilde{\boldsymbol{h}}_t$ 信息输入所占的百分比，即通过 $\boldsymbol{d}_t$ 来控制当前信息与历史信息的流入流出，数学表达式如下所示：

$$\boldsymbol{h}_t=(\boldsymbol{I}-\boldsymbol{d}_t)\odot\boldsymbol{h}_{t-1}+\boldsymbol{d}_t\odot\widetilde{\boldsymbol{h}}_t \tag{5.4.1}$$

$$\widetilde{\boldsymbol{h}}_t=\tanh(\boldsymbol{W}\boldsymbol{x}_t+\boldsymbol{d}_t\odot\boldsymbol{U}\boldsymbol{h}_{t-1}) \tag{5.4.2}$$

$$\boldsymbol{d}_t=\sigma(\boldsymbol{W}_d\boldsymbol{x}_t+\boldsymbol{U}_d\boldsymbol{h}_{t-1}) \tag{5.4.3}$$

其中，$\boldsymbol{h}_{t-1}$ 是上一时刻隐藏状态；$\boldsymbol{h}_t$ 是当前时刻隐藏状态；$\widetilde{\boldsymbol{h}}_t$ 是隐含层当前候选状态；$\boldsymbol{x}_t$ 是输入向量；$\boldsymbol{W}$、$\boldsymbol{U}$、$\boldsymbol{W}_d$ 和 $\boldsymbol{U}_d$ 是激活函数的权重矩阵，不带下角标的权重用于候选隐藏状态的计算，带下角标的权重用于处置门的计算。

在训练 dGRU-RNN 过程中误差在网络空间反向传播，$t-1$ 时刻的反向传播误差为：

$$\begin{aligned}\boldsymbol{\varDelta}_{t-1}&=\Delta\boldsymbol{\delta}_{t-1}^{l+1}+\boldsymbol{\delta}_{t-1}^{l}=\Delta\boldsymbol{\delta}_{t-1}^{l+1}+\frac{\partial E}{\partial\boldsymbol{h}_{t-1}}\\&=\Delta\boldsymbol{\delta}_{t-1}^{l+1}+\frac{\partial E}{\partial\mathrm{net}_{\boldsymbol{d},t}}\times\frac{\partial\mathrm{net}_{\boldsymbol{d},t}}{\partial\boldsymbol{h}_{t-1}}+\frac{\partial E}{\partial\mathrm{net}_{\widetilde{\boldsymbol{h}},t}}\times\frac{\partial\mathrm{net}_{\widetilde{\boldsymbol{h}},t}}{\partial\boldsymbol{h}_{t-1}}+\frac{\partial E}{\partial\boldsymbol{h}_t}\times\frac{\partial\boldsymbol{h}_t}{\partial\boldsymbol{h}_{t-1}}\\&=\Delta\boldsymbol{\delta}_{t-1}^{l+1}+\boldsymbol{\delta}_{\boldsymbol{d},t}\boldsymbol{U}_d+(\boldsymbol{\delta}_{\widetilde{\boldsymbol{h}},t}\boldsymbol{U}-\boldsymbol{\delta}_t)\odot\boldsymbol{d}_t+\boldsymbol{\delta}_t\end{aligned} \tag{5.4.4}$$

其中，E 表示模型的损失；$\mathrm{net}_{\widetilde{\boldsymbol{h}},t}$ 和 $\mathrm{net}_{\boldsymbol{d},t}$ 表示处置门的净输入；内部误差 $\boldsymbol{\delta}_{\boldsymbol{d},t}$、$\boldsymbol{\delta}_{\widetilde{\boldsymbol{h}},t}$ 是：

$$\boldsymbol{\delta}_{\boldsymbol{d},t}=\frac{\partial E}{\partial\mathrm{net}_{\boldsymbol{d},t}}=\frac{\partial E}{\partial\boldsymbol{h}_t}\times\frac{\partial\boldsymbol{h}_t}{\partial\boldsymbol{d}_t}\times\frac{\partial\boldsymbol{d}_t}{\partial\mathrm{net}_{\boldsymbol{d},t}}=\boldsymbol{\delta}_t\odot(\widetilde{\boldsymbol{h}}_t-\boldsymbol{h}_{t-1})\odot\boldsymbol{d}_t\odot(\boldsymbol{I}-\boldsymbol{d}_t) \tag{5.4.5}$$

$$\boldsymbol{\delta}_{\tilde{\boldsymbol{h}},t}=\frac{\partial E}{\partial \mathrm{net}_{\tilde{\boldsymbol{h}},t}}=\frac{\partial E}{\partial \boldsymbol{h}_t}\times\frac{\partial \boldsymbol{h}_t}{\partial \tilde{\boldsymbol{h}}_t}\times\frac{\partial \tilde{\boldsymbol{h}}_t}{\partial \mathrm{net}_{\tilde{\boldsymbol{h}},t}}=\boldsymbol{\delta}\odot\boldsymbol{d}_t\odot(\boldsymbol{I}-\tilde{\boldsymbol{h}}_t^2) \tag{5.4.6}$$

因此，$\boldsymbol{d}_t$ 和$\tilde{\boldsymbol{h}}_t$ 中权重的梯度为：

$$\Delta\boldsymbol{U}_d=\frac{\partial E}{\partial \boldsymbol{U}_d}=\frac{\partial E}{\partial \mathrm{net}_{\boldsymbol{d},t}}\times\frac{\partial \mathrm{net}_{\boldsymbol{d},t}}{\partial \boldsymbol{U}_d}=\boldsymbol{\delta}_{\boldsymbol{d},t}\boldsymbol{h}_{t-1} \tag{5.4.7}$$

$$\Delta\boldsymbol{W}_d=\frac{\partial E}{\partial \boldsymbol{W}_d}=\frac{\partial E}{\partial \mathrm{net}_{\boldsymbol{d},t}}\times\frac{\partial \mathrm{net}_{\boldsymbol{d},t}}{\partial \boldsymbol{W}_d}=\boldsymbol{\delta}_{\boldsymbol{d},t}\boldsymbol{x}_t \tag{5.4.8}$$

$$\Delta\boldsymbol{U}=\frac{\partial E}{\partial \boldsymbol{U}}=\frac{\partial E}{\partial \mathrm{net}_{\tilde{\boldsymbol{h}},t}}\times\frac{\partial \mathrm{net}_{\tilde{\boldsymbol{h}},t}}{\partial \boldsymbol{U}}=\boldsymbol{\delta}_{\tilde{\boldsymbol{h}},t}(\boldsymbol{d}_t\odot\boldsymbol{h}_{t-1}) \tag{5.4.9}$$

$$\Delta\boldsymbol{W}=\frac{\partial E}{\partial \boldsymbol{W}}=\frac{\partial E}{\partial \mathrm{net}_{\tilde{\boldsymbol{h}},t}}\times\frac{\partial \mathrm{net}_{\tilde{\boldsymbol{h}},t}}{\partial \boldsymbol{W}}=\boldsymbol{\delta}_{\tilde{\boldsymbol{h}},t}\boldsymbol{x}_t \tag{5.4.10}$$

为了比较 GRU-RNN 和 dGRU-RNN 的计算复杂度，将两者的内部运算流程列在表 5.4.1 中。由表 5.4.1 可知，GRU 的前向传播复杂度为 $4m$，反向传播复杂度为 $6m$，每个时间步的总复杂度为 $4m+6m=10m$，n 个时间步的总复杂度为 $10nm$；同理，dGRU 的时间复杂度为 $7nm$。因此，dGRU 通过结构简化具有更高的计算效率。

表 5.4.1　GRU 与 dGRU 单元运行流程表

GRU	复杂度	dGRU	复杂度
for t=1:n{	n	for t=1:n{	n
forward		forward	
for j=1:m{r_t^j,z_t^j}	$2m$	for j=1:m{d_t^j}	m
for j=1:m{$\tilde{h}_t^j$}	m	for j=1:m{$\tilde{h}_t^j$}	m
for j=1:m{h_t^j}	m	for j=1:m{h_t^j}	m
backward		backward	
for j=1:m{W_h^j,U_h^j}	$2m$	for j=1:m{W^j,U^j}	$2m$
for j=1:m{W_h^j,U_h^j,W_z^j,U_z^j}	$4m$	for j=1:m{W_d^j,U_d^j}	$2m$
}		}	

注：m 表示隐藏层中神经元（或单元）的个数；n 表示输入序列的长度，即时间步的数量。

5.4.2　嵌入特征-时间注意力的门控循环神经网络

在高炉炼铁过程中，铁水的硅含量取决于过去一段时间内工艺参数的变化。由于生产过程中的时间滞后，很难确定各时间步各过程参数对质量变量硅含量的影响程度。考虑到高炉的动态特性，各过程参数对硅含量影响的重要性将随时间变化。

因此，本节给出了一个基于 GRU 的双重注意力机制模型。在特征维度上，利用自注意力机制获得每个特征在不同时间步的注意力权重。在时间维度上，引入基于因果卷积的自注意力机制，该模型可以通过训练获得输入序列的每个时间步骤对质量变量硅含量的影响权重。此外，时间注意力权重的计算充分考虑了局部环境的相关性。通过这种双重注意力机制，模型不仅解决了长输入序列的信息传递损失问题，还增强了局部环境感知能力，从而解决了由于系统时间滞后造成的输入和输出变量的时间不对标问题，并具有比传统预测方法更高的预测精度。

5.4.2.1 特征维度注意力

在时间序列分析中，各时间步中的不同变量对质量变量的影响是不同的，甚至同一变量在不同时间对质量变量的影响也存在差异。因此，确定关键过程变量并确定这些变量的滞后时间是至关重要的。通常，计算变量在各时间滞后下的相关性是最常用的方法之一。然而，评估变量之间的非线性相关性非常困难。此外，在不同的滞后时间条件下，变量的相关性可能是连续且不断变化的，这意味着可能没有一个明确的边界来决定哪些滞后时间下的变量作为模型输入。在一般的方法中，那些相关性不高的变量往往会被舍弃，这将导致信息损失。相反，如果不考虑相关性强弱，直接将所有变量导入模型，这将增加冗余信息量，稀释有价值的信息。因此，本节给出了一种采用特征注意力机制的模型，以学习输入变量在每个时间步对质量变量的影响程度，从而更有效地获得关键信息。

假设存在一个输入时间序列$[\boldsymbol{x}_1,\boldsymbol{x}_2,\cdots,\boldsymbol{x}_t,\cdots,\boldsymbol{x}_T]$，$\boldsymbol{x}_t=(x_t^1,x_t^2,\cdots,x_t^n)\in\mathbb{R}^n$，$T$ 表示的是时间窗长度，$\boldsymbol{x}_t$ 表示的是 t 时刻输入样本，各时间步的输入样本均包含 n 个变量。每个过程变量数据都是一个时间序列，如图 5.4.2 中的曲线所示。方法通过计算 t 时间步的输入样本同 $t-1$ 时刻的 GRU 的隐藏状态 $\boldsymbol{h}_{t-1}$ 之间的相似性来获得特征注意力权重。具体计算方法为将它们同时导入如图 5.4.2 所示的特征注意力层来获得注意力权重。需要指出的是常用的计算相似度的方法包括全连接网络、点积、余弦相似度等。本节采用的是全连接网络，所以每个变量的注意力权重可以通过下式计算：

$$e_t^i=V_{ft}^i\tanh(W_{ft}^i h_{t-1}+U_{ft}^i x_t^i+b_{ft}^i),1\leqslant i\leqslant n \tag{5.4.11}$$

$$\mathrm{Softmax}(e_t^i)=\frac{|e_t^i|}{\sum_{j=1}^{n}|e_t^j|},1\leqslant i\leqslant n \tag{5.4.12}$$

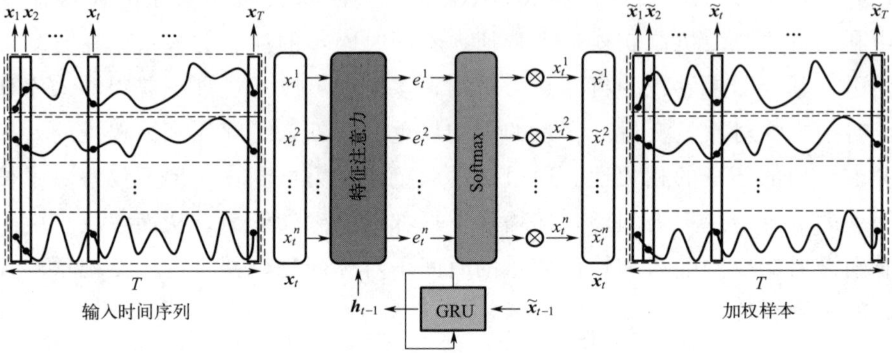

图 5.4.2 特征维度注意力机制

式中，V_{ft}^i、W_{ft}^i、U_{ft}^i 和 b_{ft}^i 表示的是训练阶段需要通过延时间反向传播来学习的模型参数；tanh 是双曲正切激活函数；e_t^i 代表 t 时刻第 i 个输入变量同质量变量预测关联程度的注意力权重。特征注意力层输出的原始注意力权重经 Softmax 层实现归一化处理，具体计算方式如式(5.4.12) 所示。该层将注意力权重值映射至 0～1 范围区间，同时保证了各注意力权重值的总和为 1。需要指出的是考虑到输入序列的第一个时间步 $\boldsymbol{x}_1$ 之前没有任何先验信息，该时间步的各输入特征的注意力权重值被赋为相同的平均值。

特征注意力可以通过计算 $\boldsymbol{x}_t$ 和 $\boldsymbol{h}_{t-1}$ 之间的相似性来获得，是因为连续时间序列中的输入变量对质量变量的影响应该是随时间连续变化的而不会发生突变。因此，注意力权重的变化趋势可以从前序时间步学习到的数据信息中获得。通过计算 $\boldsymbol{x}_{t-1}$ 和 $\boldsymbol{h}_{t-1}$ 之间的相似性学习时间序列中变量注意力权重的连续变化。

图 5.4.3 显示了一个训练好的模型赋予每个时间步中各输入变量的注意力权重。可以看到各变量的注意力权重是不同的，并且是随时间而变化的。这表明模型确实学到了变量的相关性，增强了关键信息并削弱了冗余信息。

得到各特征的注意力权重后，就可以通过下面的方程式计算出权重后的样本。

$$\tilde{\boldsymbol{x}}_t=\boldsymbol{\alpha}_t\odot\boldsymbol{x}_t=[\alpha_t^1x_t^1,\alpha_t^2x_t^2,\cdots,\alpha_t^nx_t^n]_{n\times1} \tag{5.4.13}$$

其中，⊙表示的是哈达玛积，也就是元素相乘操作；$\boldsymbol{\alpha}_t$ 表示的是归一化后的特征注意力权重；$\tilde{\boldsymbol{x}}_t$ 表示的是权重后的样本（权重样本）。

在获得权重样本的同时也得到了一个利用权重样本学习到的 GRU 模型，

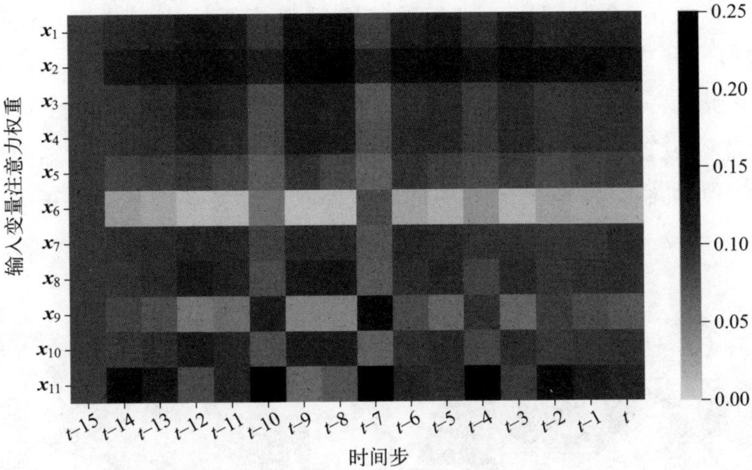

图 5.4.3　在硅含量数据集上训练好的模型赋予输入序列特征的注意力权重可视化图

以及 GRU 各时间步的隐藏状态 $\boldsymbol{h}$。具体的计算公式如下所示：

$$\boldsymbol{r}_t=\sigma(\boldsymbol{W}_r\times[\boldsymbol{h}_{t-1},\widetilde{\boldsymbol{x}}_t]) \tag{5.4.14}$$

$$\boldsymbol{z}_t=\sigma(\boldsymbol{W}_z\times[\boldsymbol{h}_{t-1},\widetilde{\boldsymbol{x}}_t]) \tag{5.4.15}$$

$$\widetilde{\boldsymbol{h}}_t=\tanh(\boldsymbol{W}_{h'}\times[\boldsymbol{r}_t\odot\boldsymbol{h}_{t-1},\widetilde{\boldsymbol{x}}_t]) \tag{5.4.16}$$

$$\boldsymbol{h}_t=(\boldsymbol{I}-\boldsymbol{z}_t)\odot\boldsymbol{h}_{t-1}+\boldsymbol{z}_t\odot\widetilde{\boldsymbol{h}}_t \tag{5.4.17}$$

其中，$\boldsymbol{W}_r$、$\boldsymbol{W}_z$、$\boldsymbol{W}_{h'}$ 表示的是 GRU 模型的可学习参数；$\boldsymbol{z}_t$、$\boldsymbol{r}_t$ 分别表示模型的更新率和重置率；$\boldsymbol{h}_t$ 表示的是 t 时间步 GRU 的隐藏状态；$\widetilde{\boldsymbol{h}}_t$ 是 $\boldsymbol{h}_t$ 向量的候选变量。

5.4.2.2　基于因果卷积的时间维度自注意力

本节给出的硅含量预测模型实际是一个单时间步预测模型（Seq2One），因此与 Seq2Seq 模型中的注意力机制不同，这个模型不需要为不同的预测输出时间步计算不同的编码向量，所以本节所提方法引入了一种自注意力机制来计算每个隐藏状态的注意力权重。考虑到最后的递归单元的隐藏状态向量包含了最丰富的预测变量相关信息，因此可以通过计算 $\boldsymbol{h}_T$ 与其他各输入时间步的隐藏状态的相似性来确定注意力权重。

在时间序列预测中，数据点是高度依赖于其周围环境数据特征的。如果使用仅考虑点和点之间相关性的经典方法计算注意力，则忽略了序列的局部特征，没有充分地利用形状等局部环境信息。图 5.4.4(a) 所示为时序数据特征的可视化图，纵轴表示的是各个特征在各时刻的数值大小，可以看到针对示意

图中的 a、b、c 三个时间点，它们的特征呈现相似的比例状态，仅通过点与点间的相似性计算，很可能会错误地匹配输入特征 t_a 和 t_c，如图 5.4.4(a) 和（b）中所示。实际上如果方法能够同时考虑时间维度的局部特征[图 5.4.4(b)]，就能够发现 t_b 和 t_c 有一个更高的局部相似性。通过局部感知增强的因果卷积注意力机制，所给出的方法可以在提取局部特征的基础上正确匹配最相关的特征 t_b 和 t_c，如图 5.4.4(b) 所示。

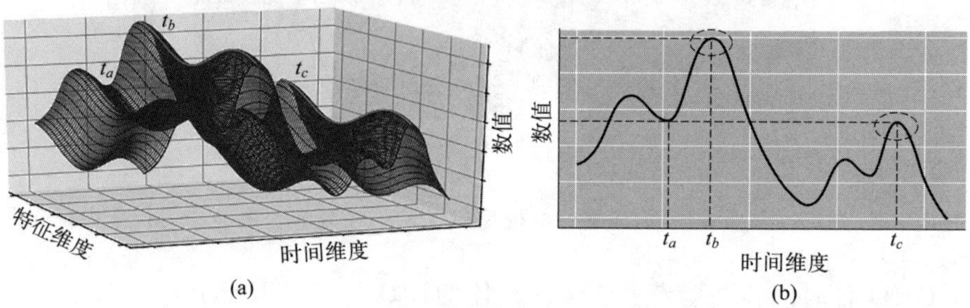

图 5.4.4　时序数据特征可视化与时间维度特征映射

卷积运算是信号处理分析领域中一种重要的运算，该运算用来表征函数 f 与 g 经过翻转和平移后重叠部分函数乘积对重叠部分的积分。运算过程如下所示：

$$(f * g)(x) = \int_{-\infty}^{\infty} f(\tau) g(x-\tau) \mathrm{d}\tau \tag{5.4.18}$$

式中，$*$ 表示卷积运算。其离散表达如下所示：

$$(f * g)(n) = \sum_{\tau=-\infty}^{\infty} f(\tau) g(n-\tau) \tag{5.4.19}$$

与之不同的是卷积神经网络中的卷积操作并不执行翻转，而是卷积核直接对目标数据进行加权求和。在图像处理领域中卷积被用来实现特征提取，通过构造不同的卷积核可以实现不同的特征提取。如卷积核 $\boldsymbol{J}_{\mathrm{H}}$、$\boldsymbol{J}_{\mathrm{V}}$、$\boldsymbol{J}_{\mathrm{L}}$ 分别表示水平边缘、垂直边缘和亮度变化边缘特征提取卷积核。

$$\boldsymbol{J}_{\mathrm{H}} = \begin{bmatrix} 1 & 1 & 1 \\ 0 & 0 & 0 \\ -1 & -1 & -1 \end{bmatrix}, \boldsymbol{J}_{\mathrm{V}} = \begin{bmatrix} 1 & 0 & -1 \\ 1 & 0 & -1 \\ 1 & 0 & -1 \end{bmatrix}, \boldsymbol{J}_{\mathrm{L}} = \begin{bmatrix} -1 & -1 & -1 \\ -1 & 8 & -1 \\ -1 & -1 & -1 \end{bmatrix} \tag{5.4.20}$$

因此构造不同的卷积核便能够实现不同的特征提取。而卷积神经网络并不给定卷积核参数值，而是通过数据学习、反向传播优化的方式实现卷积核参数的确定，这使得卷积神经网络中的卷积操作能够有效地实现局部特征提取，提升下游任务效果。

本节所提方法利用因果卷积提取输入序列各时间步的局部环境信息键向量 $\{\boldsymbol{k}_1,\boldsymbol{k}_2,\cdots,\boldsymbol{k}_T\}$ 以及 $\boldsymbol{h}_T$ 的查询向量 $\boldsymbol{q}$，然后利用键矩阵和查询向量计算获得相似性，进一步就获得了各隐藏状态的时间维度注意力来增强有价值的信息。

直观地说，因果卷积类似于把卷积操作分成两半，以便它只能对过去时间步的输入进行操作。对于一维卷积来说，因果卷积可以看作通过简单地将一维卷积的输入移动几个时间步来实现。

时间维度因果卷积自注意力机制的结构示意图如图 5.4.5 所示。在时间注意力处理阶段，模型以编码阶段的输出即隐藏状态序列 $\boldsymbol{H}=[\boldsymbol{h}_1,\boldsymbol{h}_2,\cdots,\boldsymbol{h}_T]\in\mathbb{R}^{d\times T}$ 作为输入。“Conv，l”表示大小为 l 的卷积核，滑动步长为 1。卷积核

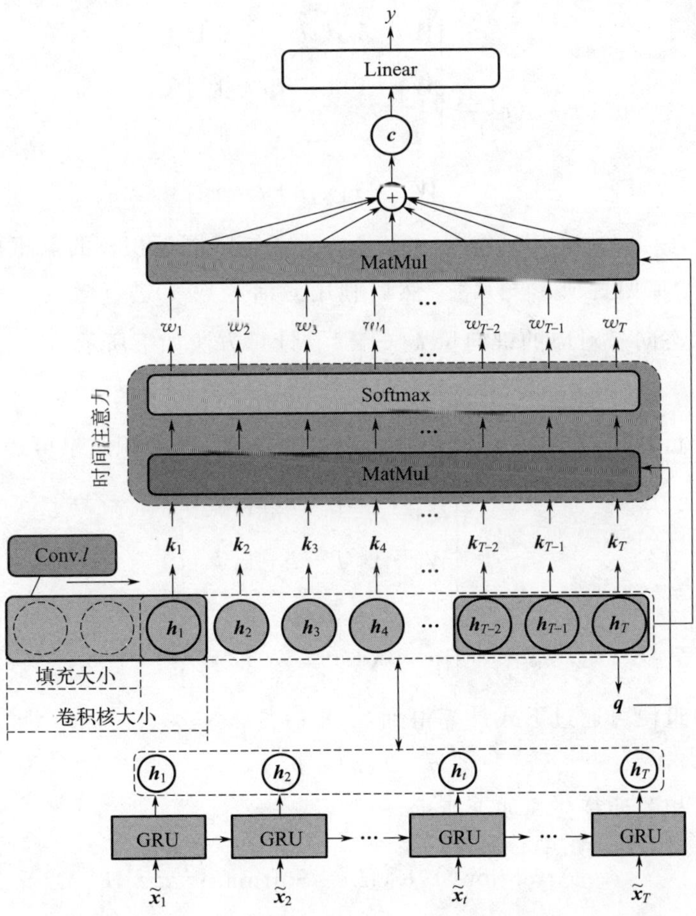

图 5.4.5　时间维度因果卷积自注意力机制结构

在序列适当填充下用于提取隐藏状态向量相关的键向量，填充大小等于 kernel_size－1。另外，相同大小的卷积核被用来计算 $\boldsymbol{h}_T$ 的查询向量。

为更好地阐述模型结构，这里用 d 表示隐藏向量的维度，然后假设有 m 个具有相同大小感知域 l 的键过滤矩阵 $\boldsymbol{W}^k=[\boldsymbol{W}_1^k,\boldsymbol{W}_2^k,\cdots,\boldsymbol{W}_m^k]$，$\boldsymbol{W}_m^k$ 包含 $d\times l$ 个待估计参数。与一般的卷积操作不同，为了对隐藏状态序列 $\boldsymbol{H}=[\boldsymbol{h}_1,\boldsymbol{h}_2,\cdots,\boldsymbol{h}_T]\in\mathbb{R}^{d\times T}$ 进行因果卷积，对序列的前部进行填充。拼接填充向量后的隐藏状态矩阵 $\boldsymbol{H}$ 可以用 $\boldsymbol{Y}=[\boldsymbol{p}_1,\boldsymbol{p}_2,\cdots,\boldsymbol{p}_{t-1},\boldsymbol{h}_1,\boldsymbol{h}_2,\cdots,\boldsymbol{h}_T]\in\mathbb{R}^{d\times(T+l-1)}$ 表示，并用 $\boldsymbol{Y}[i:j]$ 表示 $\boldsymbol{Y}$ 从第 i 列到第 j 列的子矩阵。其中，$\boldsymbol{p}_1$，$\boldsymbol{p}_2$，…，$\boldsymbol{p}_{t-1}$ 是指填充向量，用于在因果卷积中对隐藏状态序列的前部进行填充。通过卷积核对 $\boldsymbol{Y}$ 的子矩阵的过滤操作得到的卷积结果 $\boldsymbol{o}_i^k\in\mathbb{R}^m$。具体计算方法如下所示：

$$\boldsymbol{o}_i^k=\begin{bmatrix}\boldsymbol{W}_1^k\cdot\boldsymbol{Y}[i:i+l-1]\\ \boldsymbol{W}_2^k\cdot\boldsymbol{Y}[i:i+l-1]\\ \cdots\\ \boldsymbol{W}_m^k\cdot\boldsymbol{Y}[i:i+l-1]\end{bmatrix}\tag{5.4.21}$$

式中，$i=1,2,\cdots,T$；符号 · 表示的是子矩阵同卷积核的点积操作。给数据结果 $\boldsymbol{o}_i^k$ 增加偏置项 $\boldsymbol{b}_i^k\in\mathbb{R}^m$，然后利用激活函数 f 进行激活，就能够导出各时间步状态向量对应的键向量 $\boldsymbol{k}_i\in\mathbb{R}^m$。计算方法如下所示：

$$\boldsymbol{k}_i=f(\boldsymbol{o}_i^k+\boldsymbol{b}_i^k)\tag{5.4.22}$$

查询向量卷积核矩阵为 $\boldsymbol{W}^q=[\boldsymbol{W}_1^q,\boldsymbol{W}_2^q,\cdots,\boldsymbol{W}_m^q]$。卷积结果可表示为：

$$\boldsymbol{o}^q=\begin{bmatrix}\boldsymbol{W}_1^q\cdot\boldsymbol{Y}[T-l+1:T]\\ \boldsymbol{W}_2^q\cdot\boldsymbol{Y}[T-l+1:T]\\ \cdots\\ \boldsymbol{W}_m^q\cdot\boldsymbol{Y}[T-l+1:T]\end{bmatrix}\tag{5.4.23}$$

查询向量便可通过下式计算得到：

$$\boldsymbol{q}=f(\boldsymbol{o}^q+\boldsymbol{b}^q)\tag{5.4.24}$$

其余的相关计算公式如下所示：

$$\boldsymbol{c}=\text{Attention}(\boldsymbol{q},\boldsymbol{K},\boldsymbol{H})=\text{Softmax}\left(\frac{\boldsymbol{q}^{\mathrm{T}}\boldsymbol{K}}{\sqrt{m}}\right)\boldsymbol{H}^{\mathrm{T}}\tag{5.4.25}$$

$$y=\text{Sigmoid}(\boldsymbol{c}W+\text{bias})\tag{5.4.26}$$

式中，$\boldsymbol{c}$ 表示注意力机制输出的上下文向量；$\boldsymbol{K}=[\boldsymbol{k}_1,\boldsymbol{k}_2,\cdots,\boldsymbol{k}_T]$；$W$ 和 bias 表示的是线性层的待学习参数；y 即为模型最终的预测结果。

图 5.4.6 是一个训练好的模型给予输入序列的时间注意力权重的可视化。可以看出，不同的时间步被赋予了不同的时间注意力，这相当于实现了输入和输出变量的软对齐。

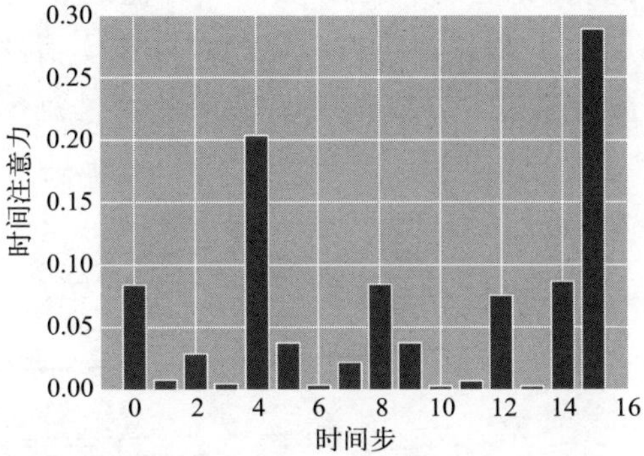

图 5.4.6　在硅含量数据集上训练好的模型对输入序列各时间步赋予时间维度注意力的可视化

应该指出的是，因果卷积保证了不会有来自未来的信息被泄露至过去。因此，通过利用因果卷积模型可以感知到更多的局部环境信息，如形状等。因此，利用局部环境信息来计算相似性，而不是点对点计算，对提高预测的准确性有很大帮助。

5.5 案例分析

5.5.1 处置门门控循环神经网络在硅含量软测量中的应用

为了检验本章给出的 dGRU-RNN 算法的可靠性，使用从炼铁厂 2 号高炉获取的硅含量数据集进行验证。在该数据集的 1000 组数据中，前 800 组作为训练集，后 200 组作为测试集。

在实际工业制造过程中，常使用命中率（HR）来代表预测模型的准确性，表示预测结果中预测值与真实值之差绝对值小于 0.1 的样本在总体样本中的占比。鉴于工业生产现场的复杂性和工业数据的不完整性，操作工程师一般要求 HR 在 80%以上才能进行现场试验。具体而言，HR 的计算方法如式(4.4.4) 和式(4.4.5) 所示。

对于 dGRU-RNN 算法的评价的标准采用 HR。训练误差变化过程和测试集结果分别如图 5.5.1 和图 5.5.2 所示。从图 5.5.1 可知，RNN、LSTM-RNN、GRU-RNN、dGRU-RNN 在训练集上表现都很平稳，训练误差都经历了急剧降低、缓慢减少、趋于平稳的过程，表明循环神经网络在对高炉炼铁过程进行建模时，能够很好地学习过程数据中蕴含的逻辑。从图 5.5.2 可以明显看出四种循环神经网络变体对样本外数据预测精度的差异，RNN 表现最差，虽然能总体跟随硅含量变化趋势，但对峰值和谷值的预测效果很差；LSTM-RNN 和 GRU-RNN 性能相似，都可以较好地跟随真实值的变化趋势；dGRU-RNN 对测试集的预测效果最好，既能跟随铁水硅含量总体变化趋势，也能很好地拟合尖峰峰值。

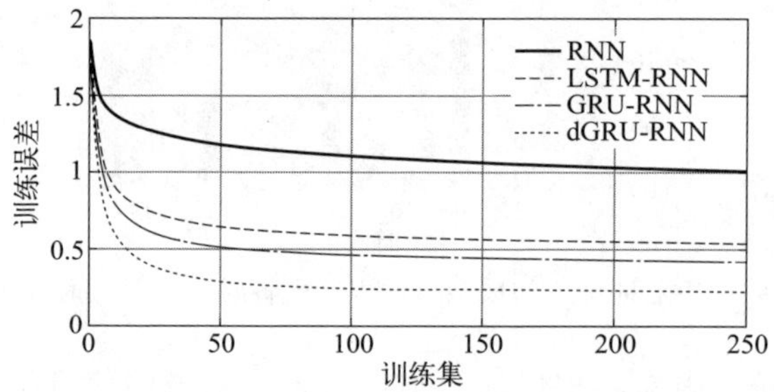

图 5.5.1　四种 RNN 训练误差衰减图

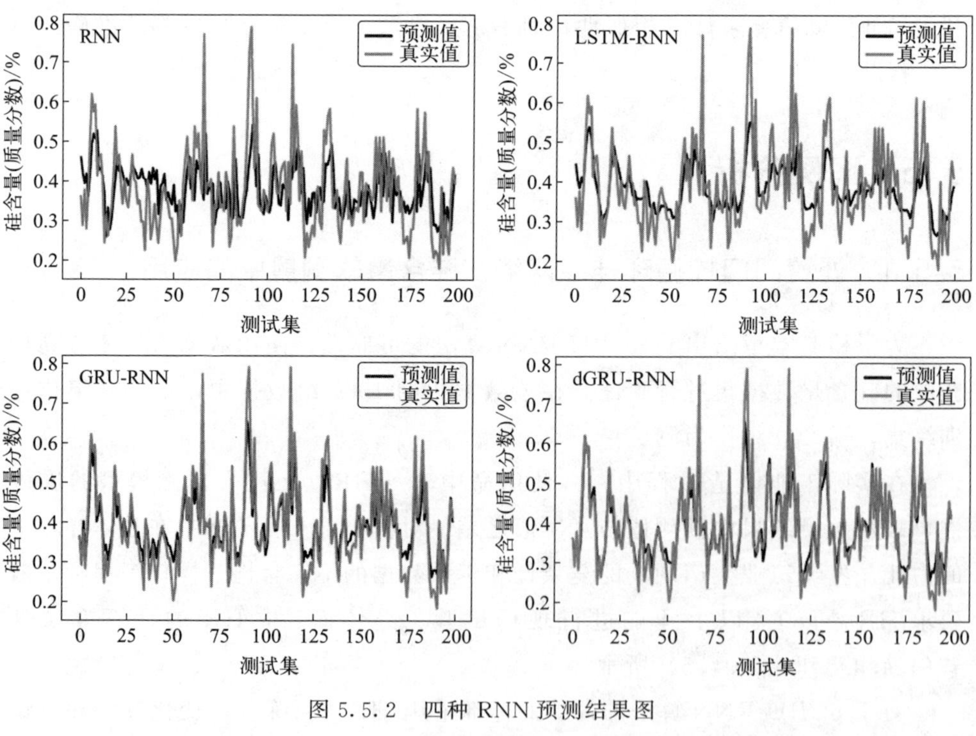

图 5.5.2　四种 RNN 预测结果图

四种 RNN 变体的具体测试结果如表 5.5.1 所示，dGRU-RNN 算法的命中率 92.4%远超标准 RNN 算法的命中率 75.1%；此外，dGRU-RNN 的训练误差、测试误差分别是 0.22、0.31，也远比 RNN、LSTM-RNN 和 GRU-RNN 小。由此可见，dGRU-RNN 对于高炉炼铁过程建模表现出优异的性能，为混合优化模型打下了坚实的基础。铁水冶炼实际生产过程中超过 90%的命中率即可满足生产要求，因此本节给出的深度学习模型可以满足工业生产的需求，为现场工程师预判炉内热状况提供充分条件。

表 5.5.1　四种 RNN 性能测试结果表

模型	误差		HR/%
	训练	测试	
RNN	1.01	1.46	75.1
LSTM-RNN	0.54	0.73	82.1
GRU-RNN	0.42	0.58	87.2
dGRU-RNN	0.22	0.31	92.4

5.5.2　嵌入特征-时间注意力的门控循环神经网络在硅含量软测量中的应用

5.5.2.1　模型输入确定及数据处理

高炉生产过程中，存在较多生产参数。准确确定与铁水硅含量有关的变量，并根据这些变量对硅含量的影响程度合理选择变量，具有重要意义。处理这一问题常用的方法一般为相关性（度）计算。然而，需要注意的是，一些对质量变量有重要影响的过程变量可能与质量变量的线性相关度较低，这表明仅依赖线性相关度方法是不可靠的。实际上，即使是一些非线性的相关计算方法，如互信息等，也不能正确衡量过程变量和质量变量之间的相关性。因此，在变量选择过程中，应尝试多种相关性计算方法，同时结合冶金专家的建议。通过这种方式，可以更全面地评估各过程变量与质量变量的相关性。由于通过一般的相关性计算方法难以有效衡量某些过程变量与质量变量的相关性，本节给出的方法通过数据学习来确定每个变量的注意力权重。如表 5.5.2 所示，本节根据相关性分析及专家推荐选择了 11 个相关变量。

表 5.5.2　输入变量

编号	变量名	单位	编号	变量名	单位
1	顶压	kPa	7	热风压力	kPa
2	透气性指数	m^3/min·kPa	8	热风温度	℃
3	喷煤	t/h	9	热风流速	m^3/min
4	富氧率	%	10	鼓风湿度	%
5	顶温	℃	11	上一时刻硅含量（质量分数）	%
6	压差	kPa			

质量变量硅含量的自相关图如图 5.5.3(a) 所示。可以看到上一时刻的硅含量同当前时刻的硅含量有着很强的相关性，因此需要将其作为模型的输入变量。

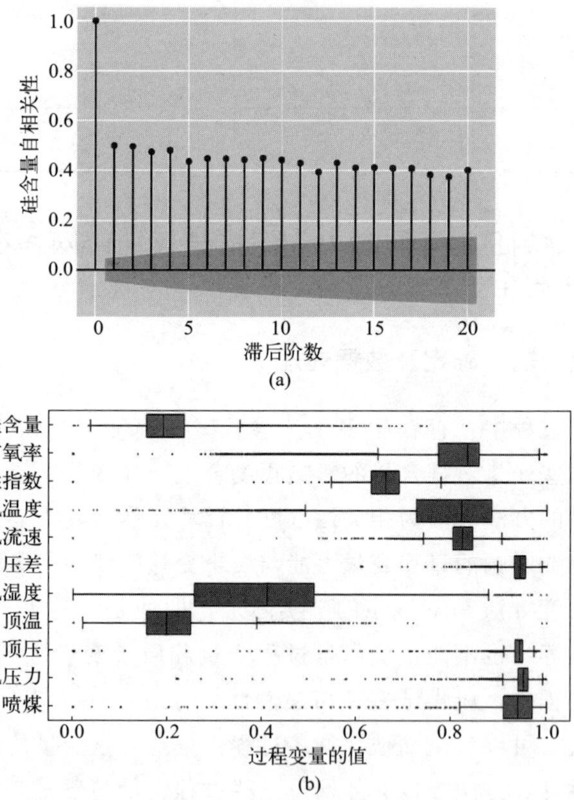

图 5.5.3　硅含量自相关图和变量箱形图

为验证方法的有效性，将本方法在由中国某钢厂 2019 年 10 月至 2020 年

12 月的 17200 个高炉炼铁数据样本构成的数据集上进行了测试。如图 5.5.3(b) 所示，在真实的生产过程中总是存在异常数据点。为了便于模型训练，首先对变量进行了归一化处理。图中的横轴代表归一化后的过程变量的值的大小，纵轴代表过程变量类别；实线的左端代表变量的最小值，右端代表最大值；矩形则覆盖了从下四分位数到上四分位数的数值；黑点则代表了极端离群点。实验中采用箱形图来识别和消除离群点。为了尽可能保留数据的时间特征，离群点没有被直接删除，而是用它们前后的正常样本的平均值代替。数据集按 9∶1 的比例分为一个有 15480 个样本的训练集和一个有 1720 个样本的测试集。

为了验证该数据集上存在输入输出时间不匹配的问题，对硅含量与富氧率、硅含量与顶压进行了不同滞后下的相关分析，如图 5.5.4 所示。可以看出，当滞后阶数为 11 时，这两个变量与硅含量的相关度最高。所以案例研究可以在这个数据集上进行，来证明该方法的有效性。

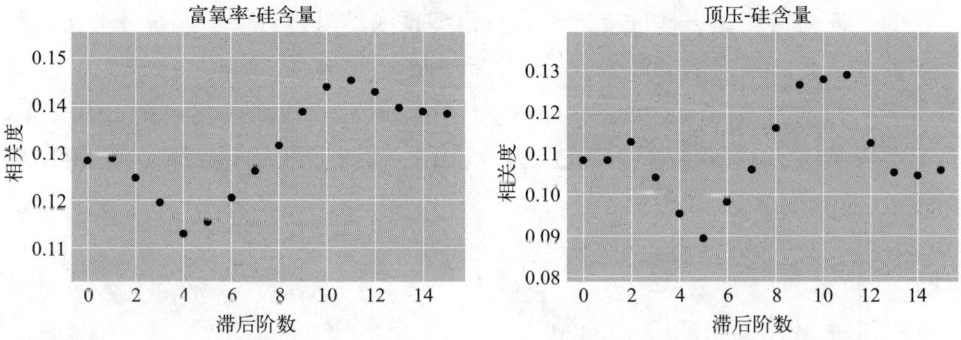

图 5.5.4　富氧率和顶压分别在不同时间滞后下同硅含量的相关性分析图

5.5.2.2　仿真及讨论

首先选择两个性能指标来衡量模型性能：均方根误差（RMSE）和 HR。HR 的计算方法如式(4.4.4) 和式(4.4.5) 所示。RMSE 计算方式如下所示：

$$\text{RMSE}=\sqrt{\frac{1}{N}\sum_{k=1}^{N}(y_k-\hat{y}_k)^2} \tag{5.5.1}$$

其中，$\hat{y}_k$ 表示模型预测值；y_k 表示样本实际标签值。

考虑到模型初始化和训练过程中的不确定性，所有模拟都进行了 30 次以获得模型预测的平均结果。输入序列的长度和因果卷积的核大小是模型的超参数，对建模效果有着很大的影响。考虑到高炉炼铁生产从矿石原料从炉顶步入到炉底铁水产出整个过程一般不超过 8h，且数据采样间隔约为 30min，综合模型的处理能力，最终确定模型的输入序列长度为 16 个时间步长。通过改变卷积核大小，从集合{1,2,…,8}中选择合适的卷积核大小。实验得到相应的 RMSE 预测性能，如图 5.5.5 所示，可以看出当卷积核大小为 5 时模型取得了最佳的预测性能。

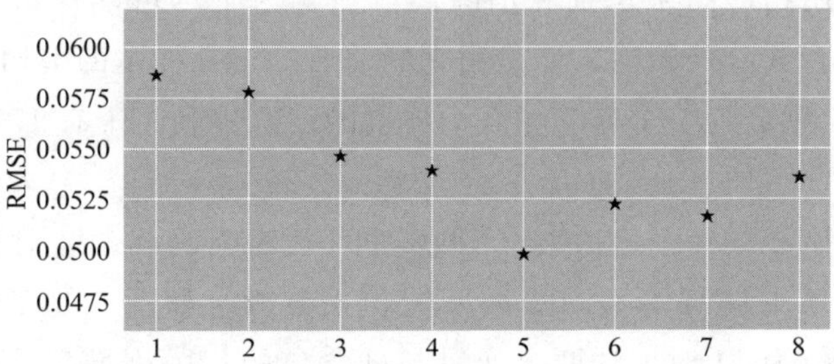

图 5.5.5　所提方法取不同卷积核大小时在数据集上预测结果的 RMSE 展示

为了评估所给出方法的有效性，对模型预测结果进行了一些统计分析，如预测残差、直方图。如图 5.5.6(a) 显示了从 2020 年 10 月 30 日到 12 月 11 日每个测试样本的具体预测残差。图 5.5.6(b) 显示了预测残差遵循正态分布，这意味着残差是随机的，也就是说，给出的模型提取了绝大部分可预测的信息。

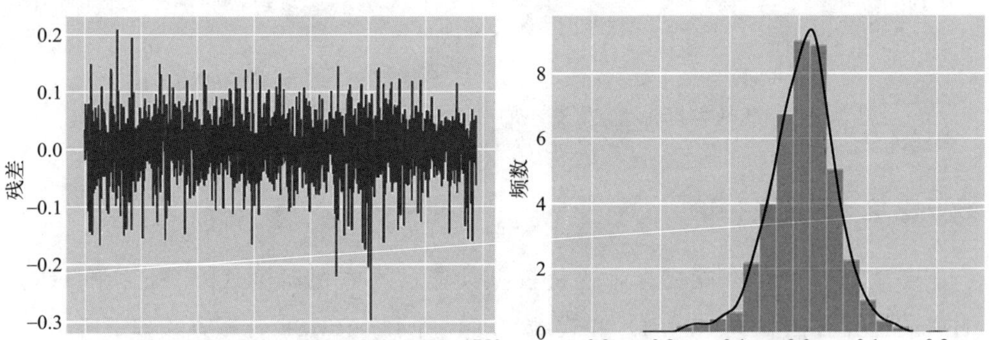

(a) 模型预测残差　　(b) 残差直方图

图 5.5.6　模型有效性分析

此外，为了评估所给出的模型的性能，比较了基于特征注意力的 GRU 模型（FGRU）、基于时间注意力的 GRU 模型（TGRU）、同时包含特征及时间维度注意力的 GRU 模型（FTGRU）、传统的时间注意力 GRU 模型（AGRU）

和其他一些相关方法，包括 GRU、LSTM、模糊神经网络（FNN）、高斯径向基函数（GRBF）、SVR（支持向量回归）。各模型的超参数都显示在表 5.5.3 中。这些参数均为多次实验中得到的最佳结果。GRBF 的扩散系数和神经元数量分别被设定为 5.0 和 18。FNN 模型是根据 Matlab 中的 genfis2 函数构建的，当过程变量被分为三类时，该模型效果最佳。SVR 采用径向基函数（RBF）作为其核函数。LSTM、GRU 和 AGRU 模型都设置为两层循环单元，每层包含 64 个隐藏神经元。不同的是，FGRU 被设置为一层循环单元，有 128 个隐藏神经元。TGRU 和 FTGRU 都有一个包含 128 个隐藏神经元的 GRU 层和一个 CCN 层。每个模型的 RMSE 和预测命中率如表 5.5.4 所示。为了清楚地展示模型在测试集上的预测效果，测试集的前 500 个样本被展示在图 5.5.7 中。图中虚线选择的部分在图 5.5.8 中被放大，以更清楚地展示细节。图中与 x 轴平行的两条虚线表示是否被记为命中的分类边界。

表 5.5.3 模型超参数

GRBF	扩展系数	神经元数量			
	5.0	18			
FNN	半径	类别			
	0.6	3			
SVR	核函数	伽马值	正则化参数		
	RBF	0.01	1.0		
	隐藏神经元数量	层数	学习率		
LSTM	64	2	0.02		
GRU	64	2	0.02		
AGRU	64	2	0.02		
FGRU	128	1	0.02		
	GRU 层数	隐藏神经元数量	CCN 层数	核函数尺寸	学习率
TGRU	1	128	1	5	0.02
FTGRU	1	128	1	5	0.02

表 5.5.4 各方法结果对比

模型	FTGRU	TGRU	FGRU	AGRU	GRU	LSTM	FNN	GRBF	SVR
RMSE	0.0498	0.0530	0.0588	0.0571	0.0647	0.0617	0.0687	0.0682	0.0697
HR	0.947	0.933	0.913	0.919	0.891	0.893	0.850	0.853	0.848

高炉炼铁过程具有很强的非线性、动态性和时间滞后性，而 SVR 模型的非线性表达能力有限，也很难提取生产过程的动态特征，所以其预测命中率并

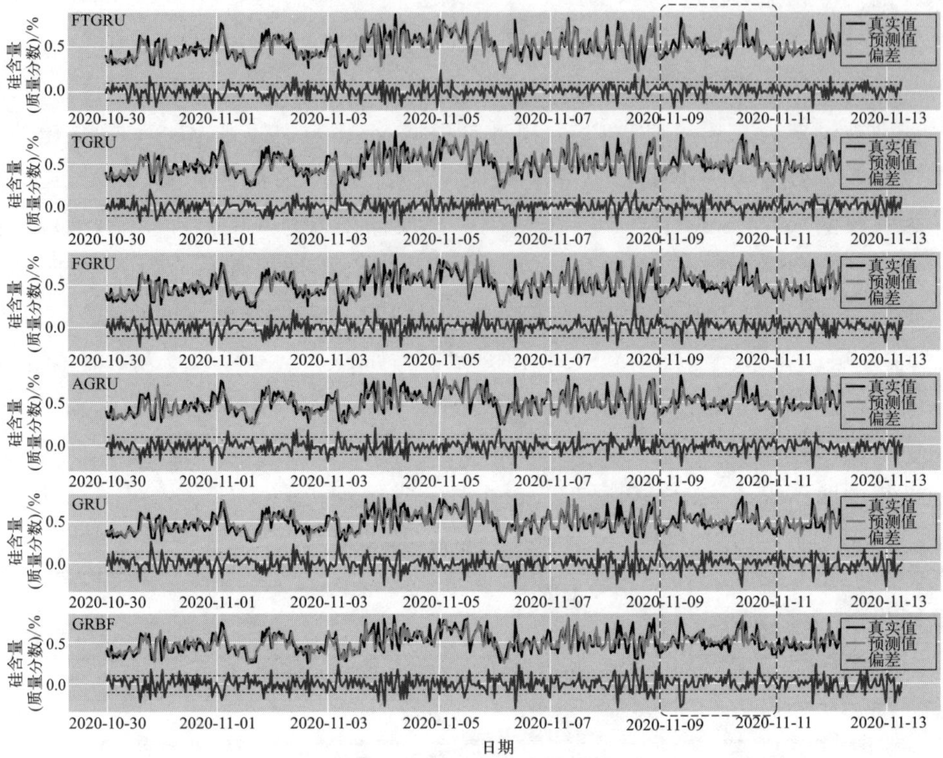

图 5.5.7　各模型在硅含量数据集上的预测结果展示图

不理想。FNN 和 GRBF 具有很强的鲁棒性，但在预测准确率方面的表现就不太理想了。此外，FGRU、TGRU、AGRU、FTGRU 的 RMSE 较低，命中率也较高。带有注意力模块的 GRU 模型的性能优于原来的 LSTM 和 GRU 模型，这说明注意力模块对模型有积极作用。当输入时间序列较长时，信息向后传输时会有损失，而注意力模块可以有效地处理这个问题。值得注意的是，AGRU 的预测性能优于 FGRU，但稍逊于 TGRU，这说明上下文感知增强的时间注意力机制确实能够提高模型性能。从实验结果中可以发现 TGRU 的预测精度略好于 FGRU。这说明与特征信息的增强相比，利用局部环境感知来计算相关性解决系统时滞实现输入输出的软对标，可以进一步提高预测精度。

整体而言，本节所提模型 FTGRU 的 RMSE 最低，预测的命中率最高，表明通过增强特征和时间两个维度的有益信息，实现了更高的硅含量预测精度。

本节所提模型通过 Docker 打包和部署在 Rancher 平台上进行了两个月的运行，如图 5.5.9 所示，实现了现场实时数据访问、在线运行、实时预测硅含

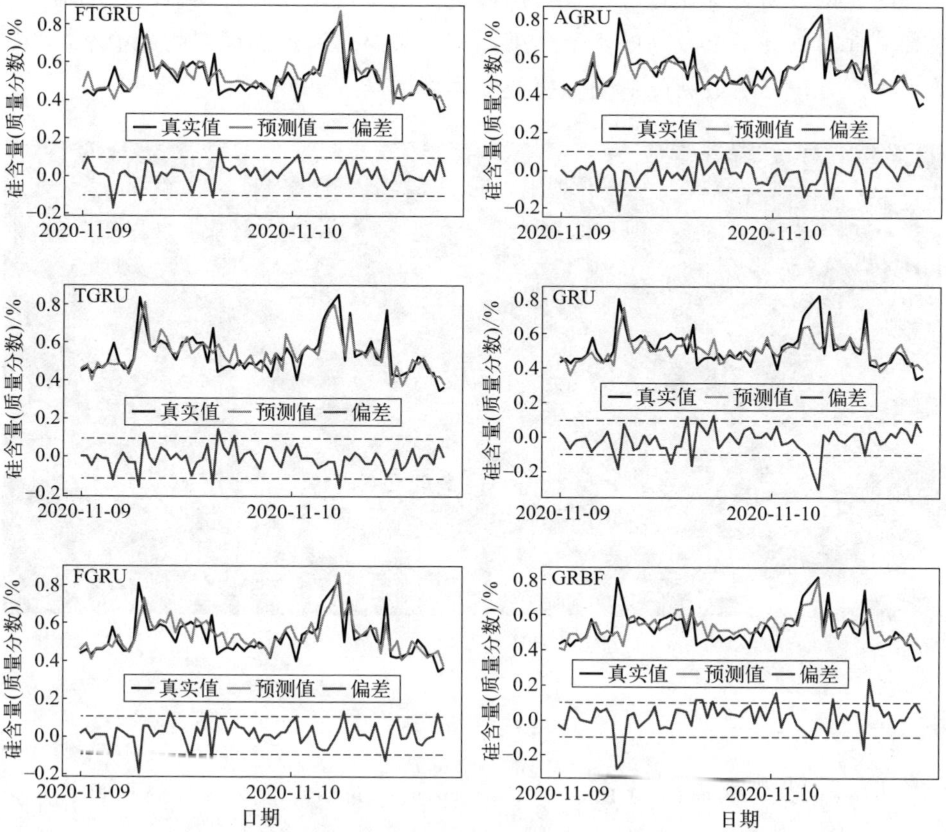

图 5.5.8　预测结果放大图

量、指导现场工人操作。模型的在线运行结果如图 5.5.10 所示，上部是高炉主要参数的实时显示，下部是硅含量的预测结果。事实上，由于原料的波动和

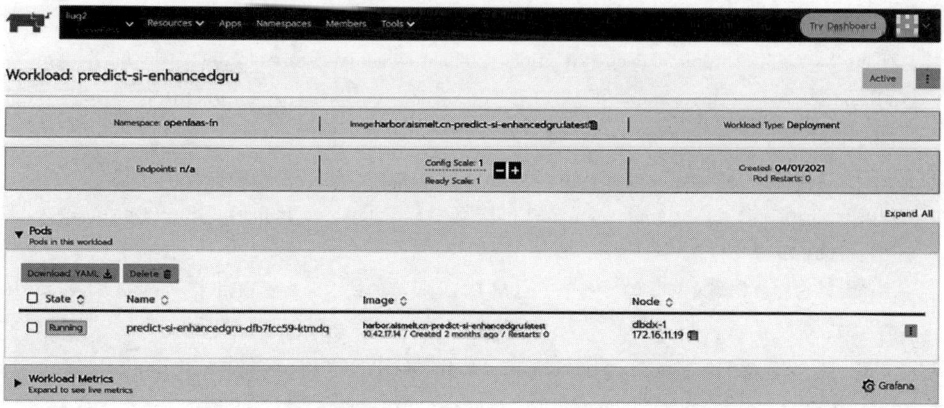

图 5.5.9　所提方法在 Rancher 平台的运行监测页面

设备的老化，高炉炼铁过程的运行条件在逐渐变化。因此，模型的预测命中率很难一直维持在一个较高的水平。因此，有必要连续计算模型的命中率，当其低于阈值时，利用最新的历史数据更新模型。

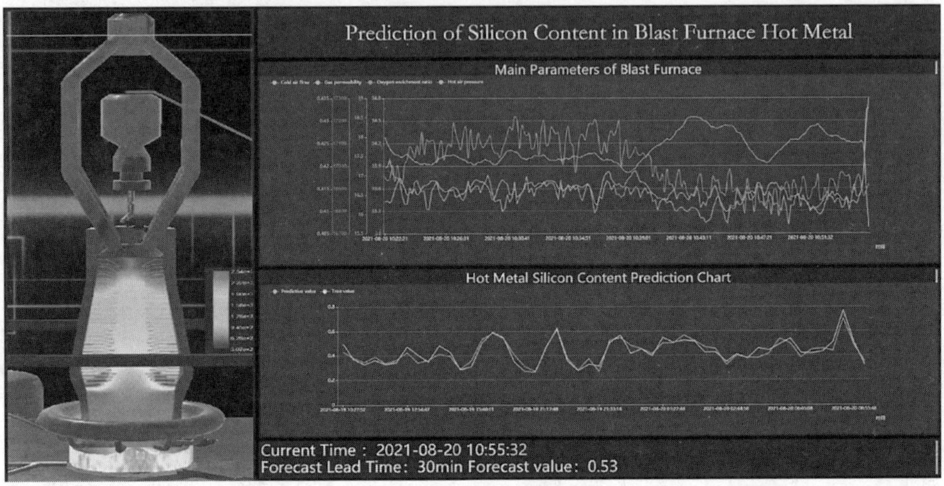

图 5.5.10　在线运行结果

参考文献

[1] Hochreiter S，Schmidhuber J. Long short-term memory [J]. Neural Computation，1997，9（8）：1735-1780.

[2] Cho K，Van Merriënboer B，Gulcehre C，et al. Learning phrase representations using RNN encoder-decoder for statistical machine translation [C] // Proceedings of the 2014 Conference on Empirical Methods in Natural Language Processing（EMNLP）. 2014.

[3] Rumelhart D E，Hinton G E，Williams R J. Learning representations by back-propagating errors [J]. Nature，1986，323（6088）：533-536.

[4] Zhang X，Ge Z. Automatic deep extraction of robust dynamic features for industrial big data modeling and soft sensor application [J]. IEEE Transactions on Industrial Informatics，2019，16（7）：4456-4467.

[5] Xie R，Hao K，Huang B，et al. Data-driven modeling based on two-stream λ gated recurrent unit network with soft sensor application [J]. IEEE Transactions on Industrial Electronics，2020，67（8）：7034-7043.

[6] 李泽龙，杨春节，刘文辉，等. 基于 LSTM-RNN 模型的铁水硅含量预测 [J]. 化工学报，2018，69（3）：6.

[7] Zhou H，Zhang H，Yang C. Hybrid-model-based intelligent optimization of ironmaking process [J]. IEEE Transactions on Industrial Electronics，2020，67（3）：2469-2479.

第6章

烧结矿质量指标软测量的循环神经网络方法

烧结矿是高炉炼铁的重要原料，其品位和质量稳定性会对高炉炼铁产生重要影响。如果烧结矿品位低且质量波动大，就会造成高炉炼铁不稳定，进而影响高炉炼铁的产量、质量和能耗。因此，有必要对烧结过程的软测量模型进行研究，从而及时预测烧结矿关键质量指标，为操作人员提供有效的指导信息，及时准确地控制生产过程，提高烧结过程的生产质量和效率。

近年来，以循环神经网络为代表的模型在处理序列数据问题上获得了广泛关注与应用。从原始 RNN 到 LSTM 和 GRU 变体，这些方法因其在解决信息传输的长期依赖性问题上的显著优势而得到快速发展。特别是具有时空注意力机制的 GRU 网络，使得模型能够更有效地将注意力集中在关键位置，显著提升了序列数据处理的精度和效率。

在本章中，以某烧结厂的烧结过程为研究对象，研究烧结矿关键质量指标的软测量方法。针对烧结过程数据的动态性、标签稀少以及多源异构性等特征，给出了动态时间特征扩展与提取的门控循环神经网络软测量模型、半监督动态时间特征扩展与提取的门控循环神经网络软测量模型、多源数据融合的烧结质量预测模型。

6.1 动态时间特征扩展与提取的门控循环神经网络

6.1.1 烧结过程质量指标

烧结工艺是将原料的铁矿粉与石灰石、焦粉、煤粉按一定比例混合，通过烧结机产生一系列物理化学变化，形成符合高炉炼铁原料要求的烧结矿。主要的化学变化是铁矿石的氧化还原反应。烧结矿生产过程的化学反应方程式如下：

$$3FeS_2+8O_2 = Fe_3O_4+6SO_2$$
$$Fe_3O_4+CO = 3FeO+CO_2$$
$$2Fe_3O_4+3SiO_2 = 3(2FeO\cdot SiO_2)+O_2$$

烧结矿作为高炉炼铁的主要原料，需要严格的质量控制。烧结矿质量可分为物理指标和化学指标。物理指标主要包括烧结矿粒度和转鼓强度；化学指标主要包括主要成分的质量分数，如 FeO、全铁、CaO、SiO_2 等。FeO 含量越高，烧结矿的还原性越差，这将影响高炉炼铁过程。如果 FeO 含量过低，烧结矿的强度就会降低。因此，实际烧结生产过程中，需要保持适当且稳定的 FeO 含量。

6.1.2 动态时间特征扩展和提取预测模型

烧结过程数据面临多时间延迟与非线性特征，因此，在不加处理的情况下使用原始特征来建立烧结矿质量预测模型，必然会带来预测误差。基于此，本节给出了一种时间扩展的动态特征提取模型。

6.1.2.1 时间滞后与差分

该模型的构建考虑了可变时滞。由于标签数据不是连续的，考虑时间依赖性的 RNN 无法获得采样间隔部分的过程动态信息。为了从采样间隔中获得更多隐式动态信息，需要考虑标签之间的过程变量。然而，模型不可能包含延时范围内的所有信息。在图 6.1.1 中，FeO 含量上下波动，这不符合宽平稳时间序列的特征。通过一阶差分 $\Delta x_t=x_t-x_{t-1}$ 处理之后，序列呈现出平稳性。为准确描述其平稳性，本节引入了自相关函数。对于平稳时间序列，自相关函数图通常随着阶数的增加迅速衰减到接近零；而对于非平稳时间序列，自相关函数图可能先减小后增加或周期性波动，随着时间序列阶数的增加，自相关函数图并未迅速衰减到 0 左右，表现出拖尾效应。结合机理分析发现，部分原始特征是一段时间内的累积值。因此，本节使用一阶差分来消除非平稳性，以便更好地提取其动态特性。在实际过程中，一阶差分处理也方便可行，预测值的意义是相对于前一时刻数值的变化量，具有可解释性。

6.1.2.2 时间扩展与序列化

为了充分利用未标记数据建立模型，本节根据时间轴扩展数据以获得更多特征。然而，由于模型的局限性，如果不设置限制就很难扩展。因此，应根据时间延迟限制扩展的幅度，以获得最佳拟合效果。扩展和序列化数据的方法如

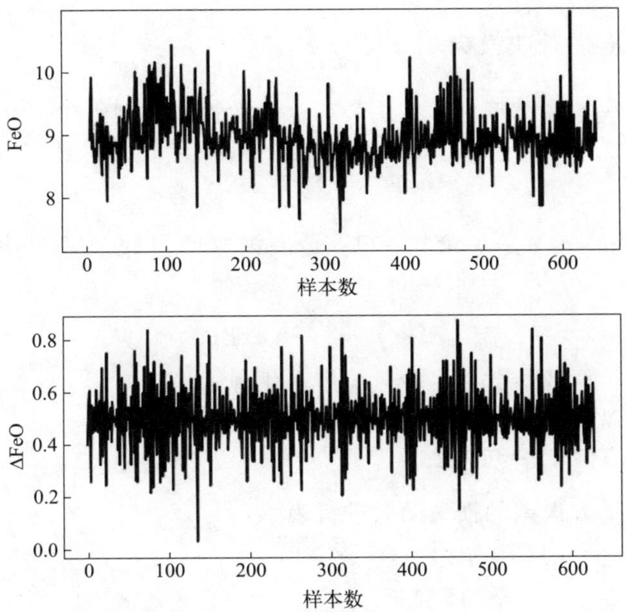

图 6.1.1　FeO 与 ΔFeO 数据图

图 6.1.2 所示。$\boldsymbol{V}_1$、$\boldsymbol{V}_2$、$\boldsymbol{V}_3$ 表示过程变量，$\boldsymbol{Q}$ 表示质量变量。在 t_4 时，q_{t4} 质量变量的对应过程变量为 v_{14}、v_{24}、v_{34}。然而，由于过程变量和质量变量之间存在时滞，通常需要追溯质量变量 $\boldsymbol{Q}_4$ 的相应过程变量 $\boldsymbol{V}_1$、$\boldsymbol{V}_2$、$\boldsymbol{V}_3$。因为 $\boldsymbol{V}_1$ 有三个时滞单位，$\boldsymbol{V}_2$ 有两个时滞单位，$\boldsymbol{V}_3$ 有一个时滞单位，所以 $\boldsymbol{Q}_4$ 对应于 v_{11}、v_{22}、v_{33}。因此，为了准确预测质量变量 $\boldsymbol{Q}_4$，将每个过程变量的值从当前时间扩展并序列化到各自的时滞，以构造输入序列。

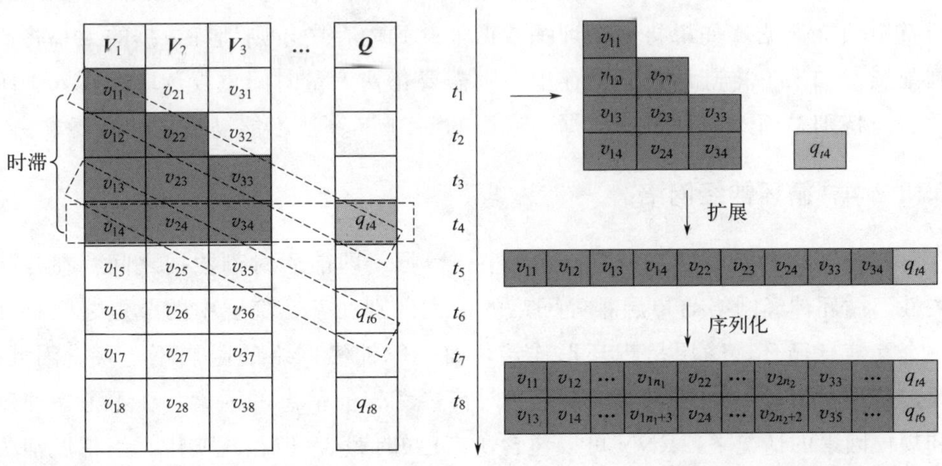

图 6.1.2　时间序列数据的扩展与序列化示意图

6.1.2.3 梯度提升决策树

梯度提升决策树模型由多棵决策树构建的加法模型组成。

$$f_m(x)=\sum_{m=1}^{M}T(x;\Theta_m) \tag{6.1.1}$$

其中，$T(x;\Theta_m)$是决策树；Θ_m 是决策树的参数；M 是决策树的数量。M 步的模型是：

$$f_m(x)=f_{m-1}(x)+T(x;\Theta_m) \tag{6.1.2}$$

下一个决策树的参数由经验风险最小化规则确定：

$$\hat{\Theta}_m=\underset{\Theta_m}{\arg\min}\sum_{i=1}^{N}L[y_i,f_{m-1}(x_i)+T(x_i;\Theta_m)] \tag{6.1.3}$$

使用平均平方误差的损失函数进行表示：

$$L[y_i,f_{m-1}(x_i)+T(x_i;\Theta_m)]=[y_i-f_{m-1}(x_i)-T(x_i;\Theta_m)]^2 \tag{6.1.4}$$

以当前模型损失函数的负梯度作为残差的近似值：

$$r=y_i-f_{m-1}(x_i)\approx-\left\{\frac{\partial L[y_i,f(x_i)]}{\partial f(x_i)}\right\}_{f(x)=f_{m-1}(x)} \tag{6.1.5}$$

通过以上算法迭代更新可以建立一个确定的决策树模型。

轻量级梯度提升机（LightGBM）[1] 是对梯度提升决策树（GBDT）和极限梯度提升（XGBoost）算法[2] 的改进。在许多方面，XGBoost 的性能将优于 GBDT。它具有以下优点：训练效率更快，内存使用率低，准确性更高，支持并行学习，可以处理大规模数据。在每次迭代中，GBDT 算法需要多次遍历整个训练数据。如果将整个训练数据加载到内存中，则训练数据的大小将受到限制。如果不将其加载到内存中，则需要花费大量时间重复读取和写入训练数据。特别是面对海量工业数据，通用的 GBDT 算法不能满足其性能要求。

6.1.2.4 循环神经网络

RNN（循环神经网络）擅长处理序列数据，即前后时刻数据之间存在自相关性。循环神经网络与单层神经网络的最大区别在于，隐层中的节点之间存在一个互信息循环，隐层呈现环形连接，而一般神经网络的隐层不连接。因此，通过这种结构，RNN 在计算当前信息时将参考先前信息的因素。在不考虑速度和规模因素的情况下，RNN 可以包含所有已知信息。但在现实中，当梯度消失或梯度爆炸时，RNN 很难传输遥远的信息。由于 RNN 模型中存在一些问题，人们提出了许多基于 RNN 的改进方法，其中 LSTM 和 GRU 是两种更好的变形。为了解决梯度消失或爆炸的问题，在梯度下降算法中，我们希望每层计算的梯度乘积保持在 1 附近[3]。目前，有效的方法是采用门控 RNN 系列。例如，LSTM 模型通过调节门控单元的参数，其中的线性自连接部分的权重便可以自动适应更新。LSTM 单元由输入门、输出门、遗忘门和存储单元组成，以改善 RNN 中隐层节点的连接。GRU 网络在 LSTM 网络的基础上简化了 LSTM 的三个门控单元，只使用了两个门。将 LSTM 的输入门和遗忘门合并为更新门，将存储单元简化为隐藏状态。在继承 LSTM 效果的同时，结构更简单。GRU 模型中只有两个门控单元，分别是更新门 z_t 和重置门 r_t。更新门用于控制前一时刻的状态信息进入当前状态的程度。更新门的值越大，引入前一时刻 h_{t-1} 的状态信息越多。重置门用于控制忽略前一时刻 h_{t-1} 的状态信息的程度。重置门的值越大，被忽略的信息越多。GRU 结构示意图及相应计算公式见第 5 章。

6.1.2.5 动态时间特征扩展和提取预测模型

本节给出的动态时间特征扩展和提取预测模型的训练步骤包括预处理、时间特征提取和时间回归。首先将原始过程信息分为作为自变量的过程变量与作为因变量的质量变量，并进行预处理。然后进行时间特征的提取，包括时间差分、时间滞后性、时间序列扩展与序列化。接下来利用模型嵌入的特征提取与模型过滤的特征提取得到动态时间特征。最终，利用时间序列回归器 GRU 网络训练并更新权重，得到预测输出。动态时间特征扩展和提取（DTFEE）预测模型的流程图如图 6.1.3 所示。

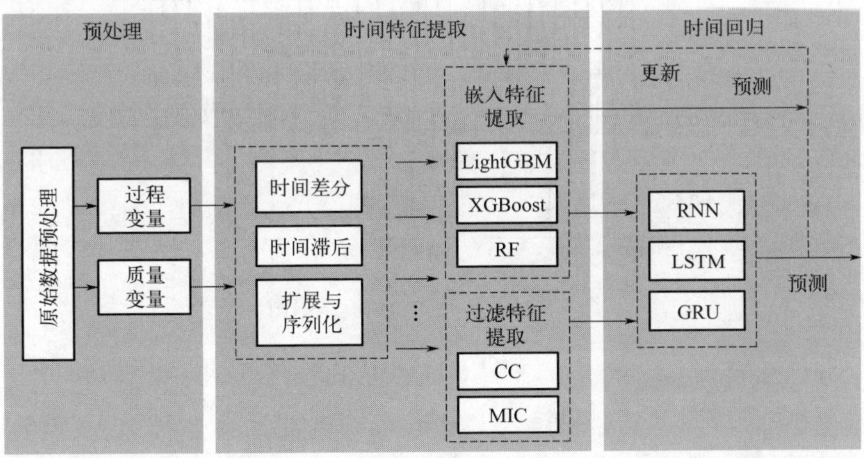

图 6.1.3 DTFEE 图

RF—随机森林；CC—相关系数；MIC—最大信息系数

6.1.3 案例分析

6.1.3.1 数值实验

在本节的实验中，通过 MSE 评估预测模型的准确性，其中 y_i、$\hat{y}_i$ 分别表示真实值与预测值，n 表示测试样本的数量。

$$\mathrm{MSE}=\frac{1}{n}\sum_{i=1}^{n}(y_i-\hat{y}_i)^2 \tag{6.1.6}$$

本节构造了一个非线性动态过程，见式(6.1.6)～式(6.1.10)，该过程具有非线性、时滞性、动态性等特性。该过程输入为 $X(t)=\{x_1(t),x_2(t),x_3(t)\}$，过程输出为 $y(x_1,x_2,x_3,t)$。在数值仿真的构建中，共生成 600 组数值样本，其中 500 组用于训练模型，100 组用于测试 DTFEE 方法的有效性。然而，由于条件限制，本节构造的变量较少，实际工业过程非常复杂，该示例无法充分反映烧结过程的特点，数值例子仅用于比较本节给出方法的效果。效果如图 6.1.4 所示。在这个数值例子中，本节给出的 DTFEE 框架模型具有更快的收敛速度和更高的预测精度。DTFEE 框架模型在测试集上的 MSE 为 0.0081，而作为对比的 GRU 模型的测试集 MSE 为 0.0094。

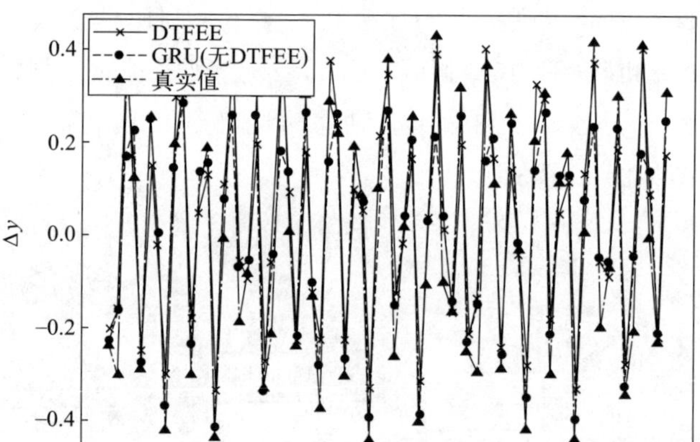

图 6.1.4 数值实验预测结果图

$$y(x_1,x_2,x_3,t)=x_1(t)+x_1(t-3)+\sin[x_2(t)-5]+x_3(t)-1 \tag{6.1.7}$$

$$x_1(t)=\sin t+e_1(t) \tag{6.1.8}$$

$$x_2(t)=\cos t+e_2(t) \tag{6.1.9}$$

$$x_3(t)=0.9^t+1.001^{t\bmod 150}+e_3(t) \tag{6.1.10}$$

式中，mod 指模运算；$e(t)$ 指时间 t 的随机噪声或误差项。

6.1.3.2 实例分析

用于工业实例验证的数据集收集自某钢铁集团公司的烧结厂。该烧结厂的车间包含一台 360m^2 的带式烧结机，以及料仓、输送、冷却和其他设备。本实验从离散控制系统导出了大约两个月的数据作为原始数据记录。原始数据中约有 100000 条记录，每条记录有 130 个变量。然后对原始数据进行预处理。作为标签数据的 FeO 由于是化验所得，因此具有较长的采样周期和滞后性，导致记录数量较少，仅约 600 条。根据图 6.1.2 对所有变量进行时间扩展，以充分挖掘未标记数据的动态特性。结合时间扩展、时间差分和时间序列化，生成了 600 组原始数据。输入变量如表 6.1.1 所示。

表 6.1.1 输入变量表

编号	过程变量	单位
1	料层厚度	mm
2	点火温度	℃
3	风箱负压	kPa
4	风箱温度	℃
5	传送带质量流量	t/h
6	加水量	m^3/h
编号	质量变量	单位
1	FeO 含量(质量分数)	%

烧结过程原始数据具有多种数据特征，各变量数据的特征各不相同。为了获得更好的特征提取效果和回归精度，本次实验对原始数据进行了一阶差分处理。经过一阶差分处理后，FeO 变量基本符合平稳序列的特征。接下来，对每个变量进行最大最小归一化，将输入缩放到 [0,1] 区间。由于初始特征维数有 130 维，实验前需要选择特征，即降维。本次实验使用相关系数（CC）、最大信息系数（MIC）、随机森林（RF）[4]、XGBoost、LightGBM 进行特征选择。同时也计算数据最合适的时间滞后，以获得更好的模型预测效果。然后，根据图 6.1.2，进行时滞处理并重构，并研究不同处理方法的影响。本次实验使用不同特征选择模型获得的数据作为回归的输入，并进行比较。相关系数如图 6.1.5 所示，筛选后各特征箱形图如图 6.1.6 所示。经过预处理的数据集由 630 组 130 个维度组成，分为 85%的训练集（其中 20%用于交叉验证）

和15%的测试集。

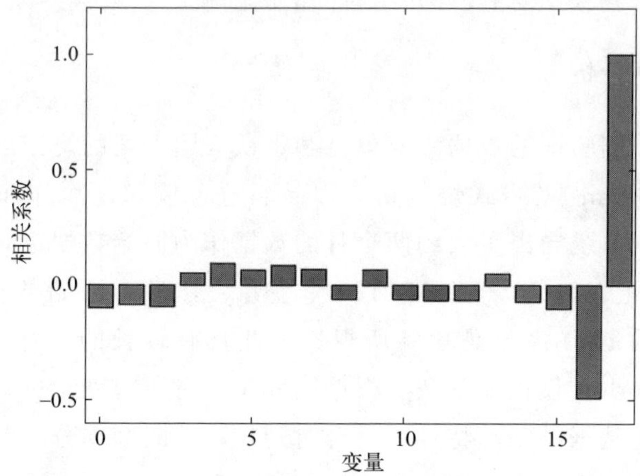

图 6.1.5　FeO 变量与其余输入变量的相关系数图

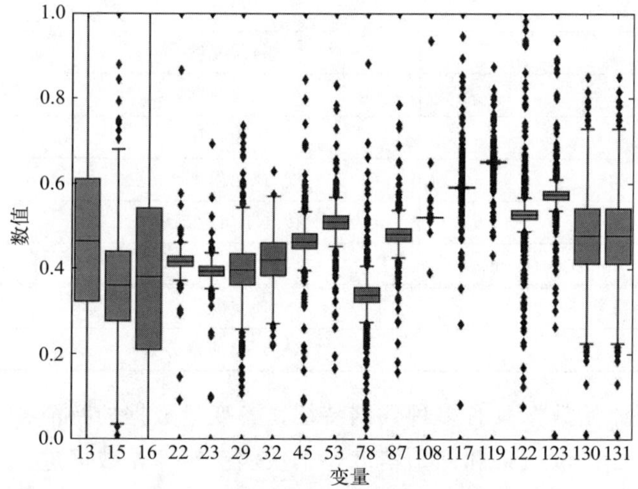

图 6.1.6　筛选后各特征的箱形图

首先用于对比的特征提取方法有 CC、MIC、LightGBM、RF、XGBoost，回归模型有 LightGBM、RF、XGBoost、RNN、LSTM、GRU。其中，LightGBM、RF 和 XGBoost 方法不仅可以用于特征提取，还可以用于建立回归预测模型。实验结果如表 6.1.2 及图 6.1.7～图 6.1.9 所示。对各种特征提取方法和回归方法进行了组合实验，每组实验进行 5 次。可以发现，GRU 模型回归的效果最好，在 LSTM 模型的效果近似，而在 RNN 模型中较差。公平起见，本实验中所有方法的输入特征维数都是 16。基于相关系数（CC）的特征选择方法的效果类似于几种基于决策树的方法，而 MIC 方法的效果相对较差。从以上实验结果中选取性能较好的模型构建本节的预测框架。

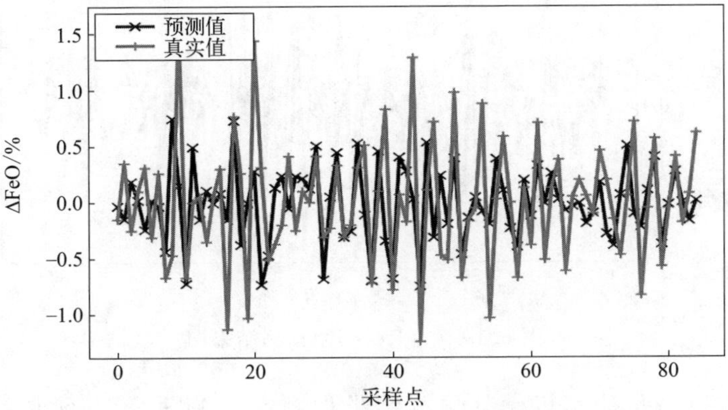

图 6.1.7　RNN 模型预测结果图

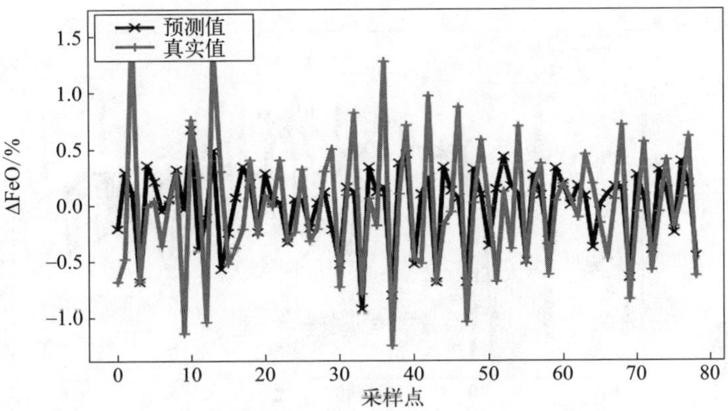

图 6.1.8　随机森林（RF）模型预测结果图

表 6.1.2　不同方法预测值 MSE 指标

方法	RNN	LSTM	GRU	单一模型
CC	0.274	0.207	0.199	
MIC	0.285	0.227	0.233	
RF	0.249	0.210	0.199	0.225
XGBoost	0.261	0.208	0.200	0.211
LightGBM	0.260	0.203	0.202	0.210

为了进一步验证，本实验建立了一个不基于 DTFEE 框架构建的 GRU 预测模型，其预测结果如图 6.1.10 所示。由于缺乏动态时间特征信息，FeO 含量预测效果较差。而基于 DTFEE 框架来构建的预测模型（DTFEE-GRU），

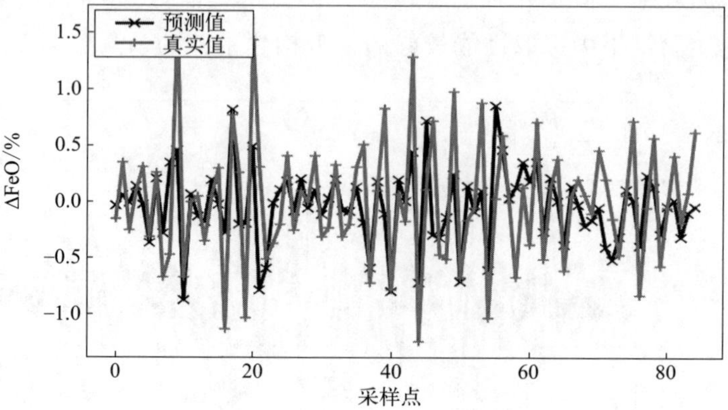

图 6.1.9　GRU 模型预测结果图

可以有效地提高预测精度，其预测结果如图 6.1.11 所示。预测效果对比如表 6.1.3 所示。图 6.1.12 显示了预测值和实际值的散点图。

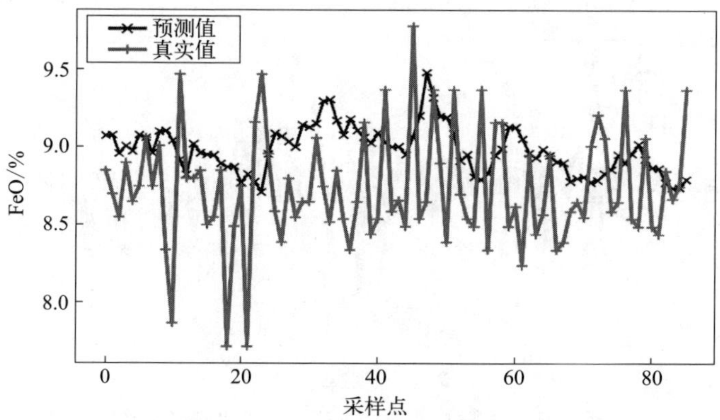

图 6.1.10　GRU 模型预测结果图

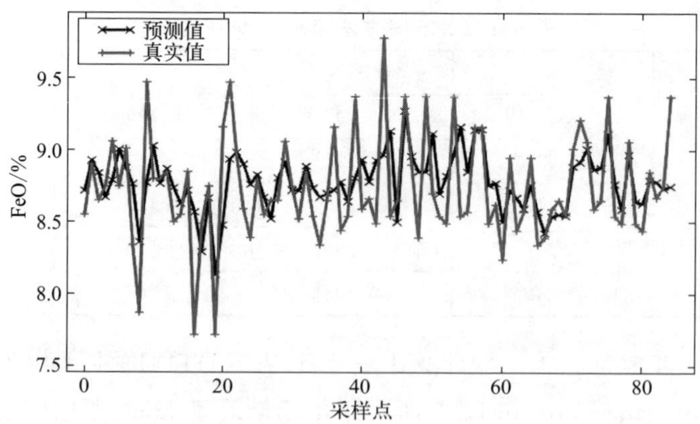

图 6.1.11　DTFEE-GRU 模型预测结果图

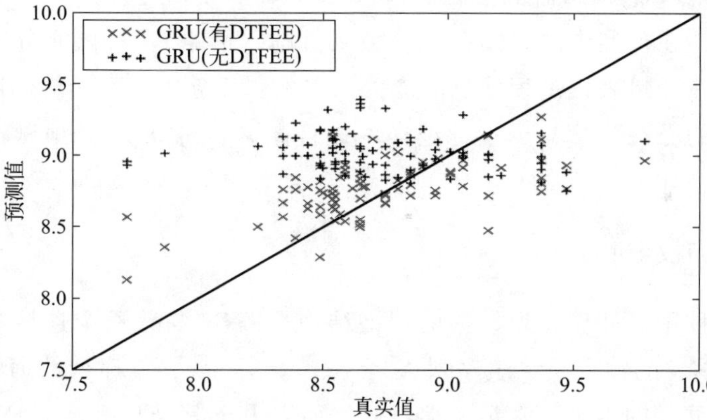

图 6.1.12　预测散点图对比

表 6.1.3　不同框架预测值 MSE 指标

方法	RNN	GRU	LightGBM
无 DTFEE	0.443	0.338	0.295
有 DTFEE	0.271	0.206	0.210

6.2　半监督动态时间特征扩展与提取的门控循环神经网络

在烧结过程中，由于需要离线化验，往往难以实时获取关键质量变量，因此缺乏指导生产过程的实时信息。并且化验频次限制使得质量变量的标签数据太少，导致传统软测量模型的性能较差。因此本节给出了一种基于半监督动态时间特征扩展和提取的编码器-解码器框架，来预测铁矿石烧结过程中的 FeO 含量等参数。该框架可以有效地使用大量未标记的数据来获取工业过程信息。编码器-解码器模型由加权 BiLSTM 构建，可以更好地学习双向时间序列隐藏信息。未标记数据基于预训练-微调策略获得网络结构和权重，其中包含过程隐藏层信息。在微调策略下，将预训练得到的隐藏层信息与标记数据一起训练，得到比监督学习更好的预测效果。实际烧结过程的对比实验结果表明，本章给出的模型相比有监督模型具有更好的预测精度和稳定度，验证了该方法提高预测效果的有效性。

6.2.1　半监督动态时间特征扩展和提取模型

本节给出了用于 FeO 预测的半监督动态时间特征扩展和提取模型（SS-

DTFEE)。编码器-解码器框架由加权 BiLSTM 单元构建。针对工业数据标签较少的特点，在模型中加入预训练和微调机制（策略），可以充分提取过程信息，提高潜在变量表达过程信息的能力。在预测任务中，重构解码网络，利用预训练得到的潜在变量与少量标记样本进行微调，得到 FeO 预测输出。该方法的具体内容如下。

6.2.1.1 加权 BiLSTM

作为一种用于处理序列数据的网络结构，RNN 与普通全连接神经网络的区别在于 RNN 的输入是一组序列 $\boldsymbol{X}_t=(\boldsymbol{x}_1,\boldsymbol{x}_2,\cdots,\boldsymbol{x}_n)$，序列数据的时间相关性可以通过重复的 RNN 单元来学习。然而，由于其结构简单，RNN 仅通过循环神经单元细胞的重复循环来处理数据，因此在处理较长输入序列的长时记忆信息时无法记住 $\boldsymbol{x}_1$ 的输入信息。当输入时间序列过长时，由于梯度消失，早期输入信息很难传递到循环计算的最后一个时间步。

为了克服 RNN 的这些缺点，研究人员提出了 LSTM 来解决长期依赖问题。LSTM 由细胞状态、输入门、遗忘门和输出门组成，如图 6.2.1 所示。通过选择性地让信息流过门结构，LSTM 可以更好地处理时间序列的长期依赖性。LSTM 的计算公式如下：

$$\boldsymbol{f}_t=\sigma(\boldsymbol{W}_f\times[\boldsymbol{h}_{t-1},\boldsymbol{x}_t]+\boldsymbol{b}_f) \tag{6.2.1}$$

$$\boldsymbol{i}_t=\sigma(\boldsymbol{W}_i\times[\boldsymbol{h}_{t-1},\boldsymbol{x}_t]+\boldsymbol{b}_i) \tag{6.2.2}$$

$$\widetilde{\boldsymbol{C}}_t=\tanh(\boldsymbol{W}_c\times[\boldsymbol{h}_{t-1},\boldsymbol{x}_t]+\boldsymbol{b}_c) \tag{6.2.3}$$

$$\boldsymbol{C}_t=\boldsymbol{f}_t\times\boldsymbol{C}_{t-1}+\boldsymbol{i}_t\times\widetilde{\boldsymbol{C}}_t \tag{6.2.4}$$

$$\boldsymbol{o}_t=\sigma(\boldsymbol{W}_o\times[\boldsymbol{h}_{t-1},\boldsymbol{x}_t]+\boldsymbol{b}_o) \tag{6.2.5}$$

$$\boldsymbol{h}_t=\boldsymbol{o}_t\times\tanh\boldsymbol{C}_t \tag{6.2.6}$$

其中，$\boldsymbol{b}$ 表示偏置项。

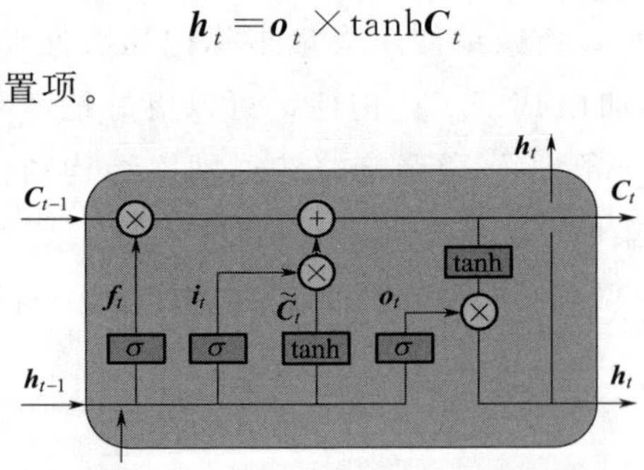

图 6.2.1 LSTM 单元结构示意图

虽然 LSTM 使用门单元来控制前向信息流，但其对于长序列学习的处理效果仍有提升空间。BiLSTM 使用双向双层结构的设计[5]，前向层使用前向传播 $\boldsymbol{X}_f=(\boldsymbol{x}_1,\boldsymbol{x}_2,\boldsymbol{x}_3,\cdots,\boldsymbol{x}_n)$，后向层的输入是前向层输入的逆序 $\boldsymbol{X}_b=(\boldsymbol{x}_n,\boldsymbol{x}_{n-1},\boldsymbol{x}_{n-2},\cdots,\boldsymbol{x}_1)$。BiLSTM 将前向层和后向层连接在一起作为输出，然而两个方向保存的信息比例无法调整，容易使网络趋向于某一个方向。本实验设计了一个加权单元，通过参数 ω 来调整双向信息融合的比例。加权 BiLSTM 的状态向量计算公式如下：

$$\boldsymbol{h}=\boldsymbol{h}_f+\omega\boldsymbol{h}_b \tag{6.2.7}$$

这使得模型具有更灵活的双向时序信息学习能力。加权单元可以更好地获取序列开头的信息，将两层的输出信息加权拼接得到加权 BiLSTM 模型的输出，如图 6.2.2 所示。

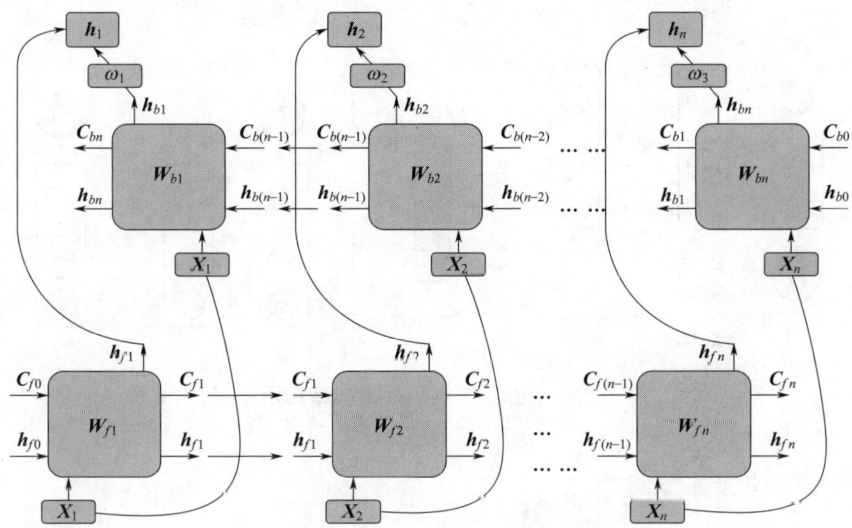

图 6.2.2 加权 BiLSTM 单元示意图

6.2.1.2 编码器-解码器模型

编码器-解码器模型常见于机器翻译领域，机器翻译研究将一个语言序列转换成另一个语言序列的问题。在本实验中，该技术扩展到工业领域。输入序列可以是工业时序数据、图像、音频等，输出序列也是工业时序数据、图像、音频等，可以解决不同数据类型的问题，这类问题也被称为序列到序列问题。本节将工业时间序列（时序）数据作为编码器-解码器模型的输入与输出。针对时间相关性，使用最广泛的编码器是循环神经网络（RNN）结构。在训练的时候，RNN 会遇到梯度爆炸或者梯度消失的问题，导致效果较差。因此，本节使用改进的 BiLSTM 来处理输入序列 $\boldsymbol{X}$，输入序列被编码器编码为隐藏

状态向量 $\boldsymbol{h}$。解码器部分使用编码器生成的隐藏状态向量作为输入，对目标工业时间序列数据进行解码。与编码器一样，该框架采用 BiLSTM 神经网络构建解码器模型，模型输出 $\hat{\boldsymbol{X}}$ 用于重构输入序列 $\boldsymbol{X}$。编码器-解码器模型希望输入序列 $\boldsymbol{X}$ 的重建误差尽可能小，即解码的 $\hat{\boldsymbol{X}}$ 应尽可能接近 $\boldsymbol{X}$。损失函数是 $\hat{\boldsymbol{X}}$ 和 $\boldsymbol{X}$ 的均方差。优化目标是在最小化损失函数的条件下，找到编码器和解码器的拟合模型 f 和 g。编码器-解码器模型结构如图 6.2.3 所示。

$$\hat{\boldsymbol{x}}_i = g[f(\boldsymbol{x}_i)] \tag{6.2.8}$$

$$L\{\boldsymbol{x}, g[f(\boldsymbol{x})]\} = \|\boldsymbol{x} - g[f(\boldsymbol{x})]\|^2 \tag{6.2.9}$$

$$f, g = \underset{f,g}{\operatorname{argmin}} L\{\boldsymbol{x}, g[f(\boldsymbol{x})]\} \tag{6.2.10}$$

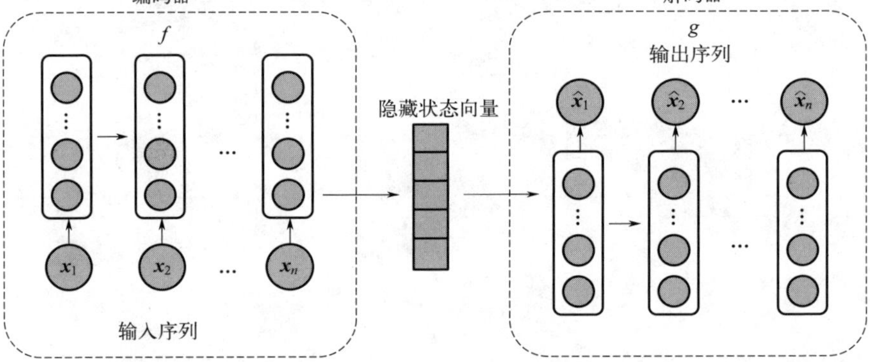

图 6.2.3 编码器-解码器模型结构示意图

6.2.1.3 预训练微调

预训练方法是使用数据集 D_{a} 和任务 A 预训练网络，在数据集 D_{a} 上学习网络参数，然后将网络结构和参数保存下来。当面对新数据 D_{b} 和任务 B 时，便可以采用相同的网络结构进行训练。在初始化网络参数时，可以加载由数据 D_{a} 学习到的网络结构参数，并随机初始化新结构的其他参数。然后，使用任务 B 的训练数据 D_{b} 对网络进行训练。面对不同的任务目标，本实验可以选择参数学习策略。当加载的用于初始化网络的结构参数保持不变时，称为冻结。当加载的参数随着任务 B 的训练而不断变化时，称为微调，即调整参数使其更适合当前任务 B 的特性。在微调训练模型的过程中，通常使用比训练一般模型较小的学习速率。

微调模型的方法：

① 特征提取器。在该策略下，整个预训练模型被用作特征提取器。即去

除预训练模型的输出层，保留其余部分的结构和参数，无需训练其参数，将新数据集输入其中以获得提取的特征。

② 保留预训练模型的结构和参数。该策略保留了预训练模型的结构，但首先要将所有权重随机化，然后根据其自己的数据集进行训练。

③ 训练特定层和冻结其他层。该策略使用预训练模型并对其进行微调。保持模型顶部某些层的权重不变，将其设置为不用于训练，并重新训练其他层以获得新权重。一般来说，如果数据集较小且与原始预训练集相似，则冻结层的数量可以较多，再训练层的数量可以较少。本实验模型中采用了这种微调策略。预训练-微调结构图如图 6.2.4 所示，预训练模型和微调模型的公式如下所示。N_1 是标记数据集 D_1 的样本数，N_u 是未标记数据集 D_u 的样本数。

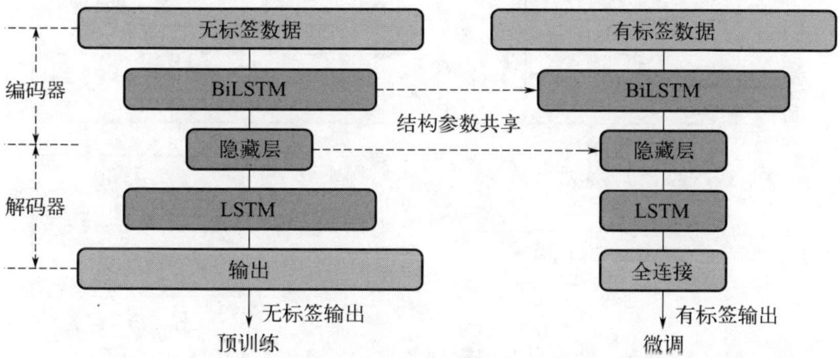

图 6.2.4 基于预训练-微调方法的半监督编码器-解码器模型的简要流程图

预训练：

$$\hat{\boldsymbol{x}}_i = g_1[f_1(\boldsymbol{x}_i)] \tag{6.2.11}$$

$$L(\boldsymbol{x}, \hat{\boldsymbol{x}}) = \frac{1}{N_1 + N_u} \sum \| \boldsymbol{x} - \hat{\boldsymbol{x}} \|^2 \tag{6.2.12}$$

$$f_1, g_1 = \underset{f_1, g_1}{\operatorname{argmin}} L\{\boldsymbol{x}, g_1[f_1(\boldsymbol{x})]\} \tag{6.2.13}$$

微调：

$$\hat{\boldsymbol{y}}_i = g_2[f_2(\boldsymbol{x}_i)] \tag{6.2.14}$$

$$L(\boldsymbol{y}, \hat{\boldsymbol{y}}) = \frac{1}{N_1} \sum \| \boldsymbol{y} - \hat{\boldsymbol{y}} \|^2 \tag{6.2.15}$$

$$f_2, g_2 = \underset{f_2, g_2}{\operatorname{argmin}} L\{\boldsymbol{x}, g_2[f_2(\boldsymbol{x})]\} \tag{6.2.16}$$

6.2.1.4 半监督动态时间特征扩展和提取框架

烧结过程的动态时间特征扩展和提取框架，包括特征选择、时间滞后、时间差分、时间序列化[6]。在特征选择部分，使用相关系数和最大信息系数对变量进行降维。LightGBM、XGBoost 和随机森林用作集成的特征提取器。差分处理可以消除时滞和非平稳性。由于不同特性的延时会随工况的改变而变化，因此传统的静态时滞处理是无效的。本实验使用集成加权 BiLSTM 编码器-解码器模型将时滞的学习嵌入在序列模型中，时间序列化生成序列输入，并通过滑动窗口构造训练集。数据集的组成由输入序列的长度决定，并分为未标记数据集 D_u 和标记数据集 D_l。时间序列数据的扩展与序列化如图 6.2.5 所示，这可以有效地提取原始数据的序列特征。

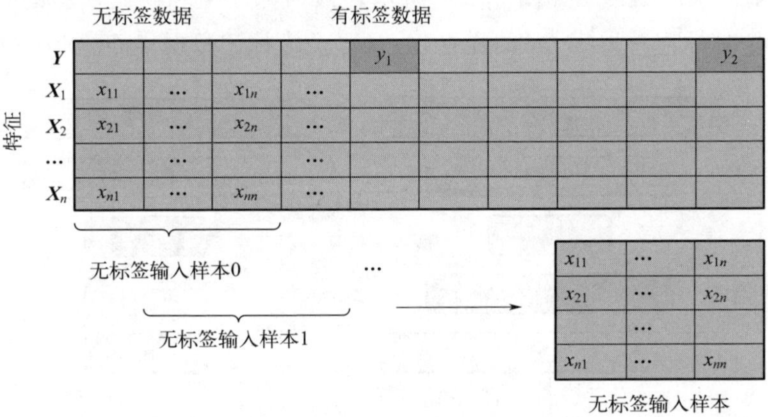

图 6.2.5　时间序列数据的扩展与序列化

本实验通过动态时间特征提取建立了端到端模型，使模型能够自动学习和调整延迟。与手动计算静态和动态延时相比，具有更好的实用性，便于在线操作。自监督编码器由本节给出的加权 BiLSTM 单元构成，解码器由 LSTM 构成。半监督编码器由加权 BiLSTM 单元构成，解码器由 LSTM 和全连接层构成。编码器-解码器模型添加了预训练和微调机制，充分利用未标记的过程信息进行自学习。该模型使用学习的过程隐藏信息来提高标记数据的预测效果，并构建了一个半监督学习框架，如图 6.2.6 所示。

6.2.2　案例分析

6.2.2.1　数据集介绍

本实验中使用的数据集收集于某钢铁企业的烧结厂。该工厂有一台 360m^2 的带式烧结机，长 90m，宽 4m。数据从烧结厂的分布式控制系统（DCS）收集，如图 6.2.7 所示。具有不同功能的可编程逻辑控制器（PLC）从烧结机的

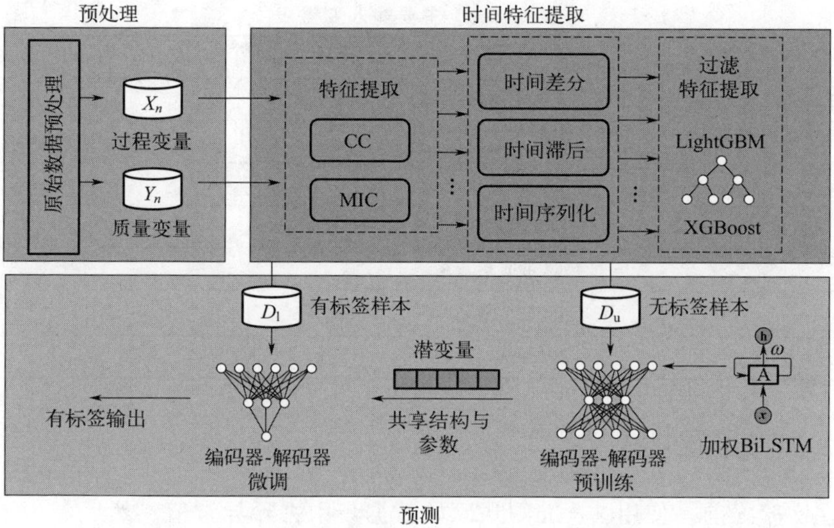

图 6.2.6 半监督动态时间特征提取框架结构图

传感器收集数据到分布式控制系统中。PLC 可以实现一些基本的自动化功能，如配料控制、点火控制、机器速度控制等。DCS 每秒收集一组原始数据，并将其存储在数据库中。用于实验的数据集在两个月内收集，约 101400 条记录和 432 个变量，包括 320 组标记数据，其余为未标记数据，标记数据通过每天四次手动采样和测试获得。由于 FeO 化验成本高、测试周期长，标记数据相对稀少和珍贵。然后对原始数据进行预处理。如上所述，FeO 作为标记数据具有较长的采样周期，导致记录较少，仅约 320 条。我们对所有变量进行时间扩展，以充分挖掘未标记数据的动态特征。结合时间扩展、时间差分和时间序列化，生成 300 组原始数据。主要输入变量如表 6.2.1 所示。

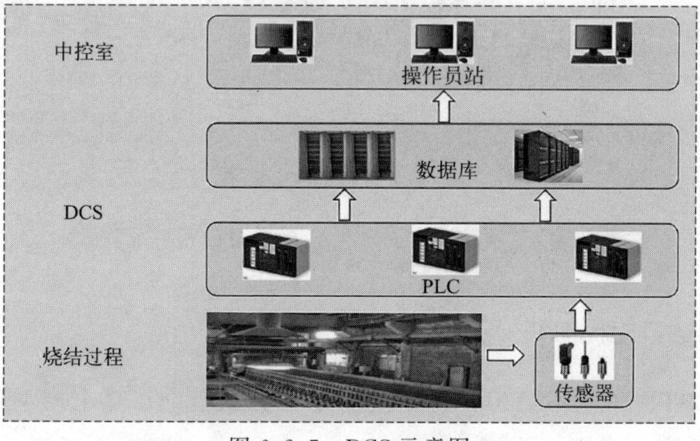

图 6.2.7 DCS示意图

表 6.2.1　主要输入变量表

序号	变量	单位
1	料层厚度	mm
2	点火温度	℃
3	风箱负压	kPa
4	风箱温度	℃
5	传送带质量流量	t/h
6	加水量	m^3/h
7	FeO 成分含量(质量分数)	%

6.2.2.2　数据预处理

在实验之前，使用 3-σ 准则从原始数据集中去除异常值。然后，为了训练后一个神经网络，执行 0-1 min-max 归一化预处理并缩放到[0,1]区间。原始数据的初始特征有 431 维，其中包括许多冗余和无效特征。为了提高模型的训练效率和精度，需对数据完成特征选择。特征选择可使用相关系数和最大信息系数。LightGBM、XGBoost 和 RF 可以用作集成的特征提取器[4]。FeO 相关性如图 6.2.8 所示。共选取 FeO 相关系数大于 0.1 的 36 个变量，训练集 $\boldsymbol{X}$ 的输入维度为 36。所选变量的箱形图如图 6.2.9 所示。然后，进行延时和差分处理，通过序列化生成序列输入，并构建训练集，这可以有效地提取数据的动态时间特征。

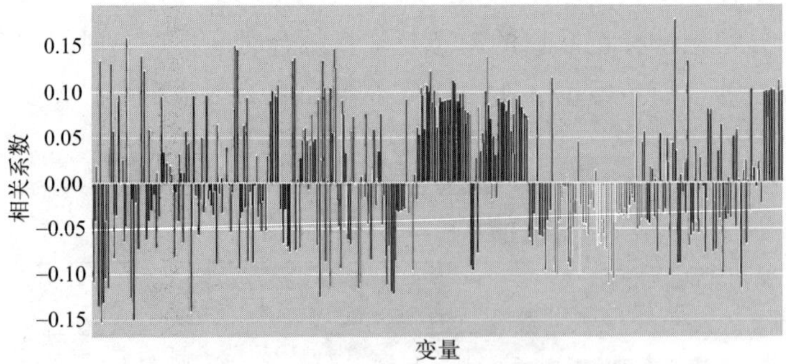

图 6.2.8　原始采集变量与 FeO 含量的相关系数图

6.2.2.3　结果对比分析

除了 LSTM 和 BiLSTM，还提供了 6 个测试模型。每个模型训练 10 次，取评价指标的平均值作为记录，如表 6.2.2 所示。将 6 个模型 10 次实验的

HR 绘制成箱形图，如图 6.2.10 所示。

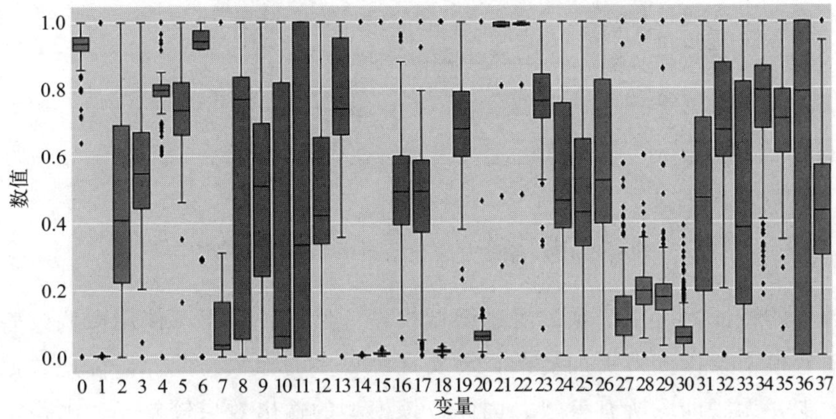

图 6.2.9　筛选后变量的分布箱形图

表 6.2.2　不同方法预测值评价指标

序号	方法	MSE	MAE	HR
1	LSTM	0.063	0.207	0.695
2	BiLSTM	0.061	0.209	0.691
3	编码器-解码器-LSTM+LSTM	0.061	0.201	0.669
4	编码器-解码器-BiLSTM+LSTM	0.071	0.211	0.593
5	编码器-解码器-LSTM+LSTM-PF	0.059	0.203	0.739
6	编码器-解码器-BiLSTM+LSTM-PF	0.048	0.182	0.813

注：1. MAE—平均绝对误差。

2. 编码器-解码器-LSTM+LSTM 是一种基于 LSTM 的编码器-解码器架构的扩展；

编码器-解码器-BiLSTM+LSTM 是在上一个模型基础上在编码器中使用 BiLSTM 的版本；

编码器-解码器-LSTM+LSTM-PF 是指采用预训练-微调机制优化 LSTM 编码器-解码器架构；

编码器-解码器-BiLSTM+LSTM-PF 是指采用预训练-微调机制优化编码器-解码器-BiLSTM+LSTM 的模型架构。

相比之下，本节给出的模型（方法 6）取得了不错的效果。基本的 LSTM 模型和 BiLSTM 模型只使用标记数据集 D_l。由于数据集较小，模型很难学习到足够的信息，因此模型的预测精度不足。

作为对比的编码器-解码器模型，两组只使用预训练策略，预训练数据集为未标记数据集 D_u。通过无标签（未标记）数据的自学习，从众多无标签数据中获取过程的隐藏信息，并将这些信息与标签（标记）数据一起传递给预测网络。解码器输出序列的长度为 20，即重构时间序列的长度是 20。最后五个时间步长序列的长度如图 6.2.11 所示，说明了本实验中编码器-解码器模型的输出重构输入序列的效果良好。编码器-解码器模型的隐向量中提取到的烧结

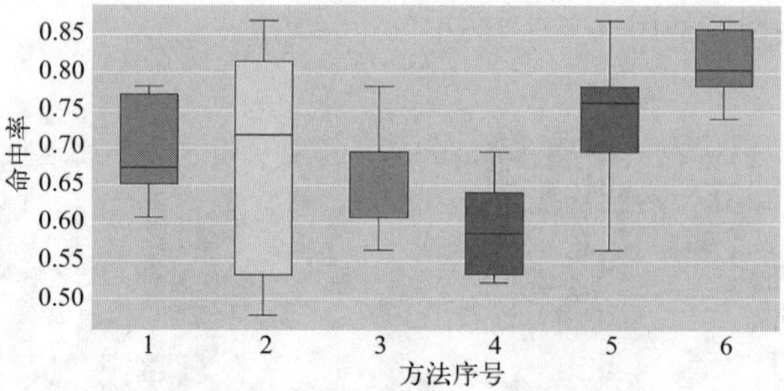

图 6.2.10 各种方法预测命中率分布箱形图

过程数据的特征，可用于预训练和微调模型。然而，对于不使用微调策略的模型，随着模型架构变得更加复杂，需要训练更多的参数。此外，标记数据集的数量太少，无法训练所有参数。因此，该模型的输出效果较差，输出稳定性比没有编解码器结构的 LSTM 和 BiLSTM 差。

相比之下，使用微调策略的两组模型命中率都取得了明显的提升。命中率预测分别从 0.669 提高到 0.739、从 0.593 提高到 0.813。使用预训练策略对未标记的数据集进行训练，得到该过程的隐藏信息。通过迁移编码器模型并冻结权重，大大减少了要训练的参数量，然后用标记数据进行训练可以达到更好的效果。而且，由于 BiLSTM 模型比 LSTM 模型更复杂，参数更多，因此 BiLSTM 模型的预测精度提升更显著。而我们给出的模型（方法 6）发挥了良好的序列双向学习能力，取得了最好的效果。该方法的缺点是需要训练两个模型，这比单个模型花费更多的时间，并且微调模型的数据需要与预训练模型数

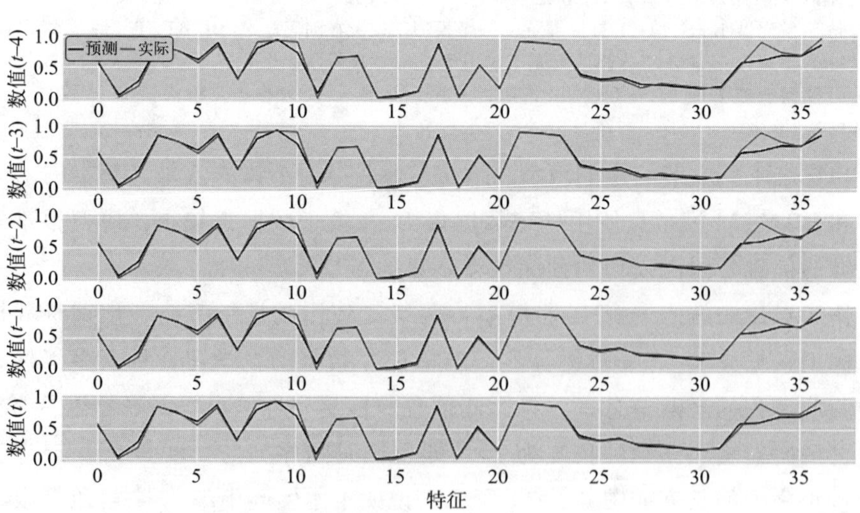

图 6.2.11 预训练阶段各特征五时间步内重建效果图

据相似，如果工况发生较大变化，将影响模型的效果。图 6.2.12 为各方法的单次实验效果。

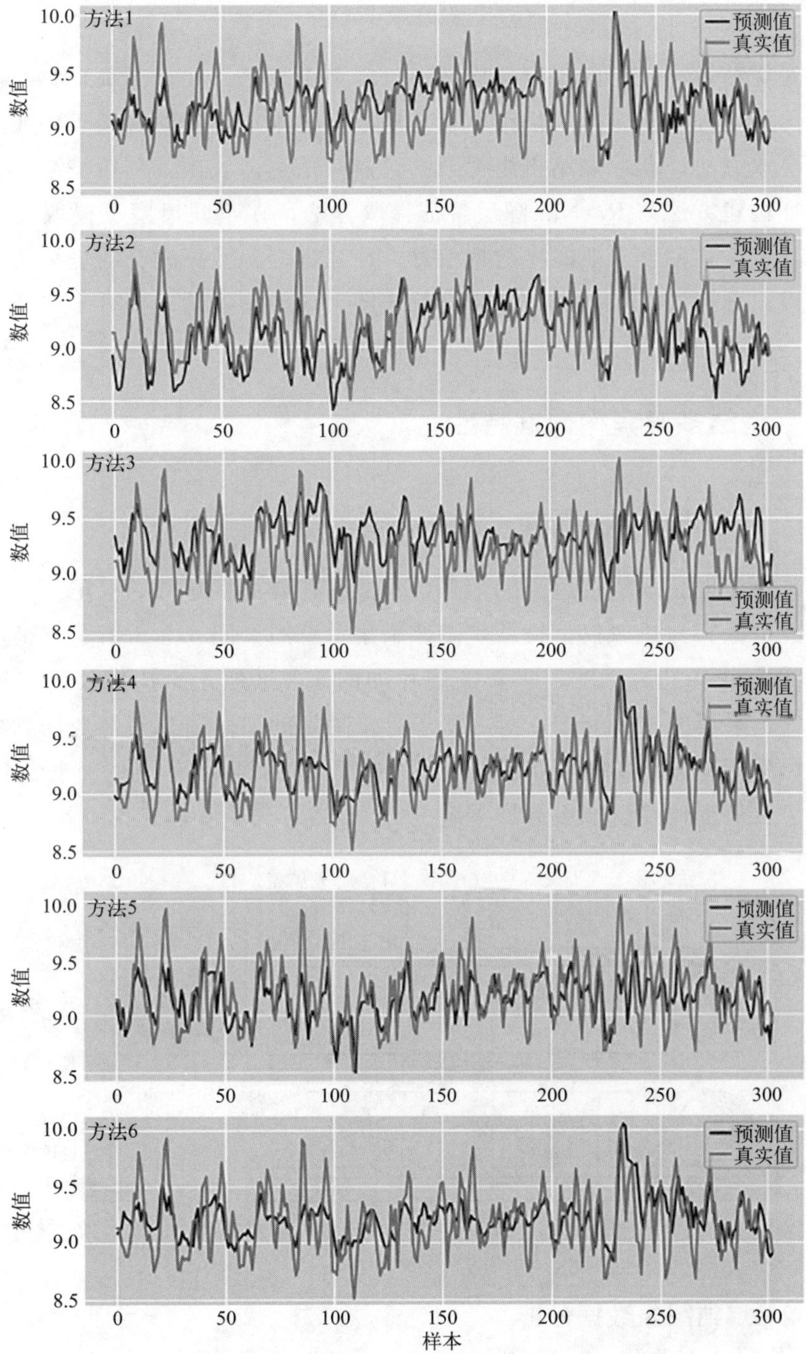

图 6.2.12　各方法单次预测效果图

6.3 多源数据融合的烧结质量预测模型

针对烧结过程数据的多源异构特性，本节引入了工业摄像头采集的视频数据，给出了多源数据融合的烧结质量预测模型。本节首先通过基于特征高度的关键帧提取方法，获取烧结机尾视频的关键帧信息。其次，利用烧结矿分层的浅层特征构建方法与 ResNet 深层特征提取方法，在不同尺度下提取图像的特征信息。最终，融合工业时序数据信息，构建出多源数据融合的烧结质量预测模型，以充分利用多源数据。实验结果表明，该模型有效地提升了烧结矿质量预测模型的准确度。

6.3.1 烧结多源异构数据特性

6.3.1.1 烧结图像数据采集

为了更好地获取烧结过程的信息，本实验在烧结机尾部的机尾观察口，架设了工业摄像头与热像仪。烧结矿图像采集示意图如图 6.3.1 所示。工业摄像头的分辨率为 1920×1080，采集的图片如图 6.3.2 所示。热像仪的分辨率为 640×480，采集的图片如图 6.3.3 所示。采集到的信息通过工业现场总线，上传到数据库中存储。实时视频信息显示在中控室的显示屏，供控制人员查看，同时也可以远程连接云端服务器下载。

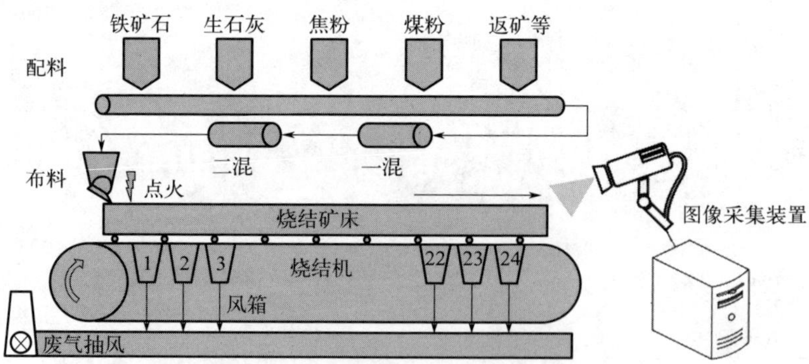

图 6.3.1 烧结系统图像采集系统示意图

6.3.1.2 烧结图像数据分析

目前烧结矿的质量指标，大部分是由化验分析得到的。在烧结矿生产过程

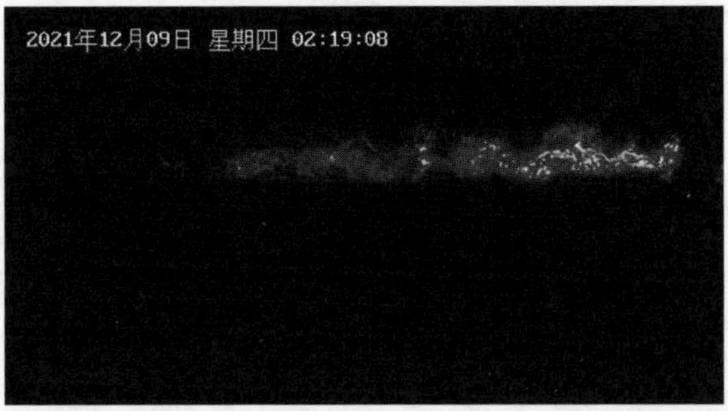

图 6.3.2 烧结系统采集到的可见光图像示意图

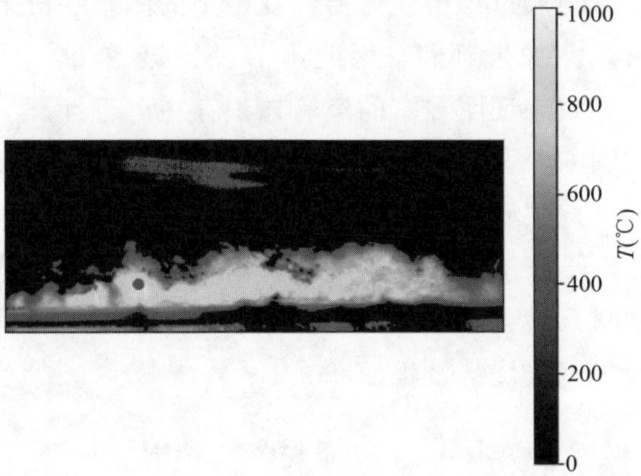

图 6.3.3 烧结系统采集到的热像仪图像示意图

中，由于化验分析的滞后性，实际工况往往依赖于专家经验判断。图 6.3.4 是烧结专家看火示意图。烧结矿在烧结过程中，内部状态并不可见，只有最顶部的表面裸露在外。然而最顶部是最先点火烧结的部位，因此在 90m 长度的烧结机上，大部分的长度处于烧结完成的状态，从顶部只能观察到关于铺矿的平整度信息，无法获取关键的烧结状态信息。

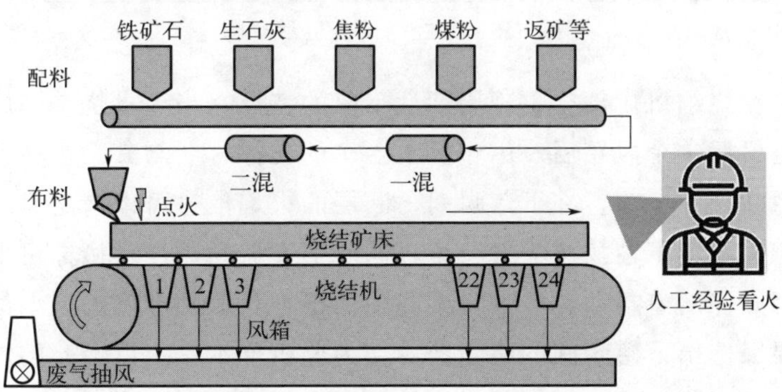

图 6.3.4 烧结专家看火示意图

所幸烧结矿在烧结完成后抵达台车的尾部，会自然掉落到收集仓中，在上一段烧结矿掉落后、下一段烧结矿掉落前，我们可以观察到烧结断面的火焰信息。在机尾防护装置中，设置有看火口。生产经验丰富的专家，可以通过肉眼观察烧结机尾的火焰红层，来分析此刻烧结矿 FeO 质量指标的范围。通过这种人工判断方式，可以在缺少足够的化验指标情况下，依靠专家经验来帮助判断与控制工艺过程。然而这种方法局限性依然较大，人工判断的主观误差较大，并且会受到恶劣的工业现场条件影响，高温、巨响、振动、粉尘等恶劣条件使得专家难以长时间观测，这使得看火只能作为辅助手段，不能作为常规观测手段。因此在实际生产过程中，需要开发稳定的测量手段来替代专家人工观测。专家通过看火焰图像来判断，因此本节设置摄像头，捕获并学习图像信息，通过软测量的方式来证明专家的经验知识存在可行性。

烧结矿分层如图 6.3.5 所示，根据反应状态从上到下依次为生料层、过湿层、预热干燥层、燃烧层和烧结矿层。生料层是未受热的原料；过湿层水分蒸发，温度较低；预热干燥层温度逐步升高，物料干燥并开始分解；燃烧层焦炭燃烧释放热量，物料迅速加热并烧结；烧结矿层温度下降，形成致密的烧结矿。各层相互配合，完成烧结过程。

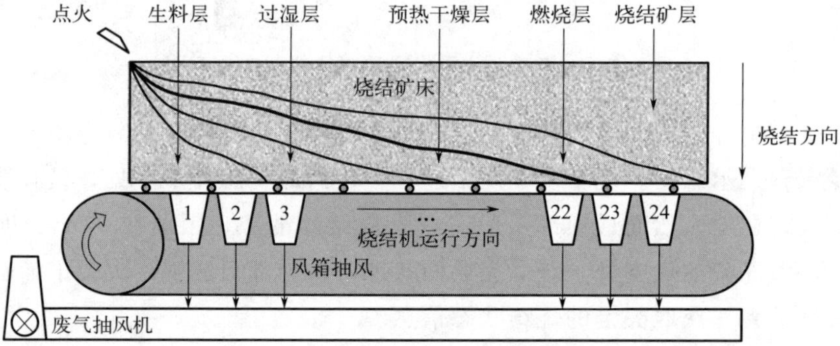

图 6.3.5　烧结矿分层示意图

烧结矿在烧结机尾部会呈现周期性下落的特点。当一批烧结完成的矿石到达烧结机尾最后一个风箱后，由于失去台车的支撑，会与其余仍在台车上的矿石部分发生断裂并下落。在下落瞬间，断层的火焰信息可以清楚呈现。短暂时间后，由于矿石落下会扬起大量粉尘，同时引发振动，使得摄像机采集到的图像画面模糊并伴随着抖动，这一时刻的图像很难获取到准确的火焰信息。因此本系统需要筛选出下落瞬间的清晰图像作为分析样本集。有经验的烧结看火工人可以通过观察断面，来判断此时烧结矿 FeO 含量的高低。

6.3.2 多源数据融合的软测量模型

6.3.2.1 烧结机尾视频图像关键帧提取

由于原始彩色图像为三通道 RGB 数据，数据维度为 1677 万，处理较为复杂，计算压力相对较大，因此先对其进行灰度化处理。其中灰度计算公式如下：

$$\text{Gray}=\text{Blue}\times 0.114+\text{Green}\times 0.587+\text{Red}\times 0.299 \tag{6.3.1}$$

由监控视频可得，烧结矿下落是一个周期性的过程，一批矿石抵达机尾时，前部分断裂掉落，露出了断面的红火层，这时的图像即为实验需要的关键帧。此后该批矿石继续下落，在空中会发生形态变化，同时会扬起烟尘，对于观察其烧结特性不利，所以首先需要在视频中获得这些关键帧作为我们的输入。

帧间差分法是用于视频监控活动目标时，获取目标运动的关键帧的算法[7]。该算法对连续时间上的连续图像进行差分处理运算。利用不同帧的像素点数值相减，来计算灰度的差值。再设定灰度差值的阈值，当数值超过阈值后，即将此帧选为关键帧，说明在该帧时刻，监控目标与上一时刻发生了较大的变化。

帧间差分法用于烧结机尾红层监控时，不同帧之间的亮度差即可当作阈值控制来选取关键帧。由于烧结矿下落是一个周期性的过程，在当前矿石下落至底部而新一批矿石尚未断裂下落时，图像的亮度最低。出现新一批矿石后，图像信息会迅速增加。通过这一特性，基于帧间差分强度提取到的烧结矿关键帧，就是所需的断面图像。对于每一帧，与其前一帧进行差分，获得帧间的差分强度，并画强度图如图 6.3.6 所示。再进行平滑后，便可提取出各极值点，作为我们的关键帧，结果如图 6.3.7 所示。

然而基于帧间差分算法的烧结图像关键帧提取准确度依赖于阈值选取的合理性。由于烧结矿掉落过程中存在着少数异常状态，例如烧结矿在空中由于碰撞等原因解体，导致图像亮度的突变，如图 6.3.8 所示，提取到的异常帧在计算时需要手动剔除。

鉴于基于帧间差分算法的局限性，本节给出了更直观的基于特征高度的关键帧提取算法。首先利用掩模（Mask），对已经转换为灰度的图像做基于灰度阈值的 Mask 分割，获得分割后的图像，该图像即为需要监测的红火层区域。接下来利用 findContours 算法获得红火层（红层）的轮廓，根据轮廓，拟合

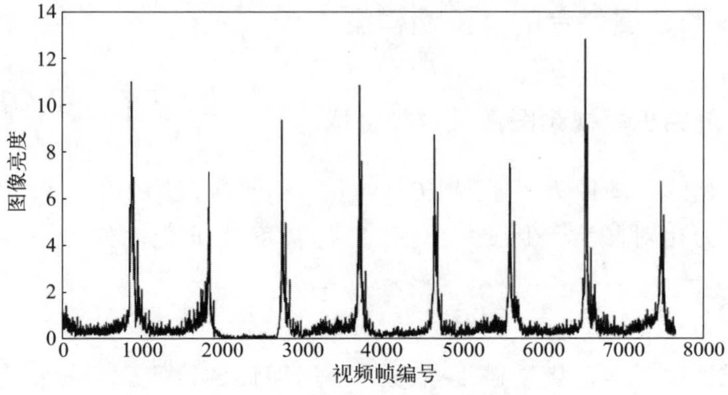

图 6.3.6　帧间差分强度原始图

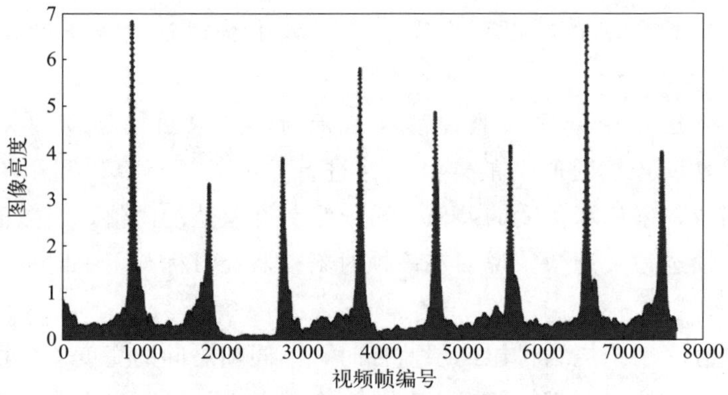

图 6.3.7　帧间差分强度平滑图

图 6.3.8　帧间差分算法提取到的异常帧

出外接矩形，用来表示当前的烧结红层。此矩形的重心即为特征高度。本实验采集的视频特征高度见图 6.3.9，平滑后得到周期性的特征高度波动图见图 6.3.10。

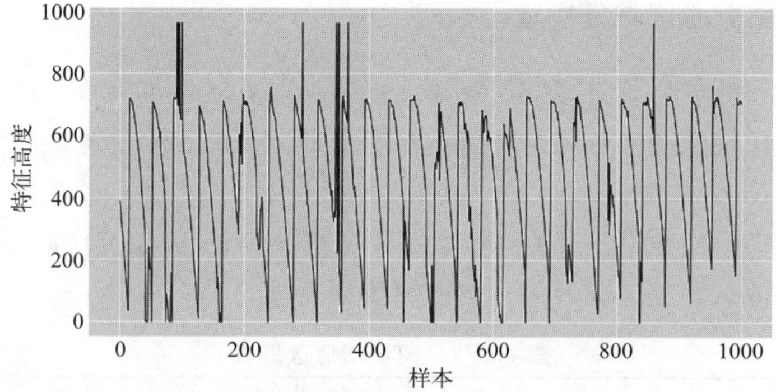

图 6.3.9　特征高度图

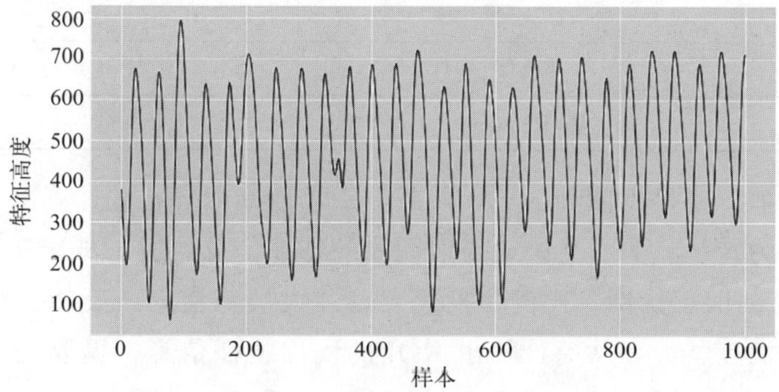

图 6.3.10　特征高度平滑图

由于烧结矿是周期性下落，建模所需的红火层刚出现时烧结矿断面红层的特征高度处于最高点。因此，根据 peaks 极值算法，获得特征高度的极大值，其横坐标即为所需关键帧的索引，即红火层刚出现时的图像关键帧。利用基于烧结矿红层特征高度算法提取关键帧，并将其保存，如图 6.3.11 所示。

图 6.3.11　提取的关键帧示意图

6.3.2.2 图像浅层特征构建与提取

通过上一节的烧结机尾红层视频关键帧提取算法，本节获取到若干图像关键帧。每张关键帧图像，烧结红层均出现在最上部的相同位置，此位置即为感兴趣区域（ROI）。固定该区域，同时计算区域面积大小，作为固定观察窗。再次利用掩模（Mask），对关键帧做基于灰度阈值的 Mask 分割。此时选取四个不同的阈值，根据经验效果，选取阈值如表 6.3.1。

表 6.3.1 图像阈值选取表

阈值	分层	大致对应温度/℃
100	气孔层	800
40	红火层	600
20	暗火层	300
10	烧结完成层	100

根据阈值分割得到四种区域，然后分别求取其轮廓，并计算出每种轮廓围绕的面积作为特征。为了更好地提取图像的特征信息，进一步计算各轮廓所围区域占 ROI 的面积比例。比例信息代表着红火层等信息，反映了烧结断层的分布特性与温度特性，从而计算出 ROI 的浅层特征信息。提取烧结机尾红层图像的浅层特征与时序数据特征，相关性如图 6.3.12 所示。

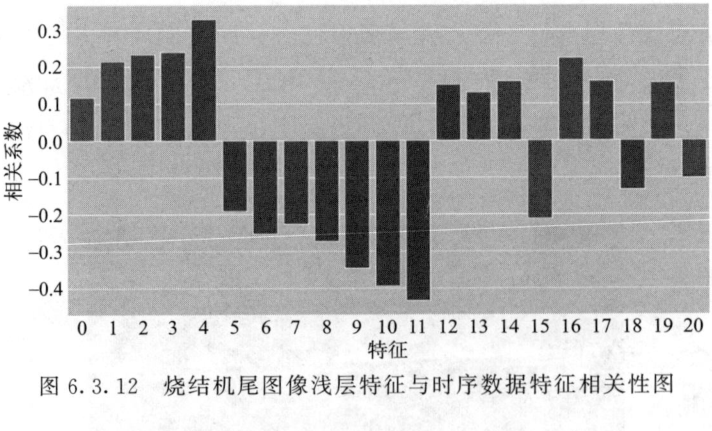

图 6.3.12 烧结机尾图像浅层特征与时序数据特征相关性图

6.3.2.3 基于 ResNet 的深层特征提取

卷积神经网络（CNN）是仿照人类的视觉机制构建的神经网络。当人类起初看到一幅图像时，无法对图像整体进行判断，而是由不同的神经细胞感受野，将图片转化为不同的特征进行识别。计算机识别图像的能力不如人类，一个图像简单地进行旋转后，在计算机中储存的矩阵信息就完全不同。因此模仿人类的视觉感受野，设计出卷积核来为计算机图像识别提取特征。卷积核按照顺序以设定的卷积步长依次从图片上划过，分别计算感受野内图片的元素的卷积结果。通过卷积后，可以从原始图像中提取出颜色、轮廓等多层次特征来帮助识别图像[8]。

对于单层卷积无法识别的图像，需要堆叠多层卷积，来提取深层的特征。然而卷积后会提升原图像维度，简单地堆叠卷积层会导致维度过高，深度网络难以训练，因此需要在卷积后进行池化操作，结构如图 6.3.13 所示。通过对指定大小的矩形窗口计算均值或最大值来取代原矩形，可以完成降维，并且达到非线性映射的作用。然而卷积和池化层的堆叠，在 20 层以内效果良好，加深网络深度，网络的性能出现不增加甚至下降的情况[9]。

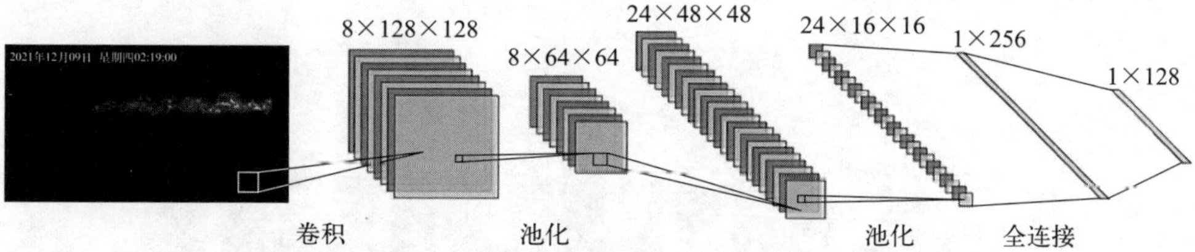

图 6.3.13　用于识别图像的 CNN 结构示意图

为了解决这个问题，He 提出了深度残差网络（ResNet），在每两层间设置了残差连接。类似于电路短路机制，残差连接方法构建了恒等映射，使得网络具备了跳层传输的能力，当堆叠层数过深时，训练的权重可以选择跳层连接，如图 6.3.14 所示。原本的函数映射表示为 $H(\boldsymbol{x})$，这里构建另一个映射 $H(\boldsymbol{x})=F(\boldsymbol{x})+\boldsymbol{x}$ 用于拟合堆叠网络。此时原映射变换为 $H(\boldsymbol{x})=F(\boldsymbol{x})+\boldsymbol{x}$，即可通过短路连接实现跳层。这样的处理不增加额外参数量，也不增加计算复杂度，依旧容易训练。对于深层的堆叠网络，每两层间设置的残差连接块可以表示为：

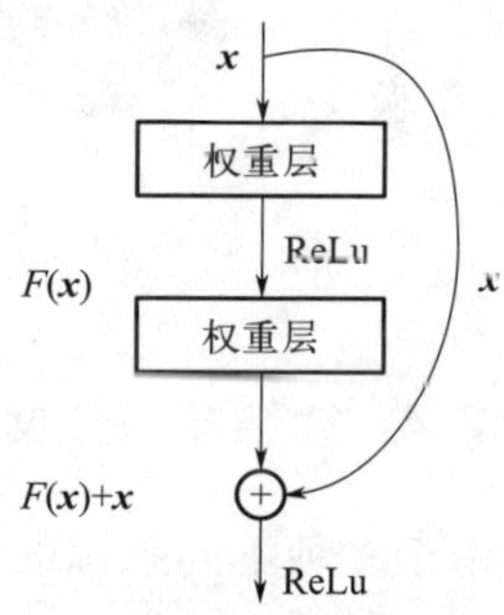

图 6.3.14　残差连接结构示意图

$$\boldsymbol{y}=F(\boldsymbol{x},\{\boldsymbol{W}_i\})+\boldsymbol{x} \tag{6.3.2}$$

其中，$\boldsymbol{x}$、$\boldsymbol{y}$ 是残差层的输入向量与输出向量；$F(\boldsymbol{x},\{\boldsymbol{W}_i\})$ 是需要学习的残差映射表示。

本节通过 ResNet 模型获得了 1000 个深层特征，对其进行相关性分析，如图 6.3.15 所示。选取相关系数大于 0.25 的特征，作为烧结机尾红层图像的深层特征，如图 6.3.16 所示。

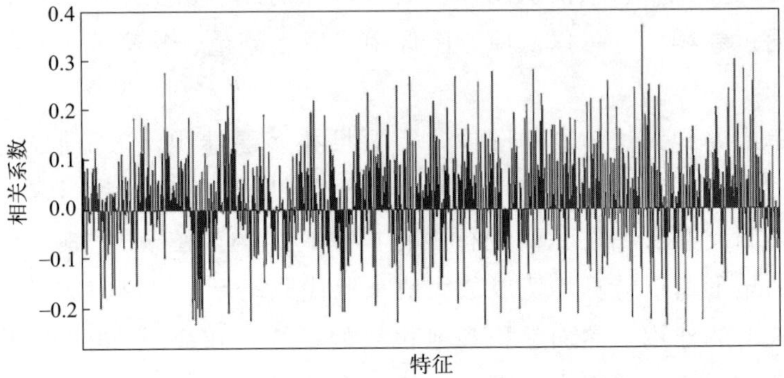

图 6.3.15　ResNet 模型提取的深层特征相关性示意图

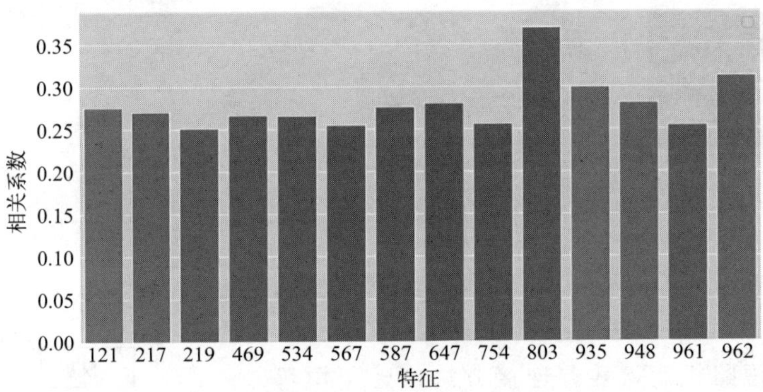

图 6.3.16　筛选后的深层特征相关性示意图

6.3.2.4　烧结多源数据融合预测方法

由于多种不同来源的数据信息无法直接提取利用，本节给出了基于多源数据融合的烧结过程的预测方法。通过关键帧提取、阈值分割、边缘检测与特征提取得到浅层特征，以及通过 ResNet 网络得到深层特征，将两种特征进行连接，得到深浅层融合的图像特征。过程的时序数据信息使用 DTFEE 模型进行处理，图像的特征与过程的时序数据信息得到的特征一起作为编码器-解码器模型的输入，训练得到质量变量的预测输出。结合深层和浅层图像特征的多源数据融合预测方法框图如图 6.3.17 所示。

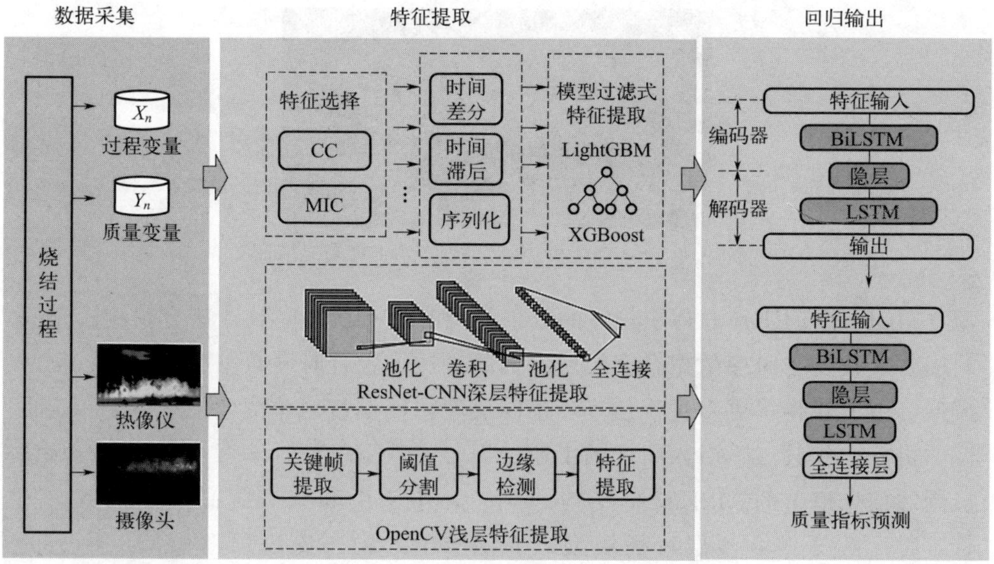

图 6.3.17 烧结多源数据融合预测模型图

6.3.3 案例分析

6.3.3.1 烧结过程多源数据集介绍

用于烧结矿软测量的图像，由热像仪和工业摄像头分别采集，收集 2021 年 12 月 8 日至 2021 年 12 月 10 日的视频数据。工业摄像头采集分辨率为 1920×1080，热像仪采集分辨率为 640×480。利用特征高度法，从视频中获取关键帧用于专家标定。提取到的深浅层特征与过程时序数据特征共同构建数据集，共 1319 个样本，其中训练集 1100 组样本，测试集 219 组样本；每个样本具有 35 个特征，其中时序特征 16 个，浅层特征 5 个，深层特征 14 个。

6.3.3.2 结果对比与分析

浅层特征提取效果示意图见图 6.3.18。在线获取特征高度、红火层厚度、四种火焰层分布面积及占比。

作为对比的模型，只利用工业过程时序数据，不加入图像信息融合，预测结果见图 6.3.19，训练网络时损失函数下降图见图 6.3.20。加入浅层图像信息（特征）融合后的模型，预测结果见图 6.3.21，训练网络时损失函数下降图见图 6.3.22。融合深浅层图像信息的模型，预测结果见图 6.3.23，训练网络时损失函数下降图见图 6.3.24。由表 6.3.2 可知，多源数据融合的预测模

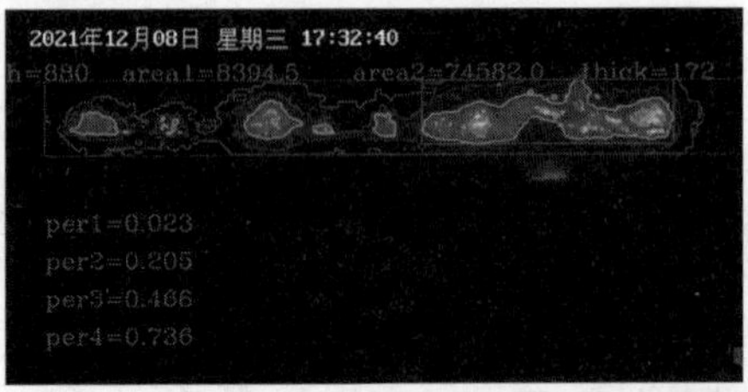

图 6.3.18 烧结机尾红层视频特征效果提取图

型（MDF-DTFEE）取得了较好的效果，同时具有最快的收敛速度。相较于只利用时序数据与时序数据融合浅层特征的方法，融合时序数据与深浅层特征的模型，由于获得了更多过程信息，不同尺度特征丰富，预测效果取得了一定程度的提升。相较于不引入图像的工业过程时序数据模型，本章给出的融合深浅层图像信息模型的 MSE 降低了约 29%，命中率由 86.5%提高到 93.1%。相较于时序数据融合浅层特征模型，本章给出的融合深浅层图像信息模型的 MSE 降低了约 24%，命中率由 89.8%提高到 93.1%。该实际工业应用验证了本章给出的多源数据融合方法的有效性。

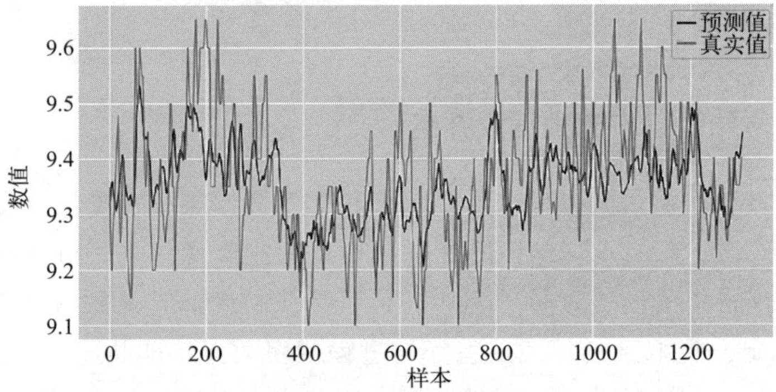

图 6.3.19 时序数据模型预测结果

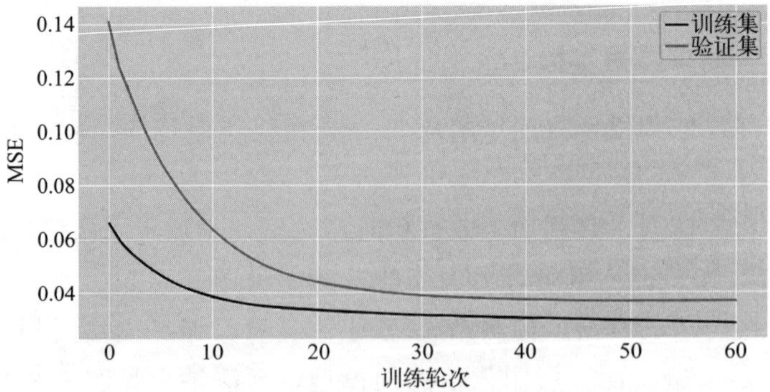

图 6.3.20 时序数据模型训练时损失函数图

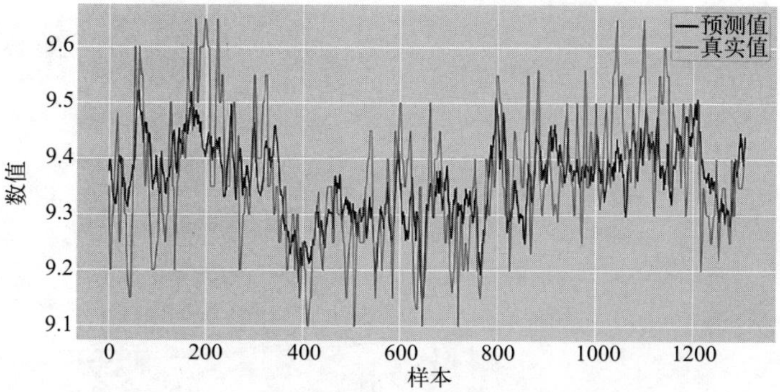

图 6.3.21　时序数据与浅层特征融合模型预测结果

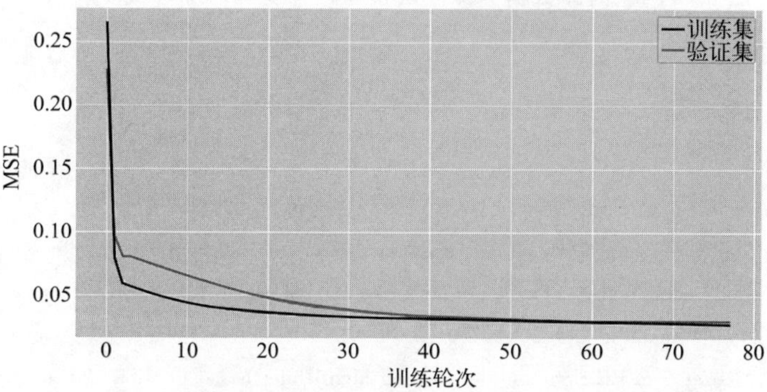

图 6.3.22　时序数据与浅层特征融合模型训练时损失函数图

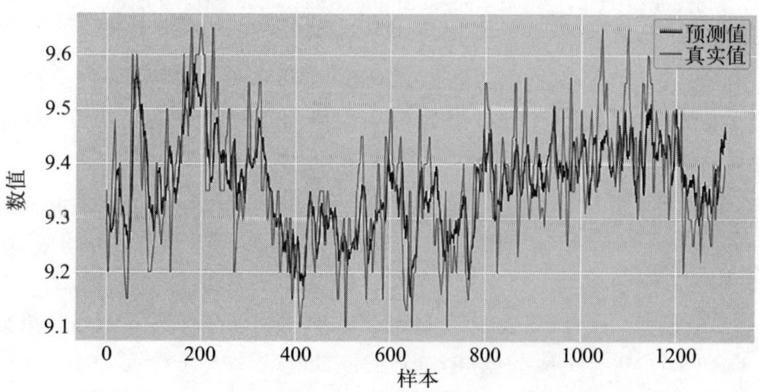

图 6.3.23　时序数据与深浅层特征融合模型预测结果

表 6.3.2　不同方法预测值评价指标

方法	MSE	MAE	HR
时序数据	0.0082	0.072	0.865
时序数据＋浅层特征融合	0.0076	0.069	0.898
时序数据＋深浅层特征融合(MDF-DTFEE)	0.0058	0.061	0.931

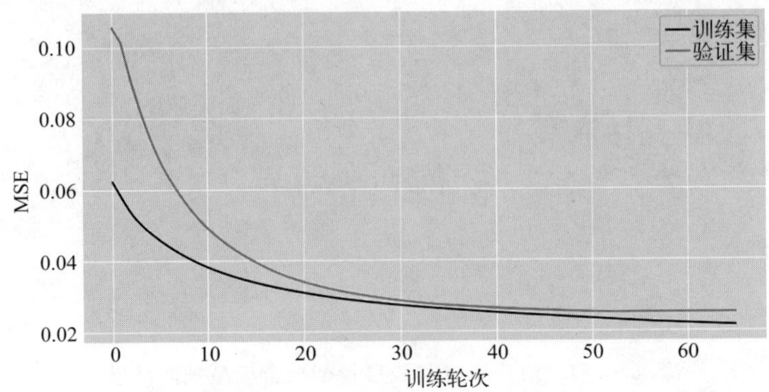

图 6.3.24　时序数据与深浅层特征融合模型训练时损失函数图

参考文献

[1] Ke G, Meng Q, Finley T, et al. Lightgbm: A highly efficient gradient boosting decision tree [C] // Advances in neural information processing systems. 2017.

[2] Yao L, Jiang X, Huang G, et al. Virtual sensing f-CaO content of cement clinker based on incremental deep dynamic features extracting and transferring model [J]. IEEE Transactions on Instrumentation and Measurement, 2021, 70: 1-10.

[3] Ergen T, Kozat S S. Efficient online learning algorithms based on LSTM neural networks [J]. IEEE Transactions on Neural Networks and Learning Systems, 2018, 29 (8): 3772-3783.

[4] Paul A, Mukherjee D P, Das P, et al. Improved random forest for classification [J]. IEEE Transactions on Image Processing, 2018, 27 (8): 4012-4024.

[5] Sun J, Shi W, Yang Z, et al. Behavioral modeling and linearization of wideband RF power amplifiers using BiLSTM networks for 5G wireless systems [J]. IEEE Transactions on Vehicular Technology, 2019, 68 (11): 10348-10356.

[6] Li Y, Yang C, Sun Y. Dynamic time features expanding and extracting method for prediction model of sintering process quality index [J]. IEEE Transactions on Industrial Informatics, 2022, 18 (3): 1737-1745.

[7] Yin J, Lei L, He L, et al. The infrared moving object detection and security detection related algorithms based on W4 and frame difference [J]. Infrared Physics & Technology, 2016, 77: 302-315.

[8] Long J, Shelhamer E, Darrell T. Fully convolutional networks for semantic segmentation [C] // Proceedings of the IEEE Conference on Computer Vision and Pattern Recognition. 2015: 3431-3440.

[9] He K, Zhang X, Ren S, et al. Deep residual learning for image recognition [C] //Proceedings of the IEEE Conference on Computer Vision and Pattern Recognition. 2016: 770-778.

第7章

多源数据与知识融合的烧结矿质量软测量方法

烧结过程数据的种类主要分为时间序列数据和图像数据。基于烧结过程中的时间序列数据，近年来RNN在烧结矿质量指标软测量任务中取得了较多的成功应用案例[1-4]。具体而言，RNN具备特有的循环单元，可有效处理时间序列数据内的前后依赖关系，对烧结过程数据中的动态性和非线性有较好的处理效果；此外，基于深层网络结构与大规模数据的模型训练，RNN可以挖掘更具代表性的深层特征，有效降低数据高维共线性的干扰。为了缓解常规RNN模型在处理长序列数据时面临的梯度消失和梯度爆炸问题，学者们一般采用门控机制优化循环单元结构以提升常规RNN模型的长序列处理性能，如LSTM[5] 和GRU[6]。然而值得注意的是，受限于循环结构设计，这些RNN变体的预测性能和推理速度将随着序列长度的增加迅速下降[7]。

针对时间序列建模任务，Transformer模型提供了一种全新的处理架构，且在近几年取得了快速发展。与RNN模型不同的是，Transformer摒弃了传统的循环单元结构，采用注意力机制捕获序列内输入和输出之间的全局依赖关系，并实现了序列内的并行计算[8]。当然，常规Transformer模型在时间序列预测任务中也存在一定缺陷。在处理长序列时，自注意力模块的二次型计算复杂度将耗费大量计算资源，进而限制其应用场景与训练效果；此外，自注意力机制以点积的形式计算，这可能导致其难以捕捉时间序列中的局部信息，进而影响建模精度。为了降低Transformer模型的计算复杂度，研究人员主要提出以下两类解决方案：①构建注意力模块时引入稀疏策略，如LogTrans模型[9] 和Pyraformer模型[10]；②提供低秩自注意力矩阵以提高计算效率，如Informer模型[7]、Autoformer模型[11] 和FEDformer模型[12] 等。为了提高自注意力机制对时间序列局部信息的表征能力，相关研究主要包括LogTrans模型[9]、Autoformer模型[11] 和FEDformer模型[12]，它们分别从局部上下文、子序列以及全局视角构建自注意力模块，较常规 Transformer 模型具备更高的预测精度。对于烧结过程而言，采取 Autoformer 实现时间序列软测量建模任务是较为合适的选择，因为基于子序列实现全局依赖关系的表征更容易逼近烧结过程中多变且复杂的数据分布。整体而言，上述 Transformer 变体模型为烧结过程中时间序列数据的软测量建模提供了较好的基础。

对于烧结过程中的图像数据，研究人员一般结合时间序列数据共同完成烧结矿质量指标的软测量建模任务。此类任务的代表性工作可归纳为以下两种：①根据专家经验提取烧结机尾的图像特征，随后为其余烧结过程参数（时间序列数据）提供分类信息[13] 或作为变量与之融合[2]；②基于机理知识完成图像特征提取，并结合其余烧结过程参数完成软测量建模[14]。整体而言，上述工作为模型训练提供了多样化的信息感知渠道，促进了烧结矿质量指标的软测量研究，但是对于图像特征的提取与表征仍存在较大的提升空间。

作为深度学习方法的一个主要分支，CNN 是目前实现图像信息表征的主流方法[15]。通常而言，CNN 模型由多个卷积层与池化层实现图像特征提取，特征深度往往由网络结构的堆叠层数决定，对模型的表现有至关重要的影响。在 ImageNet 数据集上的相关研究表明，增加网络深度可以显著提升 CNN 模型关于图像分类与检测任务的性能[16,17]。然而，CNN 的网络结构并非越深越好，过深的网络结构也可能带来更大的训练误差，导致模型性能退化[18]。为了解决上述性能退化问题，ResNet 模型[19] 提出一种具备“捷径分支”的深度残差网络结构，有效降低了深层网络模型的训练难度。在 CNN 模型的每个卷积层中，卷积运算通过整合局部区域的空间信息和通道信息来实现图像特征提取。值得注意的是，不同的卷积通道提供不同的特征，因此衡量卷积通道的重要性有助于提高 CNN 对于图像特征的表示能力。Hu 等人[20] 采用压缩-激励（SE）模块为 ResNet 模型提供了通道注意力，在模型训练中为不同通道赋予不同权重，提升了 ResNet 模型在分类任务上的表现力。整体而言，快速发展的 CNN 模型与相关技术为烧结过程中图像特征的提取提供了较好的选择。

本章中，以某烧结厂的烧结过程为研究对象，给出一种多源信息融合的 Autoformer 模型（MIF-Autoformer）用于烧结矿质量指标软测量建模任务。该模型主要特点如下：①结合专家知识和卷积神经网络（CNN）分别提取了烧结矿截面的浅层与深层特征，并在样本时间维度完成了图像特征与时间序列数据的信息融合，通过捕捉序列内输入和输出间的子序列级全局依赖关系，为复杂烧结过程中的烧结矿质量指标预测提供了一种可靠的解决方案；②根据卷积神经网络的分类结果，为烧结矿质量指标预测提供了额外的先验知识，进一步提升了软测量模型的精度与可靠性。

7.1 专家知识图像特征提取理论基础

在烧结过程中，有经验的工艺人员始终关注影响烧结矿质量的一些重要变量，从而实时估计产品质量并提供不同的操作参数以维持稳定的生产过程。在烧结机尾部，烧结矿截面图像是现场工艺人员对烧结矿 FeO 含量进行调控的重要参考依据。

在烧结矿截面图像中，烧结矿红层的实时温度（通常视为图像亮度）和厚度是直接反映烧结矿燃烧状态的关键特征[2]。此外，烧结一致性表征了垂直燃烧速度，垂直燃烧速度主要与透气性相关，在很大程度上影响着烧结矿 FeO 含量的变化[21]。以图 7.1.1 中的烧结矿截面图像为例，图中的曲线由图像垂直方向上的最高温度点组成，其在理想情况下应该保持水平。然而在实际生产中，原料粒度、料层厚度、风箱抽风量均会出现分布不均匀的情况，这将引起烧结一致性的变化。该情况下，图 7.1.1 中曲线的标准差可用于衡量烧结一致性状态[14]。同时，垂直燃烧速度也决定了烧结矿烧透点（BTP）位置。在烧结现场，BTP 位置可直接用于评估烧结生产是否存在异常（如欠烧或过烧），是衡量烧结矿质量变化的重要指标。在烧结矿截面图像中，BTP 位置信息的变化可根据图 7.1.1 中曲线在垂直方向上的整体变动情况来衡量。

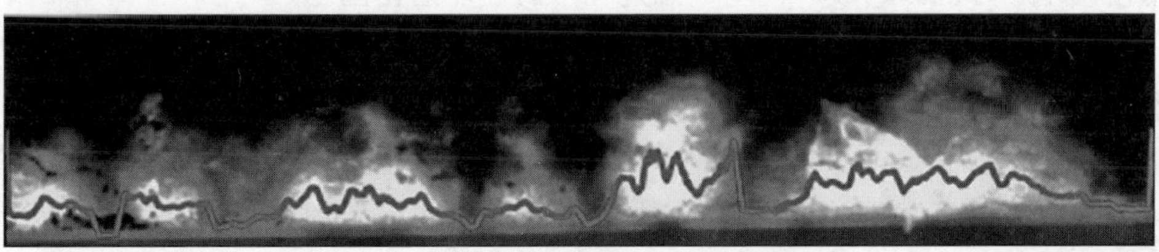

图 7.1.1 烧结矿截面的红外热成像图

总体而言，针对烧结机尾部的烧结矿截面图像，本节根据专家经验共提取出 4 个浅层特征，具体包含红层温度、红层厚度、烧结一致性和 BTP 位置，计算方式如表 7.1.1 所示。

表 7.1.1 基于专家经验提取的烧结矿截面浅层特征

编号	浅层特征	计算公式
1	红层温度	$\mathrm{Temp}=\sum_{j=1}^{h}\sum_{i=1}^{w}t_{ij}$
2	红层厚度	$\mathrm{Thick}=\sum_{i=1}^{w}p_i$
3	烧结一致性	$C=\sqrt{\sum_{i=1}^{w}(m_i-\sum_{i=1}^{w}m_i/w)^2/(w-1)}$
4	BTP 位置	$S_{\mathrm{BTP}}=\sum_{i=1}^{w}m_i/w$

注：h 和 w 分别为烧结矿截面图像的高和宽；t_{ij} 表示坐标（i，j）处的温度；p_i 为第 i 列的红层垂直高度；m_i 代表第 i 列最高温度点的垂直高度。

7.2 深层图像特征提取理论基础

本节采用 SE-ResNet 模型对烧结矿截面图像进行 FeO 含量等级分类，随后基于网络中的分层卷积特征实现图像特征的提取。

7.2.1 残差学习模块

在 CNN 的训练过程中，随着网络深度的增加模型性能可能会退化。这种退化主要是由于在适当的模型结构中添加了不必要的层，从而导致训练误差的增加，降低卷积层对图像特征的表征能力[18]。基于该情况，ResNet 模型[19]采用残差学习机制来缓解模型训练过程中的性能退化问题。

残差学习模块的本质是采用更容易实现优化的残差映射替代原始的映射结构。对于给定的模块输入 $\boldsymbol{X}$，残差学习模块的输出可表示为：

$$U(\boldsymbol{X})=F(\boldsymbol{X})+\boldsymbol{X} \tag{7.2.1}$$

式中，$F(\boldsymbol{X})$表示用于堆叠非线性层的残差映射，即 $U(\boldsymbol{X})-\boldsymbol{X}$。在极端情况下，假设恒等映射是最优选择，那么用零来代替残差映射，可以简单有效地克服深度网络的退化问题。值得注意的是，$F(\boldsymbol{X})+\boldsymbol{X}$ 代表逐元素相加运算，因此式(7.2.1) 中的 $F(\boldsymbol{X})$与 $\boldsymbol{X}$ 需要具备相同维度；否则，需调整捷径分支的输出尺寸实现该运算。此外，$F(\boldsymbol{X})$至少需要两个权重层，以防止残差映射退化为线性层。在实践中，残差映射的类型是灵活的，将残差学习模块中的两个权重层替换为卷积层即可得到残差卷积模块。基于以上描述，通过叠加多个残差卷积模块，可以很容易地构建出 ResNet 模型。

7.2.2 压缩-激励模块

本节采用 ResNet 模型的主要目的在于提取卷积特征，权衡多个卷积通道间的重要程度对于特征提取工作也尤为必要。以常规的卷积变换 F_{cov}：$\boldsymbol{X}\rightarrow\boldsymbol{Y}$ 为例，设 $\boldsymbol{X}\in\mathbb{R}^{H\times W\times C}$ 和 $\boldsymbol{Y}\in\mathbb{R}^{H'\times W'\times C'}$ 分别为卷积变换的输入和输出，C 和 C'分别为输入和输出通道，$\mathcal{K}=[\boldsymbol{K}_1,\boldsymbol{K}_2,\cdots,\boldsymbol{K}_{C'}]$为 C'组输出通道的卷积核集合，$\boldsymbol{Y}=[\boldsymbol{y}_1,\boldsymbol{y}_2,\cdots,\boldsymbol{y}_{C'}]$表示每个通道的输出集合。则第 f 个通道的输出结果可表示为：

$$\boldsymbol{y}_f=\boldsymbol{K}_f*\boldsymbol{X}=\sum_{i=1}^{C}\boldsymbol{k}_f^i*\boldsymbol{x}^i \tag{7.2.2}$$

式中，$*$ 代表卷积操作；$f=[1,2,\cdots,C']$；$\boldsymbol{K}_f=[\boldsymbol{k}_f^1,\boldsymbol{k}_f^2,\cdots,\boldsymbol{k}_f^C]$，为第 f 组输出通道的卷积核集合；$\boldsymbol{X}=[\boldsymbol{x}^1,\boldsymbol{x}^2,\cdots,\boldsymbol{x}^C]$；$\boldsymbol{y}_f$ 由 C 个输入通道卷积运算求和所得。值得注意的是，$\boldsymbol{y}_f$ 包含输入通道之间的依赖信息，但这部分信息与卷积核捕获的局部空间信息相互耦合。因此，常规的卷积操作很难实现多通道特征间的重要性判别。

针对该问题，SE 模块通过探索通道依赖关系对特征进行重新校准[20]。如图 7.2.1 所示，SE 模块的构建分为三个步骤：压缩、激励和加权。首先，通过全局平均池化压缩每个输出通道的空间信息。以第 f 个输出通道 $\boldsymbol{y}_f$ 为例，信息压缩过程可表示为：

$$s_f=F_{\mathrm{sq}}(\boldsymbol{y}_f)=\frac{1}{H'\times W'}\sum_{i=1}^{H}\sum_{j=1}^{W}\boldsymbol{y}_f(i,j) \tag{7.2.3}$$

其中，F_{sq} 代表压缩变换。

基于上式，输出集合 $\boldsymbol{Y}$ 的 C'个通道依次完成信息压缩后得到 $\boldsymbol{s}\in\mathbb{R}^{1\times 1\times C'}$，上式中 s_f 为其中第 f 个元素。随后，通过以下方式调整各个通道的权值：

$$\boldsymbol{w}=F_{\mathrm{ex}}(\boldsymbol{s},\boldsymbol{W})=\delta[g(\boldsymbol{s},\boldsymbol{W})]=\delta[\boldsymbol{W}_2\sigma(\boldsymbol{W}_1\boldsymbol{s})] \tag{7.2.4}$$

其中，$\boldsymbol{w}\in\mathbb{R}^{1\times 1\times C'}$；$F_{\mathrm{ex}}$ 代表激励变换；δ 为 Sigmoid 激活函数；$g(\boldsymbol{s},\boldsymbol{W})$表示由两个全连接（FC）层和一个 ReLU 激活函数（上式中以 σ 表示）组成的门控结构；$\boldsymbol{W}_1\in\mathbb{R}^{(C'/r)\times C'}$ 和 $\boldsymbol{W}_2\in\mathbb{R}^{C'\times(C'/r)}$ 为两个 FC 层的权重矩阵，它们采用超参数 r 控制 $\boldsymbol{s}$ 在通道维度的缩放，以此限制用于通道间非线性依赖关系表征的计算成本。最后，基于加权变换函数 F_{we} 对输出集合 $\boldsymbol{Y}$ 进

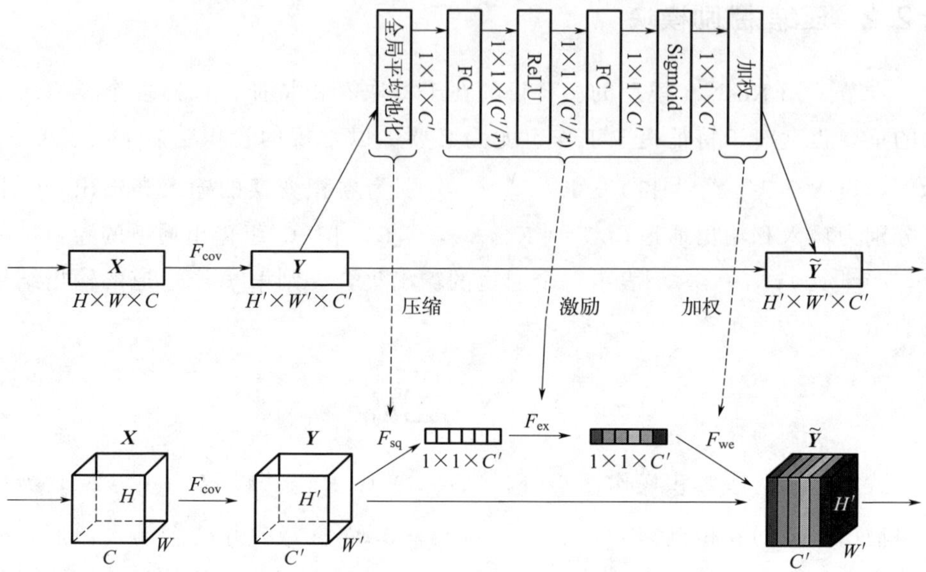

图 7.2.1　压缩-激励（SE）模块

行重新调整，得到加权输出集合 $\widetilde{\boldsymbol{Y}}$。对于单通道加权计算，$F_{\text{we}}$ 可以表示为：

$$\widetilde{\boldsymbol{y}}_f = F_{\text{we}}(\boldsymbol{y}_f, w_f) = w_f \boldsymbol{y}_f \tag{7.2.5}$$

式中，w_f 是式(7.2.4）中权重集合 $\boldsymbol{w}=[w_1, w_2, \cdots, w_{C'}]$内的第 f 个元素，在输出 $\boldsymbol{y}_f \in \mathbb{R}^{H' \times W'}$ 与 w_f 完成矩阵标量积后得到相应的加权输出 $\widetilde{\boldsymbol{y}}_f$，也即 $\widetilde{\boldsymbol{Y}}$ 中第 f 个通道的输出结果。

7.2.3　SE-ResNet

基于上述介绍，本节结合残差学习模块与 SE 模块搭建了 SE-ResNet 模块，随后通过堆叠 SE-ResNet 模块得到 SE-ResNet-18 模型。

如图 7.2.2 所示，在每个 SE-ResNet 模块中，捷径分支跨越 2 个卷积层与 1 个 SE 模块；当捷径分支以实线表示时，该模块的输入和输出具有相同的维度，可直接按照式(7.2.1）来执行；当捷径分支以虚线表示时，该模块的输出维度上升，需采用 1×1 卷积调整输入通道数以匹配输出维度。整体而言，SE-ResNet-18 模型共包括 17 个卷积层和 1 个全连接层，在本次任务中实现了图像三分类。在模型训练结束后，根据 SE 模块提供的特征通道权重，可进一步完成深层图像特征的筛选与提取。

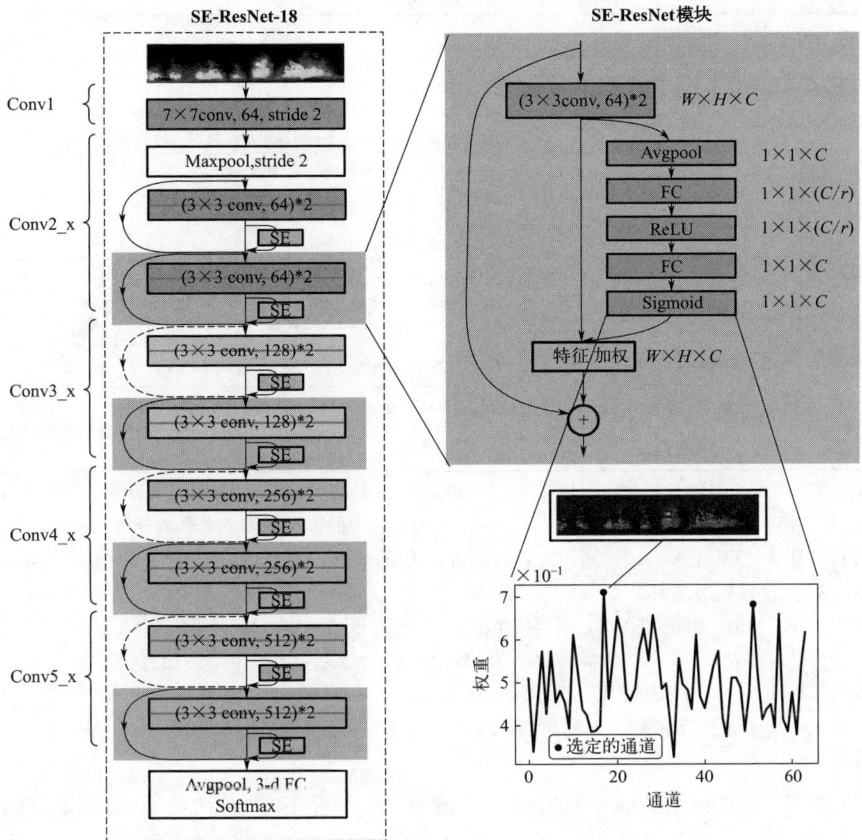

图 7.2.2 SE-ResNet-18 模型架构

7.3 Autoformer 理论基础

作为 Transformer 模型的变体，Autoformer 模型旨在发掘子序列间的相互依赖关系，实现对时间序列数据复杂动态特性的表征[11]。具体而言，该模型由 N 个编码层和 M 个解码层组成。基于 SeriesDecomp 模块、AutoCorrelation 模块和 FeedForward 模块，堆叠编码器提取了时间序列数据中的季节分量，堆叠解码器同时提取了季节分量与趋势分量，并使得 Autoformer 模型能够逐步改善其趋势预测结果。每个解码层均有一个编码-解码 AutoCorrelation 模块与编码层连接，为解码层提供历史的季节周期性信息。Autoformer 模型的具体实施细节如表 7.3.1 所示。与常规 Transformer 模型相比，Autoformer 模型的主要区别在于引入了 AutoCorrelation 模块和 SeriesDecomp 模块。

表 7.3.1　Autoformer 模型实施步骤

结构	实施流程	计算公式
编码层 $\times N$	1. 编码输入	$\boldsymbol{X}_{\text{en}}\in\mathbb{R}^{L\times d}$
	2. 计算 $\boldsymbol{S}_{\text{en}}^{e,1}$	$\boldsymbol{S}_{\text{en}}^{e,1},\_=\text{SeriesDecomp}[\text{AutoCorrelation}(\boldsymbol{X}_{\text{en}}^{e-1})+\boldsymbol{X}_{\text{en}}^{e-1}]$
	3. 计算 $\boldsymbol{S}_{\text{en}}^{e,2}$	$\boldsymbol{S}_{\text{en}}^{e,2},\_=\text{SeriesDecomp}[\text{FeedForward}(\boldsymbol{S}_{\text{en}}^{e,1})+\boldsymbol{S}_{\text{en}}^{e,1}]$
解码层 $\times M$	1. 解码输入	$\boldsymbol{X}_{\text{des},p:L},\boldsymbol{X}_{\text{det},p:L}=\text{SeriesDecomp}(\boldsymbol{X}_{\text{de},p:L})$ $\boldsymbol{X}_{\text{des}}=\text{Concat}(\boldsymbol{X}_{\text{des},p:L},\boldsymbol{X}_0)$ $\boldsymbol{X}_{\text{det}}=\text{Concat}(\boldsymbol{X}_{\text{det},p:L},\boldsymbol{X}_{\text{mean}})$
	2. 计算 $\boldsymbol{S}_{\text{de}}^{l,1}$ 和 $\boldsymbol{T}_{\text{de}}^{l,1}$	$\boldsymbol{S}_{\text{de}}^{l,1},\boldsymbol{T}_{\text{de}}^{l,1}=\text{SeriesDecomp}[\text{AutoCorrelation}(\boldsymbol{X}_{\text{de}}^{l-1})+\boldsymbol{X}_{\text{de}}^{l-1}]$
	3. 计算 $\boldsymbol{S}_{\text{de}}^{l,2}$ 和 $\boldsymbol{T}_{\text{de}}^{l,2}$	$\boldsymbol{S}_{\text{de}}^{l,2},\boldsymbol{T}_{\text{de}}^{l,2}=\text{SeriesDecomp}[\text{AutoCorrelation}(\boldsymbol{S}_{\text{de}}^{l,1},\boldsymbol{X}_{\text{en}}^{N})+\boldsymbol{S}_{\text{de}}^{l,1}]$
	4. 计算 $\boldsymbol{S}_{\text{de}}^{l,3}$ 和 $\boldsymbol{T}_{\text{de}}^{l,3}$	$\boldsymbol{S}_{\text{de}}^{l,3},\boldsymbol{T}_{\text{de}}^{l,3}=\text{SeriesDecomp}[\text{FeedForward}(\boldsymbol{S}_{\text{de}}^{l,2})+\boldsymbol{S}_{\text{de}}^{l,2}]$
	5. 累加 TC	$\boldsymbol{T}_{\text{de}}^{l}=\boldsymbol{T}_{\text{de}}^{l-1}+\boldsymbol{W}_{l,1}\boldsymbol{T}_{\text{de}}^{l,1}+\boldsymbol{W}_{l,2}\boldsymbol{T}_{\text{de}}^{l,2}+\boldsymbol{W}_{l,3}\boldsymbol{T}_{\text{de}}^{l,3}$
输出	预测值	$\boldsymbol{y}=\boldsymbol{W}_M\boldsymbol{X}_{\text{de}}^{M}+\boldsymbol{T}_{\text{de}}^{M}$

注：$\boldsymbol{X}_{\text{en}}$ 为编码器的初始化输入值；$\boldsymbol{X}_{\text{en}}^{e-1}=\boldsymbol{S}_{\text{en}}^{e-1,2}$，$e\in\{1,2,\cdots,N\}$，表示第 $e-1$ 个编码层的输出，且 $\boldsymbol{X}_{\text{en}}^{0}=\boldsymbol{X}_{\text{en}}$；$\boldsymbol{S}_{\text{en}}^{e,1}$ 和 $\boldsymbol{S}_{\text{en}}^{e,2}$ 分别代表第 e 个编码层中的第 1 和第 2 个季节分量（SC）；"_"是省略的趋势分量（TC）；$\boldsymbol{X}_{\text{de}}\in\mathbb{R}^{L\times d}$，为解码器初始化输入值，$\boldsymbol{X}_{\text{de},p:L}$ 提供 $\boldsymbol{X}_{\text{de}}$ 在时间步 p 至 L 的历史信息；$\boldsymbol{X}_{\text{des},p:L}$，$\boldsymbol{X}_{\text{det},p:L}\in\mathbb{R}^{(L-p+1)\times d}$，分别代表 $\boldsymbol{X}_{\text{de},p:L}$ 的 SC 和 TC；$\boldsymbol{X}_0,\boldsymbol{X}_{\text{mean}}\in\mathbb{R}^{(p-1)\times d}$，分别表示 0 值与 $\boldsymbol{X}_{\text{de}}$ 均值，并分别在 $\boldsymbol{X}_{\text{des},p:L}$ 和 $\boldsymbol{X}_{\text{det},p:L}$ 结尾进行填充构成 $\boldsymbol{X}_{\text{des}}$ 和 $\boldsymbol{X}_{\text{det}}$；$\boldsymbol{X}_{\text{de}}^{l-1}=\boldsymbol{S}_{\text{de}}^{l-1,3}$，$l\in\{1,2,\cdots,M\}$，表示第 $l-1$ 个解码层的输出，且 $\boldsymbol{X}_{\text{de}}^{0}=\boldsymbol{X}_{\text{des}}$；$\boldsymbol{X}_{\text{en}}^{N}$ 为编码层提供的潜变量；$\boldsymbol{S}_{\text{de}}^{l,i}$，$\boldsymbol{T}_{\text{de}}^{l,i}$，$i\in\{1,2,3\}$，分别表示第 i 组 SC 和 TC；$\boldsymbol{W}_{l,i}$，$i\in\{1,2,3\}$，分别代表 3 组 TC 的权重矩阵，且 $\boldsymbol{T}_{\text{de}}^{0}=\boldsymbol{X}_{\text{det}}$；$\boldsymbol{X}_{\text{de}}^{M}$ 为第 M 个解码层的 SC，$\boldsymbol{W}_M$ 为 $\boldsymbol{X}_{\text{de}}^{M}$ 的权重矩阵，$\boldsymbol{T}_{\text{de}}^{M}$ 是第 M 个解码层的 TC 累加结果。

如图 7.3.1 所示，AutoCorrelation 模块探索了子序列级相关依赖性，并实现了数据聚合。具体实施步骤如下：

① 对于输入数据 $\boldsymbol{X}\in\mathbb{R}^{L\times d}$，完成输入嵌入得到查询 $\boldsymbol{Q}$、键 $\boldsymbol{K}$、值 $\boldsymbol{V}$。

$$\boldsymbol{Q}=\boldsymbol{W}_Q\boldsymbol{X} \tag{7.3.1}$$

$$\boldsymbol{K}=\boldsymbol{W}_K\boldsymbol{X} \tag{7.3.2}$$

$$\boldsymbol{V}=\boldsymbol{W}_V\boldsymbol{X} \tag{7.3.3}$$

其中，$\boldsymbol{W}_Q$、$\boldsymbol{W}_K$ 和 $\boldsymbol{W}_V$ 分别是 $\boldsymbol{Q}$、$\boldsymbol{K}$ 和 $\boldsymbol{V}$ 的权重矩阵。

② 完成 $\boldsymbol{Q}$、$\boldsymbol{K}$ 的序列相似度计算。

$$R_{\boldsymbol{Q},\boldsymbol{K}}(\tau)=\lim_{L\to\infty}\frac{1}{L}\sum_{t=1}^{L}\boldsymbol{Q}_t\boldsymbol{K}_{t-\tau} \tag{7.3.4}$$

其中，$R_{\boldsymbol{Q},\boldsymbol{K}}(\tau)$表示 $\boldsymbol{Q}_t$ 与滞后序列 $\boldsymbol{K}_t$ 之间的相似度；τ 为滞后时间。为了提高计算效率，Wu 等[11] 基于 Wiener-Khinchin 定理[22]，采用快速傅里叶变换（FFT）完成相关计算。

③ 根据式(7.3.4)，选取相似度最高的 k 个子序列，并依次计算权重，随后对原序列进行滚动加权聚合。

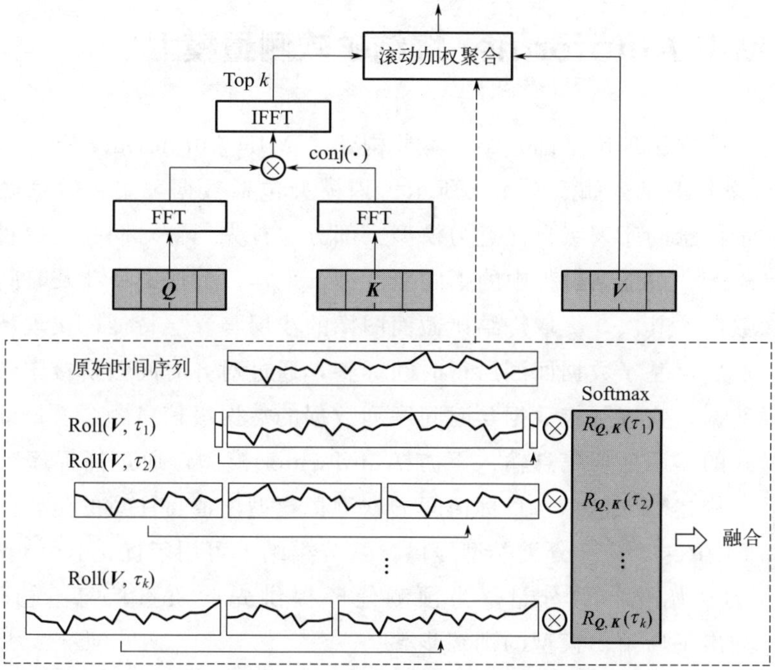

图 7.3.1　AutoCorrelation 模块结构图

$$\tau_1,\cdots,\tau_k=\arg\mathrm{Top}k[R_{\boldsymbol{Q},\boldsymbol{K}}(\tau)],\tau\in\{1,\cdots,L\} \tag{7.3.5}$$

$$\hat{R}_{\boldsymbol{Q},\boldsymbol{K}}(\tau_1),\cdots,\hat{R}_{\boldsymbol{Q},\boldsymbol{K}}(\tau_k)=\mathrm{Softmax}[R_{\boldsymbol{Q},\boldsymbol{K}}(\tau_1),\cdots,R_{\boldsymbol{Q},\boldsymbol{K}}(\tau_k)] \tag{7.3.6}$$

$$\mathrm{AutoCorrelation}(\boldsymbol{Q},\boldsymbol{K},\boldsymbol{V})=\sum_{i=1}^{k}\mathrm{Roll}(\boldsymbol{V},\tau_i)\hat{R}_{\boldsymbol{Q},\boldsymbol{K}}(\tau_i) \tag{7.3.7}$$

其中，τ_1，…，τ_k 表示相似度最高的 k 个子序列所对应的滞后时间，$k=\lfloor a\times\ln L\rfloor$，$a$ 为超参数；$\hat{R}_{\boldsymbol{Q},\boldsymbol{K}}(\tau_1),\cdots,\hat{R}_{\boldsymbol{Q},\boldsymbol{K}}(\tau_k)$为选定子序列的权重，arg Top$k$(·) 表示选取相关性最高的 k 个子序列；Roll(·) 表示序列中子序列的滚动操作。根据所选的滞后时间，AutoCorrelation 模块的输出基于 $\boldsymbol{V}$ 的滚动加权聚合而实现。

SeriesDecomp 模块的功能为序列分解，具体将序列分解为季节分量和趋势分量。对于序列长度为 L 的输入序列 $\boldsymbol{X}\in\mathbb{R}^{L\times d}$，SeriesDecomp 模块的分解过程可表示为：

$$\boldsymbol{X}_{\mathrm{t}}=\mathrm{AvgPool}[\mathrm{Padding}(\boldsymbol{X})] \tag{7.3.8}$$

$$\boldsymbol{X}_{\mathrm{s}}=\boldsymbol{X}-\boldsymbol{X}_{\mathrm{t}} \tag{7.3.9}$$

式中，$\boldsymbol{X}_{\mathrm{s}}$、$\boldsymbol{X}_{\mathrm{t}}\in\mathbb{R}^{L\times d}$，分别代表季节分量与趋势分量；Padding(·) 填充操作可以保证序列长度不变；AvgPool(·) 代表移动平均。

7.4 MIF-Autoformer 烧结矿软测量模型

基于上述方法理论基础介绍，本节构建了 MIF-Autoformer 模型用于烧结矿 FeO 含量软测量。如图 7.4.1 所示，该模型包括数据采集、信息融合和基于先验质量信息的序列级自注意力模型三部分。首先，针对同一批原材料，采用回溯策略[23] 对烧结过程中的不同变量进行采样，数据类型涉及时间序列数据与图像数据。其次，提取烧结矿截面图像的浅层与深层特征，实现特征级信息融合。然后，基于数据回溯所得时间标签，通过对齐时间戳拼接图像数据与时间序列数据，实现图像数据与时间序列数据的数据级信息融合。最终，将时间序列形式的多源融合信息输入下游 Autoformer 模型，通过捕捉序列级全局依赖关系，构建输入信息与目标值间的软测量模型。值得注意的是，图像的深层特征由 SE-ResNet-18 分类模型提供，其分类结果可用于优化 Autoformer 解码层输入的初始化趋势分量，为预测任务提供先验质量信息。总体而言，表 7.4.1 列出了所给出模型的训练步骤。

表 7.4.1 MIF-Autoformer 模型训练步骤

编码层输入：图像数据 $\boldsymbol{X}_{image}$；时间序列数据 $\boldsymbol{X}_{num}$；多源信息融合数据 $\boldsymbol{X}_{en}$；迭代轮次 num_e；批次大小 num_b；编码层个数 N；解码层个数 M

解码层输入：FeO 含量历史值 $\boldsymbol{X}_{de}$

预测输出：FeO 含量软测量结果 $\boldsymbol{y}$

$\mathbf{M}_s$ = Expert_knowledge($\mathbf{X}_{image}$)；//图像浅层特征

{$\mathbf{M}_d$, $\mathbf{y}_c$} = SE_ResNet($\mathbf{X}_{image}$)；//图像深层特征，分类结果

$\mathbf{X}_{en}$ = Concat($\mathbf{M}_s$, $\mathbf{M}_d$, $\mathbf{X}_{num}$)；//编码器输入值

for epoch e($1 \leqslant e \leqslant$ num_e) **do**

for batch b($1 \leqslant b \leqslant$ num_b) **do**

$\mathbf{X}_{en}^{N}$ = encoder($\mathbf{X}_{en}$) × N；//编码部分输出的潜变量

$\mathbf{X}_{des}$, $\mathbf{X}_{det}$ = DI($\mathbf{X}_{de}$)；//原始的解码器输入值

$\mathbf{y}_{t,c}$ = AvgPool(Padding($\mathbf{y}_c$))；//分类结果提供的趋势分量

$\mathbf{X}_{det,c}$ = Concat($\mathbf{X}_{det}$, $\mathbf{y}_{t,c}$)；//更新后的解码器输入值

y = decoder($\mathbf{X}_{des}$, $\mathbf{X}_{det,c}$, $\boldsymbol{X}_{en}^{N}$) × M；//软测量结果

end for

end for

注：DI(·) 表示表 7.3.1 中解码输入部分的一系列计算公式。

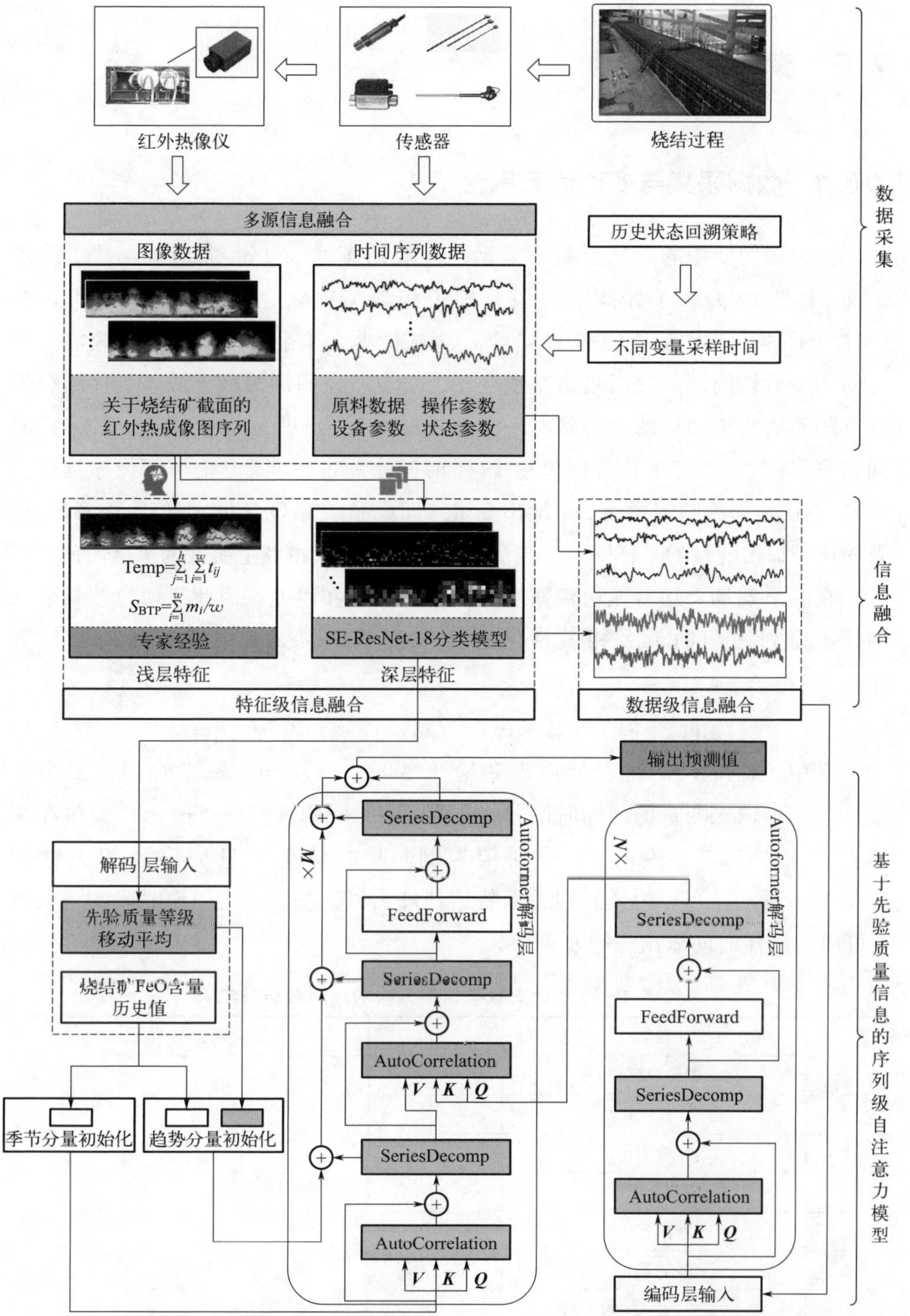

图 7.4.1 烧结矿 FeO 含量的 MIF-Autoformer 软测量模型结构

7.5 案例分析

7.5.1 数据采集与多源信息融合

实验案例使用的数据采集于某钢铁厂烧结车间 $360m^2$ 烧结机，数据采集于 2021 年 12 月，采样间隔以视频帧中相邻关键帧之间的时间差为准，共 2379 个样本，其中训练样本 1665 个，测试样本 714 个。为了有效处理数据变量间的滞后性问题，数据采集基于变量的历史状态回溯策略完成，具体结合采样点的距离与烧结机的运行状态来实施。如表 7.5.1 所示，根据不同的采样时间共采集到 20 个变量，具体包括 18 个时间序列过程变量、1 个图像序列变量（即烧结矿断面视频帧）和 1 个输出变量（即成品矿 FeO 含量）。值得注意的是，首先记录输出变量的采样时间，随后采用回溯策略获得其他变量的采样时间。

在烧结现场，送料输送带速度的采集往往存在误差，因此可通过搜索输入与输出序列之间的最大相关性来进一步提升表 7.5.1 中滞后时差的计算精度[24]：

$$\max r[\boldsymbol{x}(t-\Delta+j),\boldsymbol{y}(t)],|j|=1,2,\cdots,j_{\max} \tag{7.5.1}$$

其中，$\boldsymbol{x}$ 和 $\boldsymbol{y}$ 分别表示输入和输出变量；t 为当前采样时间；Δ 表示表 7.5.1 中输入变量的回溯时间差；j 为回溯时间的调整值；$r(\cdot)$ 提供相关系数。以表 7.5.1 中的 12 号变量为例，其与输出变量的序列相关性如图 7.5.1 所示，当 j 为 8 时相关系数达到最大值。基于此，回溯时间的调整值 j 可以为采样时间做出进一步调整。

表 7.5.1 基于历史状态回溯策略的烧结数据采集表

<table>
<tr><th>编号</th><th>变量</th><th>单位</th><th>采样时间</th></tr>
<tr><td>1</td><td>中和矿配比</td><td>%</td><td rowspan="6">$t-\frac{\pi D}{v_3}-\frac{l}{v_2}-\frac{l_1+l_2+l_3}{v_1}-t_2-t_1$</td></tr>
<tr><td>2</td><td>焦粉配比</td><td>%</td></tr>
<tr><td>3</td><td>煤粉配比</td><td>%</td></tr>
<tr><td>4</td><td>生石灰配比</td><td>%</td></tr>
<tr><td>5</td><td>返矿配比</td><td>%</td></tr>
<tr><td>6</td><td>轻烧配比</td><td>%</td></tr>
<tr><td>7</td><td>一次混合制粒加水量</td><td>m^3/h</td><td>$t-\frac{\pi D}{v_3}-\frac{l}{v_2}-\frac{l_2+l_3}{v_1}-t_2-t_1$</td></tr>
</table>

续表

<table>
<tr><th>编号</th><th>变量</th><th>单位</th><th>采样时间</th></tr>
<tr><td>8</td><td>二次混合制粒加水量</td><td>m^3/h</td><td>$t-\frac{\pi D}{v_3}-\frac{l}{v_2}-\frac{l_3}{v_1}-t_2$</td></tr>
<tr><td>9</td><td>烧结台车速度</td><td>m/min</td><td rowspan="4">$t-\frac{\pi D}{v_3}-\frac{l}{v_2}$</td></tr>
<tr><td>10</td><td>料层厚度(均值)</td><td>mm</td></tr>
<tr><td>11</td><td>大烟道负压(均值)</td><td>kPa</td></tr>
<tr><td>12</td><td>大烟道废气温度(均值)</td><td>℃</td></tr>
<tr><td>13</td><td>20＃风箱废气温度(均值)</td><td>℃</td><td rowspan="5">$t-\frac{\pi D}{v_3}-\frac{(25-n)l}{24v_2}$</td></tr>
<tr><td>14</td><td>21＃风箱废气温度(均值)</td><td>℃</td></tr>
<tr><td>15</td><td>22＃风箱废气温度(均值)</td><td>℃</td></tr>
<tr><td>16</td><td>23＃风箱废气温度(均值)</td><td>℃</td></tr>
<tr><td>17</td><td>24＃风箱废气温度(均值)</td><td>℃</td></tr>
<tr><td>18</td><td>烧结矿断面视频帧</td><td>—</td><td rowspan="2">$t-\frac{\pi D}{v_3}$</td></tr>
<tr><td>19</td><td>环冷机初段烟罩温度</td><td>℃</td></tr>
<tr><td>20</td><td>成品矿 FeO 含量(质量分数)</td><td>%</td><td>t</td></tr>
</table>

注：t 为当前采样时刻；t_1 和 t_2 分别为一次混合制粒和二次混合制粒的持续时间；v_1、v_2、v_3 分别代表给送料输送带速度、烧结台车速度和环冷机转速；l_1、l_2、l_3 为送料输送带长度，分别对应烧结配料至一次混合制粒、一次混合制粒至二次混合制粒、二次混合制粒至烧结机的距离；l 为烧结机长度；n 代表烧结台车下方的风箱个数；D 是环冷机直径；带有（均值）的变量从烧结机两侧采集并取平均值。

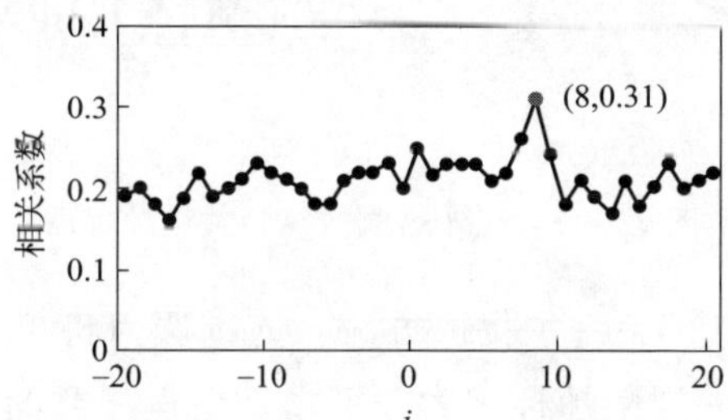

图 7.5.1　输入与输出变量间的序列相关系数图

7.5.2　图像特征提取

伴随着台车翻转，烧结矿在烧结机尾部依次完成卸料与破碎工序。在卸料过程中，光线会出现快速的明暗变化，这将导致可见光相机在拍摄过程中出现“过曝”现象，干扰图像信息采集。为避免该情况，本实验案例采用红外热像仪对烧结矿截面进行拍摄，以温度信息感知代替亮度信息感知。

图 7.5.2 中的（1）～（5）子图展现了一次完整的烧结矿卸料过程。具体而言，图 7.5.2(1）拍摄了上一批烧结矿掉落的瞬间画面；随后，掉落的烧结矿激起底部烟尘，在图 7.5.2(2）中遮挡了部分烧结矿截面信息；随着台车翻转，当前批次烧结矿即将掉落，烧结矿截面的拍摄角度也随之改变，在图 7.5.2(3）和图 7.5.2(4）中呈现出较少的红层画面；最终，当前批次烧结矿在图 7.5.2(5）中完全掉落。上述卸料过程中，在烧结矿掉落瞬间［图 7.5.2(1）和（5）］其截面与冷空气接触时间最短，且不受烟尘干扰，更有利于图像信息采集。因此，在红外热像仪采集到的视频帧中，应选取类似关键帧完成后续的特征提取步骤任务。

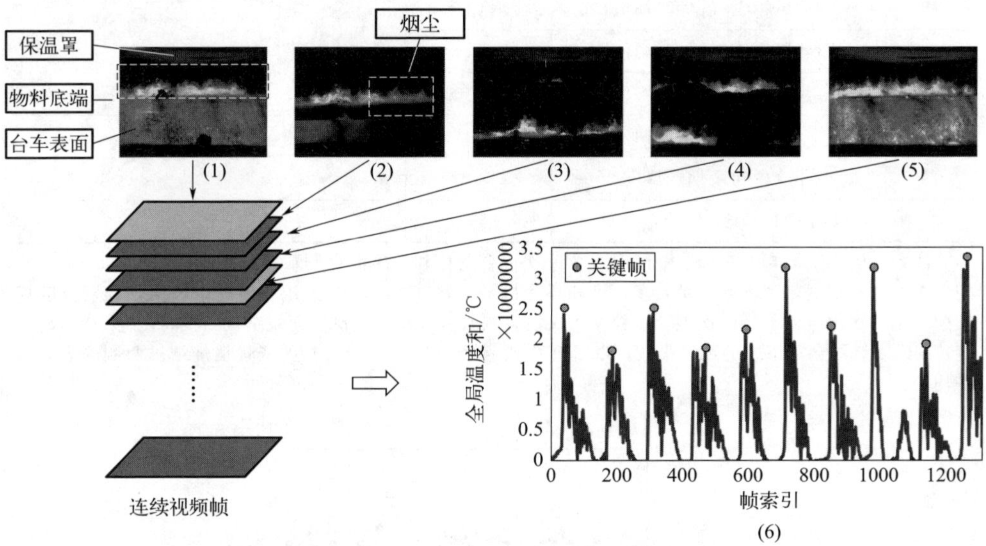

图 7.5.2　红外热成像视频关键帧提取

图 7.5.2(6）提供了关键帧提取方法，该方法为将单次烧结矿卸料过程中具备最高全局温度和的视频帧标记为关键帧。值得注意的是，在图 7.5.2 中烧结机尾的保温罩和台车表面也会存在较高温度，这可能会为关键帧的选择带来很大干扰。因此，该实验将红外热像仪的感受野由 480×640 调整至 128×640。在图 7.5.2(1）中，热像仪的感受野由虚线矩形表示，虚线矩形的底边与物料底端重合（即水平状态下的台车表面位置），虚线矩形的顶边与保温罩相切。在本次实验中，红外热像仪的安装位置、烧结台车水平位置和保温罩位置均是固定的，因此上述感受野的位置也是保持不变的，这有助于提高关键帧的提取效率与精度。

在提取红外热成像视频关键帧之后，本节分别基于专家经验与卷积神经网络提取烧结矿截面的浅层与深层特征。首先，根据表 7.1.1 提取图像浅层特征，随后基于 SE-ResNet-18 分类模型逐层选择权重较为显著的卷积特征通道并提取图像深层特征（见表 7.5.2）。具体而言，卷积特征通道的选取准则如下：

$$w_i \in w_{\mathrm{s}}, 若\ w_i < u_w - 2\sigma_w\ 或\ w_i > u_w + 2\sigma_w \tag{7.5.2}$$

其中，w_i 为第 i 个特征通道的权值；w_{s} 为所选权值的集合；u_w 和 σ_w 分别为某卷积层所有通道权值的均值和标准差。

如表 7.5.2 所示，在 SE-ResNet-18 模型中，由于 Conv1 层提供的通道图像与原始图像没有明显差异，因此从 Conv2_x 组合层开始进行特征提取。对选取的每个特征通道，首先将热成像特征图转换为二值图，然后对二值图进行形态学运算，依次消除噪声干扰，并突出细节区域，最后得到改进后的二值图（对应表 7.5.2 中的“A”类特征图）和对应的热成像特征图（对应表 7.5.2 中的“B”类特征图）。根据表 7.5.2 提供的代表性通道特征图，Conv2_x 层主要关注局部高温区域，该层特征 F_1 和 F_2 分别提供了高温区域的比例与对应的温度和。Conv3_x 和 Conv4_x 层的代表性特征通道分别提取精细和粗糙的亮点（即高温点），亮点之间的空间大小在一定程度上反映了烧结反应层的孔隙率。在此基础上，特征 F_3 和 F_5 分别提供了各层的亮点面积占比，特征 F_4 和 F_6 计算对应亮点的温度和。随着卷积层的叠加，Conv5_x 层的特征图较为抽象，因此使用原始通道特征的整体温度和来构建特征 F_7。值得注意的是，F_1 至 F_6 提供的图像特征与烧结矿截面的燃烧状态（局部亮度与孔隙率）高度相关，这也是有经验的工艺人员非常关注的烧结特征，借此可以说明 SE-ResNet-18 分类模型提取到的图像特征相对可靠，具备一定可解释性。

表 7.5.2　基于 SE-ResNet-18 分类模型的图像深度特征提取结果

模型结构	代表性通道	特征图尺寸	特征种类	深层特征
输入图像		128×640	—	—
Conv1		64×320	—	—
Conv2_x		32×160	A	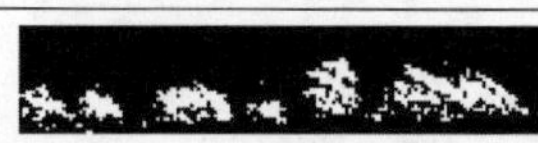 $F_1 = \sum_{d=1}^{c}\sum_{i=1}^{h}\sum_{j=1}^{w} b_{ij}^{\mathrm{conv2},d}$
			B	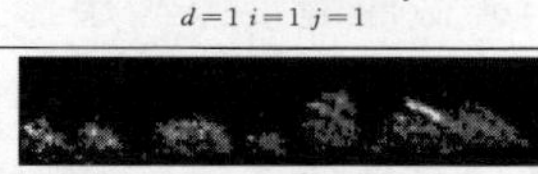 $F_2 = \sum_{d=1}^{c}\sum_{i=1}^{h}\sum_{j=1}^{w} t_{ij}^{\mathrm{conv2},d}$

续表

模型结构	代表性通道	特征图尺寸	特征种类	深层特征
Conv3_x		16×80	A	 $F_3=\sum_{d=1}^{c}\sum_{i=1}^{h}\sum_{j=1}^{w}b_{ij}^{\text{conv3},d}$
			B	 $F_4=\sum_{d=1}^{c}\sum_{i=1}^{h}\sum_{j=1}^{w}t_{ij}^{\text{conv3},d}$
Conv4_x		8×40	A	 $F_5=\sum_{d=1}^{c}\sum_{i=1}^{h}\sum_{j=1}^{w}b_{ij}^{\text{conv4},d}$
			B	 $F_6=\sum_{d=1}^{c}\sum_{i=1}^{h}\sum_{j=1}^{w}t_{ij}^{\text{conv4},d}$
Conv5_x		4×20	C	 $F_7=\sum_{d=1}^{c}\sum_{i=1}^{h}\sum_{j=1}^{w}t_{\text{o}ij}^{\text{conv5},d}$
图像标签 $=\begin{cases}0, 9.0<\text{FeO}<9.3\\1, 9.3\leqslant\text{FeO}<9.6\\2, 9.6\leqslant\text{FeO}<9.9\end{cases}$				分类精度:77.8%

注:"A"表示二值化特征图(二值图),"C"为原始通道特征图,"B"代表"A"与"C"在点积后得到的特征图;c 为每个卷积层中选择的通道数;h 和 w 分别表示图像的高度和宽度;$b_{ij}^{\text{conv2},d}$ 为 Conv2_x 层 d 通道的 A 类特征图在(i,j)处的坐标值,$t_{ij}^{\text{conv2},d}$ 为 Conv2_x 层 d 通道的 B 类特征图在(i,j)处的坐标值,Conv3_x 层和 Conv4_x 层的特征命名方式与之类似;$t_{\text{o}ij}^{\text{conv5},d}$ 表示 Conv5_x 层 d 通道的 C 类特征图在(i,j)处的坐标值;图像标签根据生产工艺标准分为低("0")、中("1")和高("2")三个等级。

为了进一步验证该部分所提取图像特征的有效性,图 7.5.3 提供了 11 个图像特征数据与烧结矿 FeO 含量化验值之间的相关系数热力图。在浅层图像特征中,特征 Temp 与烧结矿 FeO 含量的相关性最低,这表明仅通过观测烧结矿截面的整体红层温度(即在烧结现场工艺人员关注的红层亮度)很难对 FeO 含量的变化提供有效的判断与估计。与之相比,SE-ResNet-18 模型逐层关注图像的不同区域与不同特征,这体现了卷积神经网络层级性特征提取与表征的优势。总体而言,剩余的 10 个图像特征(包括其余 3 个图像浅层特征和

7 个图像深层特征）与烧结矿 FeO 含量的相关系数均大于 0.2，有效地扩充了下游软测量建模任务的信息容量。

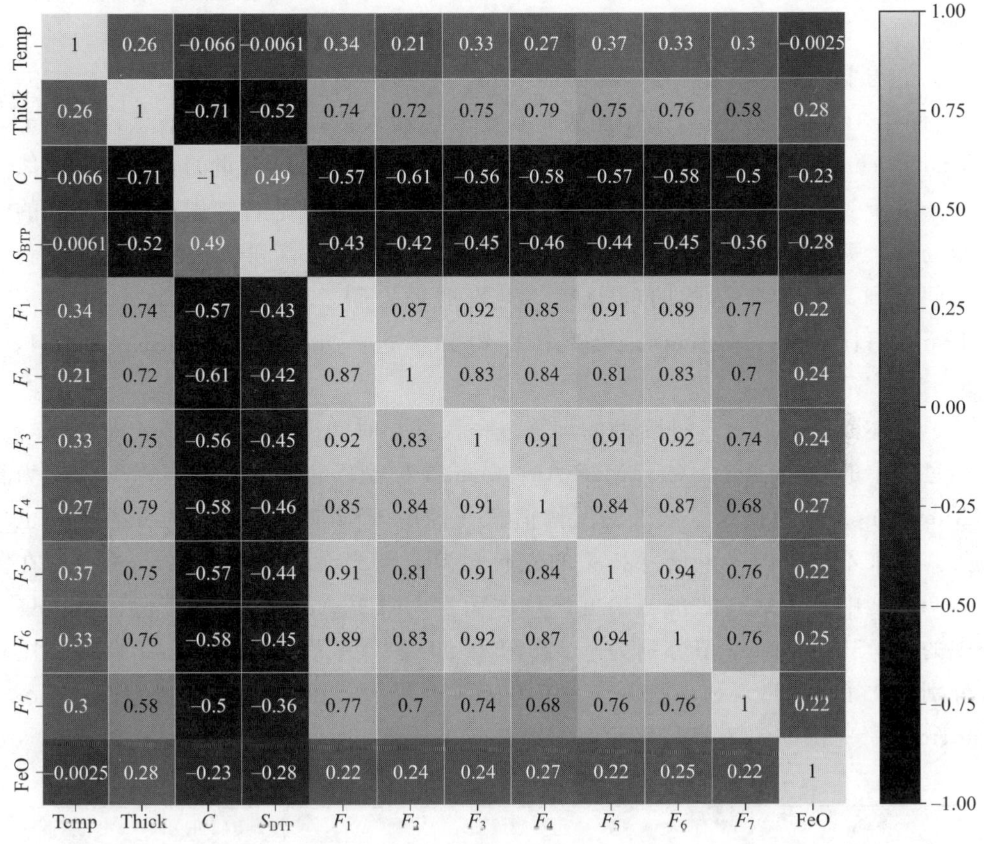

图 7.5.3　图像特征与烧结矿 FeO 含量间的相关系数热力图

7.5.3　实验结果分析

为验证 MIF-Autoformer 模型的有效性，本次实验引入了 GRU、GRU-PLS[23]、Transformer[8]、LogTrans[9] 和 Autoformer[11] 等模型对其软测量结果进行比较。模型的评价指标为均方根误差（RMSE）与决定系数（R^2），具体实验结果以 20 次重复实验中两个指标的均值为准。

表 7.5.3 提供了上述 6 个模型的具体参数设置以及烧结矿 FeO 含量软测量精度对比。对于 RNN 架构模型而言，GRU 模型的 RMSE 和 R^2 值分别为 0.063 和 0.534。GRU-PLS 模型利用 GRU 建立 PLS 潜变量之间的内部回归关系，然后选择前三个潜变量实现软测量任务，其建模性能略好于 GRU 模型

(RMSE＝0.062，R^2＝0.541)。以上拟合结果表明，表 7.5.3 提供的序列长度（设置为 10）可能不适合本实验中的 GRU 模型及其变体。

与 RNN 架构不同，其余 4 种模型舍弃了循环单元，通过捕捉输入与输出序列间的全局依赖关系完成相应的软测量任务，且预测精度有显著提升。具体而言，与上述两种模型相比，Transformer 的预测误差较小，RMSE 为 0.039，R^2 为 0.817。LogTrans 采用因果卷积压缩了输入数据的上下文信息，改进了 Transformer 的局部信息表征能力，并提升了烧结矿 FeO 含量的预测精度。然而，由于受到卷积核尺寸的限制，上述改进并不明显。通过探索子序列之间的全局依赖关系，Autoformer 提供了序列级信息压缩，有利于软测量模型捕获时间序列数据中复杂的时间分布。实验结果表明，与 Transformer 和 LogTrans 相比，Autoformer 的模型精度得到了进一步提升（RMSE＝0.034，R^2＝0.857)。

整体而言，以上 5 种模型的训练过程仅基于时间序列数据完成，忽略了烧结过程中的图像信息。对于 MIF-Autoformer 模型而言，多源信息融合策略为 Autoformer 模型提供了额外的图像信息，且用于图像特征提取的分类模型也为其带来了与当前质量信息相关的先验知识。因此，MIF-Autoformer 模型在表 7.5.3 中具备最高的预测精度。具体而言，MIF-Autoformer 模型在测试集中的 RMSE 值与 R^2 值分别为 0.028 和 0.904，与常规 Transformer 模型相比分别优化了 28.21％和 10.65％。如图 7.5.4 所示，在上述模型中 MIF-Autoformer 所提供的预测值与化验值的拟合效果最佳。

表 7.5.3　测试集中不同模型的烧结矿 FeO 含量预测结果比较

模型	超参数设置	RMSE	R^2
GRU	HL:24,24;OL:1	0.063	0.534
GRU-PLS	(HL:6;OL:1)×3 LVs	0.062	0.541
Transformer	EL:4;DL:1;ED:32;AH:4	0.039	0.817
LogTrans	EL:4;DL:1;KS:6;ED:32;AH:4	0.039	0.819
Autoformer	EL:4;DL:1;ED:32;AH:4;WS:5;a:2	0.034	0.857
MIF-Autoformer	r:8;EL:5;DL:1;ED:36;AH:4;WS:5;a:2	0.028	0.904

注：时间序列预测模型的输入序列长度为 10；HL、OL、EL 和 DL 分别表示网络结构中隐藏层节点数、输出层个数、编码层个数和解码层个数；LV、ED、AH、KS 和 WS 分别表示潜变量个数、嵌入维度、注意力头数、卷积核尺寸和移动平均的窗口大小；r 和 a 分别为 SE 模块和 Autoformer 模块中的超参数。

7.5.4　消融实验

为了清晰地展示多源信息融合策略为软测量带来的改进效果，本小节提供

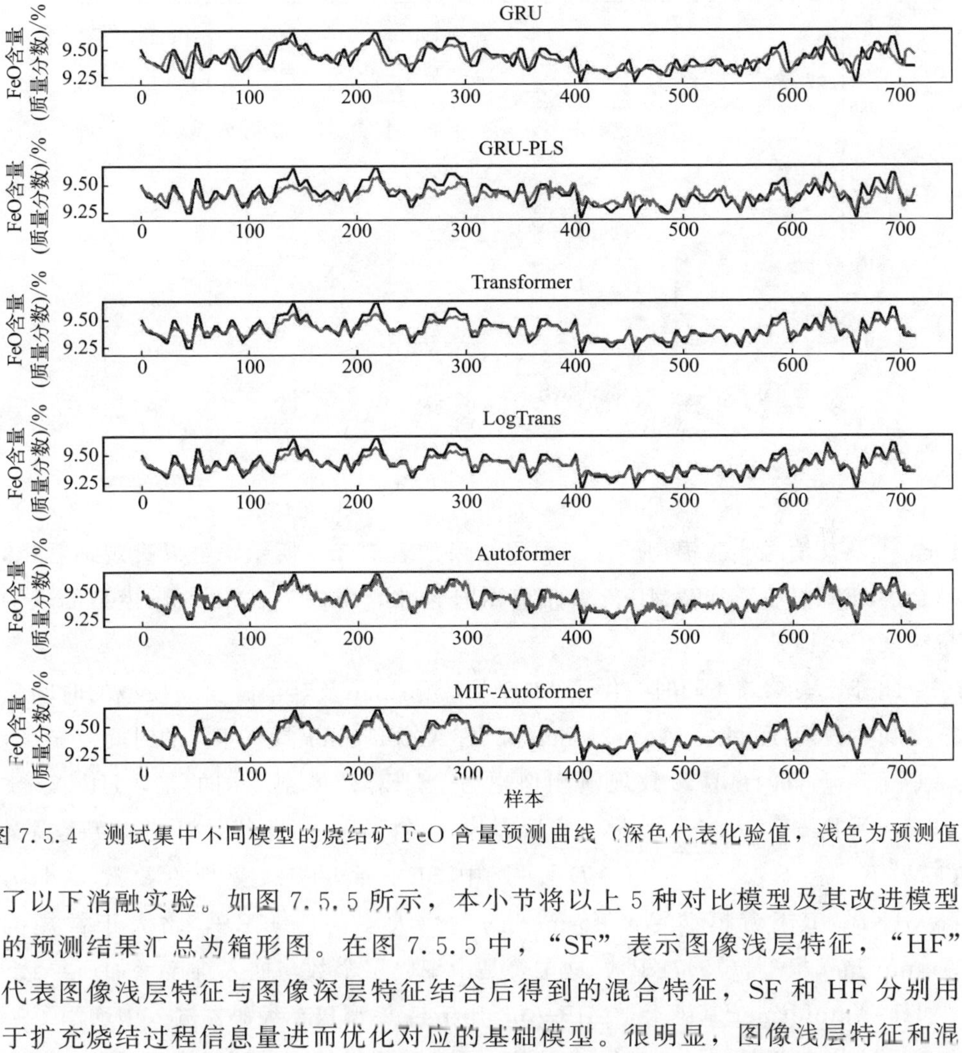

图 7.5.4 测试集中不同模型的烧结矿 FeO 含量预测曲线（深色代表化验值，浅色为预测值）

了以下消融实验。如图 7.5.5 所示，本小节将以上 5 种对比模型及其改进模型的预测结果汇总为箱形图。在图 7.5.5 中，“SF”表示图像浅层特征，“HF”代表图像浅层特征与图像深层特征结合后得到的混合特征，SF 和 HF 分别用于扩充烧结过程信息量进而优化对应的基础模型。很明显，图像浅层特征和混合特征在多数情况下都能提升不同基础模型的预测精度，而后者的提升效果与通用性更好。这表明，混合特征分别从专家经验与数据驱动深度学习的角度出发，为基础模型提供了更全面的图像信息。

值得注意的是，基于 Autoformer 的序列分解与趋势分量累加机制，MIF-Autoformer 模型为 HF-Autoformer 的解码器额外引入了具备先验质量信息的趋势分量，该趋势分量来自 SE-ResNet-18 图像分类模型的输出结果。从多模态融合的角度看来，MIF-Autoformer 模型在 HF-Autoformer 的基础上进一步提取了图像数据的决策级信息，并与时间序列分支的数据级信息实现了不对称融合[25]，进一步提高了预测结果的可靠性和准确性。具体而言，MIF-Auto-

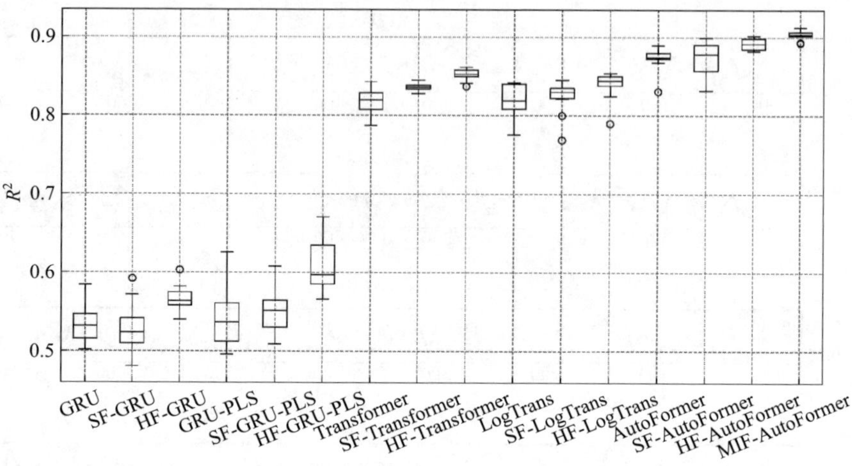

图 7.5.5 测试集中 16 种不同模型的 R^2 预测指标箱形图（20 次重复实验）

former 及其消融实验模型的详细预测结果如表 7.5.4 所示。可以直观地看出，结合“SF”“HF”和“MIF”等信息融合策略，常规 Autoformer 模型的软测量精度依次提升。

此外，表 7.5.4 同时提供了 MIF-Autoformer 及其消融实验模型的时间复杂度和参数规模对比。Autoformer 和 SF-Autoformer 具有相同的时间复杂度，即 $\mathcal{O}[L\ln(L)D]$，且参数规模相似。与上述两种模型不同的是，HF-Autoformer 采用 SE-ResNet-18 模型提取图像深层特征，因此其时间复杂度提高至 $\mathcal{O}[M^2K^2C_{in}C_{out}+L\ln(L)D]$；其中 SE-ResNet-18 模型的参数大小为 43931KB，其下游模型 Autoformer 的参数大小为 1843KB，略大于常规的 Autoformer 模型（1547KB)，这主要是由编码层个数与嵌入维度增加所导致。在 HF-Autoformer 基础上，MIF-Autoformer 模型仅在编码器输入中增添了一个维度，因此其时间复杂度保持不变，且参数规模的变动可忽略不计。

表 7.5.4 MIF-Autoformer 模型的消融实验结果

模型	RMSE	R^2	时间复杂度	参数规模/KB
Autoformer	0.034	0.857	$\mathcal{O}[L\ln(L)D]$	1547
SF-Autoformer	0.033	0.874	$\mathcal{O}[L\ln(L)D]$	1548
HF-Autoformer	0.030	0.892	$\mathcal{O}[M^2K^2C_{in}C_{out}+L\ln(L)D]$	43931+1843
MIF-Autoformer	**0.028**	**0.904**	$\mathcal{O}[M^2K^2C_{in}C_{out}+L\ln(L)D]$	43931+1843

注：$\mathcal{O}$ 为时间复杂度的表示符号；L 和 D 分别表示输入数据的序列长度与维数；M 和 K 分别表示 SE-ResNet-18 模型卷积层中特征映射和卷积核的边长（假设特征映射与卷积核的形状均为正方形）；C_{in} 和 C_{out} 分别表示当前卷积层输入和输出的通道数。

7.5.5 超参数设置与调整

由于序列长度是时间序列软测量建模任务中的重要参数，本节提供了不同序列长度对模型精度的影响。如图 7.5.6 所示，GRU 和 GRU-PLS 的模型拟合效果随着序列长度的增加逐渐降低，且当序列长度超过 8 时，模型退化速度加快。相比而言，Transformer 及其变体模型对于不同的序列长度均提供了相对稳定的表现，这进一步验证了全局注意力机制在长期时间序列软测量建模任务中具备显著优势。在图 7.5.6 的 6 类模型中，MIF-Autoformer 模型随着序列长度的变动均保持了较高的软测量精度，且当序列长度设置为 10 时精度最高。

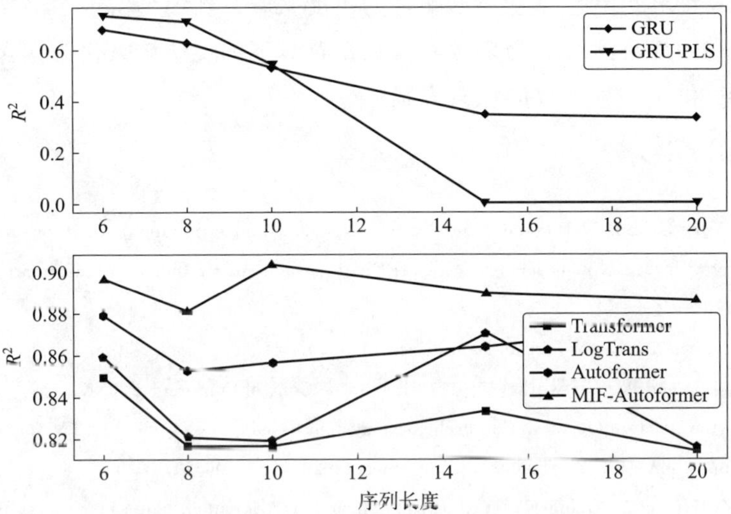

图 7.5.6 不同序列长度对模型精度的影响

此外，本节还提供了 MIF-Autoformer 模型在训练时学习率和参数 a 的调整过程，其中参数 a 决定了式(7.3.5) 选择的相似子序列个数。如图 7.5.7 所示，MIF-Autoformer 模型的软测量精度对学习率和参数 a 的变化都十分敏感，在训练过程中需仔细调整。

整体而言，本章针对烧结过程数据的多源异构性，给出了一种基于多源数据与知识融合的自注意力烧结矿氧化亚铁含量软测量模型。该模型结合专家知识和卷积神经网络，实现了机尾烧结矿截面的特征提取，较现存方案提供了更为全面的图像信息；随后，在样本时间维度完成了时间序列数据与图像特征的信息融合，并通过多源融合信息的子序列级全局依赖关系表征实现软测量任

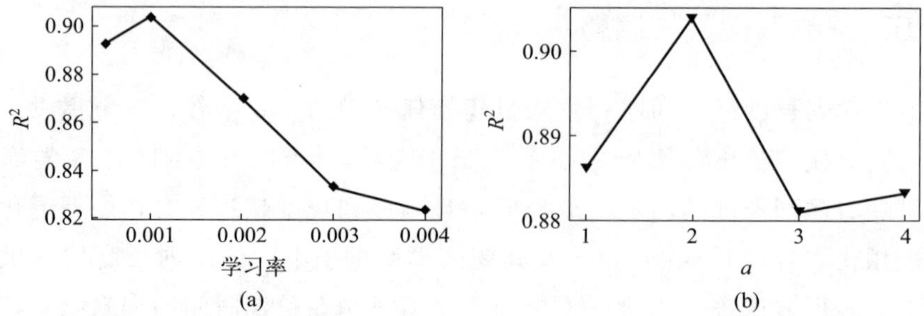

图 7.5.7 学习率和参数 a 对 MIF-Autoformer 模型精度的影响

务。值得注意的是，上述多源信息融合策略提高了下游任务的信息容量，且卷积神经网络的分类结果也为烧结质量预测提供了先验知识，从而提高了自注意力模型的精度和可靠性。从模型融合的角度来看，新模型实现了多模态信息的早期融合与不对称融合，为多源异构数据背景下的烧结矿氧化亚铁含量软测量建模任务提供了一种有效的探索方案。

参考文献

[1] Li Y, Yang C, Sun Y. Dynamic time features expanding and extracting method for prediction model of sintering process quality index [J]. IEEE Transactions on Industrial Informatics, 2021, 18 (3): 1734-1745.

[2] Bai X, Chen C, Liu W, et al. Data-driven prediction of sinter composition based on multi-source information and lstm network [C] //40th Chinese Control Conference. 2021.

[3] Liu S, Liu X, Lyu Q, et al. Comprehensive system based on a DNN and LSTM for predicting sinter composition [J]. Applied Soft Computing, 2020, 95: 106574.

[4] Jiang Z, Huang L, Jiang K, et al. Prediction of FeO content in sintering process based on heat transfer mechanism and data-driven model [C] //2020 Chinese Automation Congress. 2020.

[5] Hochreiter S, Schmidhuber J. Long short-term memory [J]. Neural Computation, 1997, 9 (8): 1735-1780.

[6] Cho K, Van Merriënboer B, Gulcehre C, et al. Learning phrase representations using RNN encoder-decoder for statistical machine translation [C] // Proceedings of the 2014 Conference on Empirical Methods in Natural Language Processing (EMNLP) . 2014.

[7] Zhou H, Zhang S, Peng J, et al. Informer: Beyond efficient transformer for long sequence time-series forecasting [C] //Proceedings of the AAAI Conference on Artificial Intelligence. 2021.

[8] Vaswani A, Shazeer N, Parmar N, et al. Attention is all you need [C] //Advances in Neural Information Processing Systems 30. 2017.

[9] Li S, Jin X, Xuan Y, et al. Enhancing the locality and breaking the memory bottleneck of transformer on time series forecasting [C] //Advances in Neural Information Processing Systems 32. 2019.

[10] Liu S，Yu H，Liao C，et al. Pyraformer：Low-complexity pyramidal attention for long-range time series modeling and forecasting [C] //International Conference on Learning Representations. 2022.

[11] Wu H，Xu J，Wang J，et al. Autoformer：Decomposition transformers with auto-correlation for long-term series forecasting [C] //Advances in Neural Information Processing Systems 34. 2021.

[12] Zhou T，Ma Z，Wen Q，et al. Fedformer：Frequency enhanced decomposed transformer for long-term series forecasting [C] //Proceedings of the 39th International Conference on Machine Learning. 2022.

[13] 周德玉．基于 RBFNN 的烧结矿氧化亚铁含量实时检测系统的研究 [D]．合肥：安徽大学，2011.

[14] Jiang Z，Guo Y，Pan D，et al. Polymorphic measurement method of feo content of sinter based on heterogeneous features of infrared thermal images [J]．IEEE Sensors Journal，2021，21 (10)：12036-12047.

[15] Sun Q，Ge Z. A survey on deep learning for data-driven soft sensors [J]．IEEE Transactions on Industrial Informatics，2021，17 (9)：5853-5866.

[16] Simonyan K，Zisserman A. Very deep convolutional networks for large-scale image recognition [C] //3rd International Conference on Learning Representations. 2015.

[17] Szegedy C，Liu W，Jia Y，et al. Going deeper with convolutions [C] //Proceedings of the IEEE Conference on Computer Vision and Pattern Recognition. 2015.

[18] He K，Sun J. Convolutional neural networks at constrained time cost [C] //Proceedings of the IEEE Conference on Computer Vision and Pattern Recognition. 2015.

[19] He K，Zhang X，Ren S，et al. Deep residual learning for image recognition [C] //2016 IEEE Conference on Computer Vision and Pattern Recognition. 2016.

[20] Hu J，Shen L，Sun G. Squeeze-and-excitation networks [C] //2018 IEEE/CVF Conference on Computer Vision and Pattern Recognition. 2018.

[21] Umadevi T，Karthik P，Mahapatra P C，et al. Optimisation of FeO in iron ore sinter at JSW steel limited [J]．Ironmaking & Steelmaking，2012，39 (3)：180-189.

[22] Wiener N. Generalized harmonic analysis [J]．Acta Mathematica，1930，55 (1)：117-258.

[23] Yang C，Yang C，Li J，et al. Forecasting of iron ore sintering quality index：A latent variable method with deep inner structure [J]．Computers in Industry，2022，141：103713.

[24] Li L，Dong T，Zhang S，et al. Time-delay identification in dynamic processes with disturbance via correlation analysis [J]．Control Engineering Practice，2017，62：92-101.

[25] Huang K，Shi B，Li X，et al. Multi-modal sensor fusion for auto driving perception：A survey [J]．arXiv preprint，2022.

第8章 烧结矿质量指标软测量的多模态信息融合方式与拓展

烧结过程数据主要分为时间序列数据和图像数据。基于这两种数据类型，第7章内容实现了多模态融合方法在烧结矿 FeO 含量软测量建模任务中的初步探索。本章将对多模态融合方式进行更全面的研究与探索，从初步信息融合、不对称信息融合、深度信息融合和后期信息融合等角度出发，介绍烧结矿 FeO 含量软测量的多模态信息融合与拓展方式，以进一步提升软测量模型对多模态信息的提取、融合与运用能力。

8.1 多模态信息融合理论基础

针对烧结过程中的时间序列数据和图像数据，多模态融合模式一般可分为早期融合、深层融合、后期融合和不对称融合四种类型[1]，具体如表 8.1.1 所示。根据子模型分支的数据级[2]、特征级[3,4]与决策级[5,6]信息融合，多模态融合类型分别归纳为早期融合、深层融合和后期融合。对于烧结过程而言，由于其图像信息难以在原始数据层面与时间序列信息进行融合，因此表 8.1.1 在图像分支中取消了数据级信息与特征级信息的分类边界。

表 8.1.1 烧结过程时间序列分支和图像分支的多模态融合类型

时间序列分支	图像分支	
	数据级与特征级信息	决策级信息
数据级信息	EF	AF
特征级信息	DF	AF
决策级信息	AF	LF

注：EF、AF、DF 和 LF 分别代表早期融合、不对称融合、深层融合和后期融合。

8.2 初步信息融合的烧结矿质量指标软测量模型

如表 8.1.1 所示，初步信息融合（早期融合）的烧结矿质量指标软测量模型旨在整合时间序列分支的数据级信息和图像分支的数据级与特征级信息。如 8.1 节所述，由于其图像信息难以在原始数据层面与时间序列信息进行融合，因此初步信息融合的方式可归纳为时间序列分支数据级信息与图像分支特征级信息的融合。

通过简化 7.4 节提供的 MIF-Autoformer 烧结矿软测量模型，可构建初步信息融合的软测量模型。首先，针对同一批原材料，采用回溯策略[7] 对烧结过程中的不同变量进行采样。其次，提取烧结矿截面图像的浅层与深层特征，实现特征级整合。然后，基于数据回溯所得时间标签，通过对齐时间戳拼接图像数据与时间序列数据，实现图像数据与时间序列数据的数据级信息融合。最终，将时间序列形式的多源融合信息输入下游 Autoformer 模型，通过捕捉序列级全局依赖关系，构建输入信息与目标值间的软测量模型。值得注意的是，初步信息融合模型不采纳图像分类模型提供的分类结果。总体而言，MIF-Autoformer 简化后的初步信息融合软测量模型的训练步骤如表 8.2.1 所示。

表 8.2.1 初步信息融合软测量模型的训练步骤

编码层输入：图像数据 $\boldsymbol{X}_{\text{image}}$；时间序列数据 $\boldsymbol{X}_{\text{num}}$；多源信息融合数据 $\boldsymbol{X}_{\text{en}}$；迭代轮次 num_e；批次大小 num_b；编码层个数 N；解码层个数 M

解码层输入：FeO 含量历史值 $\boldsymbol{X}_{\text{de}}$

预测输出：FeO 含量软测量结果 $\boldsymbol{y}$

$\mathbf{M}_s$ = Expert_knowledge($\mathbf{X}_{\text{image}}$)；//图像浅层特征（表 7.1.1）

{$\mathbf{M}_d$} = SE_ResNet($\mathbf{X}_{\text{image}}$)；//图像深层特征（表 7.5.2）

$\mathbf{X}_{\text{en}}$ = Concat($\mathbf{M}_s$, $\mathbf{M}_d$, $\mathbf{X}_{\text{num}}$)；//编码器输入值

for epoch e(1≤e≤num_e) **do**

  for batch b(1≤b≤num_b) **do**

    $\mathbf{X}_{\text{en}}^{N}$ = encoder($\mathbf{X}_{\text{en}}$)×N；//编码部分输出的潜变量（表 7.3.1）

    $\mathbf{X}_{\text{des}}$, $\mathbf{X}_{\text{det}}$ = DI($\mathbf{X}_{\text{de}}$)；//解码器输入值

    y = decoder($\mathbf{X}_{\text{des}}$, $\mathbf{X}_{\text{det}}$, $\mathbf{X}_{\text{en}}^{N}$)×M；//软测量结果（表 7.3.1）

  end for

end for

注：DI(·) 表示表 7.3.1 中解码输入部分的一系列计算公式。

8.3 不对称信息融合的烧结矿质量指标软测量模型

不对称信息融合通过整合一个子模型分支的决策级信息和另一个子模型分支的数据级或特征级信息来实现跨模态融合[8,9]。

考虑到图像分支的决策级信息多为离散值，与时间序列分支的不对称信息融合则不可避免忽略对于关键性动态特征的表示，这将会影响融合模型的最终表现。若以时间序列分支的决策级信息与图像分支实现不对称信息融合，则关键点在于实现时间序列分支决策级信息与图像分支特征级信息的融合。考虑到图像特征提取模型多为深度学习方法，如 CNN、视觉 Transformer 等，因此时间序列分支的决策级信息难以与分级的、深层次的图像特征级信息实现不对称融合。

值得注意的是，7.4 节提供的 MIF-Autoformer 烧结矿软测量模型将图像的分类结果用于优化下游软测量模型解码层输入的初始化趋势分量，巧妙地实现了时间序列分支与图像分支的不对称融合，并进一步结合图像特征实现了时间序列分支与图像分支的初步融合，且通过消融实验验证了不对称融合对于整体模型软测量精度的提升效果。

8.4 深度信息融合的烧结矿质量指标软测量模型

对于深层（深度信息）融合方法而言，由于不同模型分支的交集位于特征层，因此特征级信息融合策略可以同时使用原始数据和深层特征，为多模态融合任务提供更全面的可利用信息。在烧结过程中，构建深层融合模型的难点是如何处理时间序列分支模型和图像分支模型的特征层结构差异，并使得两模型分支在特征层产生交集，这也正是本章的研究重点。事实上，在多模态融合任务中深层融合的要点是挖掘不同模型分支特征的关联性。例如，在相机和激光雷达共享同一检测对象的三维检测任务中，研究人员通过建立相机图像与激光雷达点云之间的逐点对应关系来实现特征级融合[10]。与上述情况类似，在烧结过程中图像信息来源于带有时间标签的连续视频帧，由于时间标签是图像数据与时间序列数据之间的共有属性，因此挖掘两个分支的时间特征是实现模型深层融合的关键。

目前，时间序列视频帧的处理策略主要包括以下三类：三维卷积神经网络[11]、融合时空信息的双分支卷积神经网络[12]、卷积-循环串联神经网络(CNN-RNN)[13]。其中，CNN-RNN 架构以 CNN 提取每一帧的瞬时特征，随后采用 RNN 分析时间序列帧之间的动态性，这在理论上很适合与时间序列分支模型实现多模态融合。然而，该架构仍存在以下两点问题：①CNN 与 RNN 的串联结构将限制 CNN 对帧序列瞬时特征的提取能力；②CNN-RNN 在本质上是一种 RNN 模型，其将不可避免地面对循环结构为模型训练带来的梯度消失和梯度爆炸问题。

不同于 RNN 模型，Transformer[14] 采用可以并行计算的注意力机制学习序列内的全局依赖关系，且在机器视觉、时间序列预测等领域中均表现出很强的竞争力，为烧结过程时间序列分支和图像分支的多模态融合任务提供了强大基础。对于图像数据而言，常规视觉 Transformer（ViT）模型[15] 的实施步骤为：①将图像分割为固定大小且不重叠的补丁；②对每块补丁进行展平并依次堆叠；③在序列化的展平补丁上执行 Transformer 以实现补丁间的关系表征。值得注意的是，由于缺乏 CNN 模型中的空间归纳偏置，ViT 模型需要更为庞大的数据集与训练参数来学习视觉信息表征，优化能力较差[16-19]。因此，样本标签稀缺的烧结过程难以满足 ViT 模型的训练需求。该情况下，轻量化的 ViT 模型将是更合适的选择。近年来，MobileViT 模型[20] 综合考虑了 CNN 的局部表征与 ViT 的全局表征能力，有效降低了模型训练难度，且在图像分类、目标检测和语义分割等领域均取得了较好的表现，为轻量化、低延迟和高精度需求的机器视觉应用场景提供了合适的选择。此外，值得注意的是，MobileViT 模型的全局表征能力也为本研究中图像视频帧与时间序列的信息融合提供了理论基础。

基于上述介绍，本节给出一种时序一致性多模态深层融合 Transformer（DF-Transformer）模型用于烧结矿 FeO 含量的软测量建模。受启发于 Transformer 的跨领域通用性，该模型以一种新颖的方式实现了时间序列分支与图像分支的特征级融合。首先，DF-Transformer 模型将一段时间内烧结矿截面的时间序列关键帧以补丁的形式拼接为一个组合图像。随后，该模型采用 MobileViT 模型学习组合图像的局部表征与补丁间的全局表征，它们分别提供关键帧序列的瞬时与动态视觉信息。具体而言，补丁间的全局依赖关系表征由 Transformer 完成，因此时间序列分支可以采用相同的编码形式实现与图像分支的特征级融合。最终，深层融合特征经 Trasnformer 解码器得出相应的软测量结果。整体而言，该模型的主要贡献如下：①给出了一种具有时序一致性的双通道多模态深层融合的烧结矿氧化亚铁含量软测量模型，该模型实现了图像序列的局部表征、全局编码与特征尺寸规整，并在时间尺度与时间序列分支完成特征级融合，以充分提取各个分支的原始数据和深层特征信息。②引入了轻量级视觉自注意力编码，使多模态融合软测量模型具有训练成本低、优化性能强和鲁棒性高等优点，很适合数据规模受限的烧结过程软测量应用场景。

本节从时间序列分支、图像分支和整体模型架构等三个部分介绍所给出的DF-Transformer模型。

8.4.1 时间序列分支

Transformer对于长序列的依赖关系有很强的捕捉能力，在时间序列建模任务中具备优越的表现。与当前流行的神经网络相似，常规Transformer模型[14] 由编码器和解码器组成。如图8.4.1所示，编码器是由多个相同的编码层堆叠而成。每个编码层包含一个多头注意力（MHA）子层和一个逐点前馈网络（FFN）子层，每个子层的输出均做一个残差连接与层标准化（LN）。与之相似，解码器也是由多个相同的解码层堆叠而成。每个解码层在编码层结构基础上额外引入一个交叉MHA子层用于接收编码器的输出。

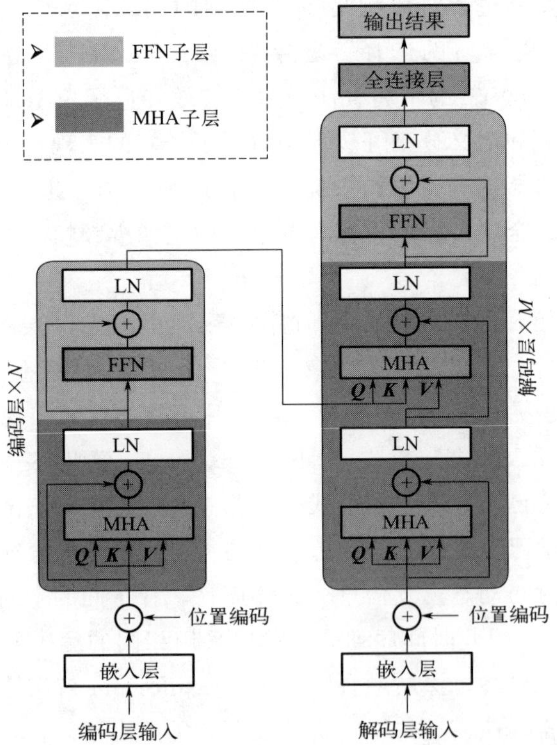

图8.4.1 Transformer模型架构

具体而言，对于序列长度为 l、维度为 d_{en} 的输入数据 $\boldsymbol{X}\in\mathbb{R}^{l\times d_{\text{en}}}$，MHA 层可以表示为：

$$\text{MHA}(\boldsymbol{X})=\text{Concat}(\text{head}_1,\text{head}_2,\cdots,\text{head}_h)\boldsymbol{W}^h \tag{8.4.1}$$

这里，head_i 表示单一注意力头，其计算方式为：

$$\text{head}_i=\text{Attention}(\boldsymbol{QW}_i^Q,\boldsymbol{KW}_i^K,\boldsymbol{VW}_i^V) \tag{8.4.2}$$

其中，查询 $\boldsymbol{Q}\in\mathbb{R}^{l\times d_{\text{model}}}$，键 $\boldsymbol{K}\in\mathbb{R}^{l\times d_{\text{model}}}$，值 $\boldsymbol{V}\in\mathbb{R}^{l\times d_{\text{model}}}$，分别由输入矩阵 $\boldsymbol{X}$ 经嵌入层得到，实现维度从 d_{en} 至 d_{model} 的变化；$\boldsymbol{W}_i^Q\in\mathbb{R}^{d_{\text{model}}\times d_{\text{k}}}$，$\boldsymbol{W}_i^K\in\mathbb{R}^{d_{\text{model}}\times d_{\text{k}}}$，$\boldsymbol{W}_i^V\in\mathbb{R}^{d_{\text{model}}\times d_{\text{v}}}$，$\boldsymbol{W}^h\in\mathbb{R}^{hd_{\text{v}}\times d_{\text{model}}}$，分别是为 $\boldsymbol{Q}$、$\boldsymbol{K}$、$\boldsymbol{V}$ 和 h 个并行注意力头的投影矩阵；一般而言，$d_{\text{k}}=d_{\text{v}}=d_{\text{model}}/h$。由于 MHA 层整合了来自不同位置的信息，其比单一注意力头具备更强的表征能力。Attention(·) 为注意力函数，其又被称作缩放点积注意力，具体可表示为：

$$\text{Attention}(\boldsymbol{Q},\boldsymbol{K},\boldsymbol{V})=\text{Softmax}\left(\frac{\boldsymbol{QK}^{\text{T}}}{\sqrt{d_{\text{k}}}}\right)\boldsymbol{V} \tag{8.4.3}$$

此外，FFN 层由两个全连接与中间 ReLU 激活函数组成。对于输入数据 $\boldsymbol{X}_{\text{F\_in}}$，FFN 层可表示为：

$$\text{FFN}(\boldsymbol{X}_{\text{F\_in}})=\text{ReLU}(\boldsymbol{X}_{\text{F\_in}}\boldsymbol{W}_1+\boldsymbol{b}_1)\boldsymbol{W}_2+\boldsymbol{b}_2 \tag{8.4.4}$$

其中，$\boldsymbol{W}_1$、$\boldsymbol{b}_1$、$\boldsymbol{W}_2$、$\boldsymbol{b}_2$ 是线性变换中的可训练参数。

整体来说，常规 Transformer 模型的执行细节如表 8.4.1 所示。

表 8.4.1 Transformer 模型实施步骤

结构	实施流程	计算公式
模型输入	1. 编码层输入	$\boldsymbol{X}=\boldsymbol{X}_{\text{en}}\boldsymbol{E}_{\text{en}}+\boldsymbol{E}_{\text{pos}}$
	2. 解码层输入	$\boldsymbol{Y}_{\text{re}}=\text{Concat}(\boldsymbol{Y}_{\text{de},z:l},\boldsymbol{Y}_0)$，$\boldsymbol{Y}=\boldsymbol{Y}_{\text{re}}\boldsymbol{D}_{\text{de}}+\boldsymbol{D}_{\text{pos}}$
	其中，$\boldsymbol{X}_{\text{en}}\in\mathbb{R}^{l\times d_{\text{en}}}$，为序列长度为 l、维度为 d_{en} 的初始化编码层输入值；$\boldsymbol{E}_{\text{en}}\subset\mathbb{R}^{d_{\text{en}}\times d_{\text{model}}}$，为将输入维数转换为 d_{model} 的可训练嵌入矩阵；$\boldsymbol{E}_{\text{pos}}\in\mathbb{R}^{l\times d_{\text{model}}}$，为位置编码矩阵；$\boldsymbol{X}$ 为用于编码层的输入值；$\boldsymbol{Y}_{\text{de}}\in\mathbb{R}^{l\times d_{\text{de}}}$，是序列长度为 l、维度为 d_{de} 的初始解码层输入；$\boldsymbol{Y}_{\text{de},z:l}\in\mathbb{R}^{(l-z+1)\times d_{\text{de}}}$，表示 $\boldsymbol{Y}_{\text{de}}$ 在时间步 z 至 l 的历史数据；$\boldsymbol{Y}_0\in\mathbb{R}^{(z-1)\times d_{\text{de}}}$，是零矩阵；$\boldsymbol{Y}_{\text{de},z:l}$ 与 $\boldsymbol{Y}_0$ 拼接后得到 $\boldsymbol{Y}_{\text{re}}\in\mathbb{R}^{l\times d_{\text{de}}}$；$z-1$ 表示预测时间步；$\boldsymbol{D}_{\text{de}}\in\mathbb{R}^{l\times d_{\text{de}}}$ 和 $\boldsymbol{D}_{\text{pos}}\in\mathbb{R}^{l\times d_{\text{de}}}$，分别为 $\boldsymbol{Y}_{\text{re}}$ 的嵌入矩阵和位置编码矩阵；$\boldsymbol{Y}$ 为用于解码层的输入值	
（编码层）$\times N$	1. MHA 子层	$\boldsymbol{E}'=\text{LN}[\text{MHA}(\boldsymbol{X})+\boldsymbol{X}]$
	2. FFN 子层	$\boldsymbol{E}=\text{LN}[\text{FFN}(\boldsymbol{E}')+\boldsymbol{E}']$
	其中，$\boldsymbol{E}'$ 和 $\boldsymbol{E}$ 分别是 MHA 子层和 FFN 子层的输出	

续表

结构	实施流程	计算公式
(解码层)×M	1. MHA 子层 2. 交叉 MHA 子层 3. FFN 子层	$\boldsymbol{D}'=\mathrm{LN}[\mathrm{MHA}(\boldsymbol{Y})+\boldsymbol{Y}]$ $\boldsymbol{D}''=\mathrm{LN}[\mathrm{MHA}(\boldsymbol{E},\boldsymbol{D}')+\boldsymbol{D}']$ $\boldsymbol{D}=\mathrm{LN}[\mathrm{FFN}(\boldsymbol{D}'')+\boldsymbol{D}'']$
	其中,$\boldsymbol{D}'$,$\boldsymbol{D}''$和 $\boldsymbol{D}$ 分别为 MHA 子层、交叉 MHA 子层和 FFN 子层的输出	
输出	预测结果	$\hat{y}=\mathrm{Linear}(\boldsymbol{D})$

注：LN 表示层标准化；Linear 表示全连接层。

8.4.2 图像分支

本小节采用 MobileViT 模型实现图像分支信息编码，如图 8.4.2 所示，该模型主要由标准卷积模块、MobileNetV2（MV2）模块和 MobileViT 模块组成，其中↓2 表示步距为 2 的下采样操作。

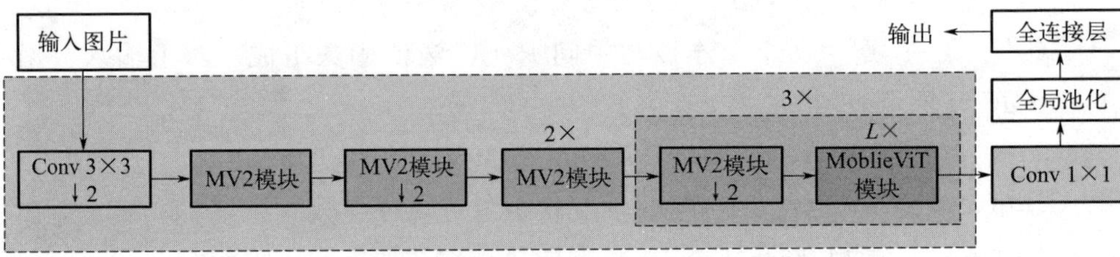

图 8.4.2 MobileViT 模型结构

8.4.2.1 MobileNetV2 模块

MobileNet（即深度可分离卷积）模块[21] 是一种用于替代标准卷积的轻量化卷积操作。如图 8.4.3(a) 所示，MobileNet 模块由深度卷积和逐点卷积组成。与标准卷积不同，深度卷积（Dwise）操作中每个输入通道仅对应一个独立的卷积核，因此卷积核的深度与输入通道的深度相同。在逐点卷积（Conv）阶段，该步骤使用 1×1 卷积核对深度卷积的结果进行处理，其目的在于改变输出通道的维度，使得通道之间的信息可以进行交流与组合。以输入数据 $\boldsymbol{T}_{\mathrm{i}}\in\mathbb{R}^{h_{\mathrm{i}}\times w_{\mathrm{i}}\times d_{\mathrm{i}}}$ 为例，标准卷积核 $\boldsymbol{K}\in\mathbb{R}^{k\times k\times d_{\mathrm{i}}\times d_{\mathrm{o}}}$ 需要 $h_{\mathrm{i}}w_{\mathrm{i}}k^2d_{\mathrm{i}}d_{\mathrm{o}}$ 参数量来计算输出 $\boldsymbol{T}_{\mathrm{o}}\in\mathbb{R}^{h_{\mathrm{i}}\times w_{\mathrm{i}}\times d_{\mathrm{o}}}$（假设步幅为 1）。与之相比，深度可分离卷积实现相应的变换所需数据量为 $h_{\mathrm{i}}w_{\mathrm{i}}d_{\mathrm{i}}(k^2+d_{\mathrm{o}})$，计算成本约为标准卷积操作的 $1/k^2$。

在 MobileNet 模块中，激活函数为 ReLU6。针对该激活函数，Sandler 等[22] 表明，在低维输入的高维映射空间中 ReLU 变换可以有效避免输入信息的损失。因此，上述研究人员在 MobileNet 模块的深度卷积操作前引入逐点卷积，以提升模块中间层的通道数。更新后的模块被称为 MobileNetV2 模块，该模块还额外引入了线性输出层和捷径分支，以避免过度的非线性变换带来的模块性能退化问题。如图 8.4.3(b) 所示，MobileNetV2 模块的结构示意图(假设步幅为 1) 与残差学习模块相似，由于其通道信息数变化与残差学习模块相反，故该模块也被称作倒残差模块。

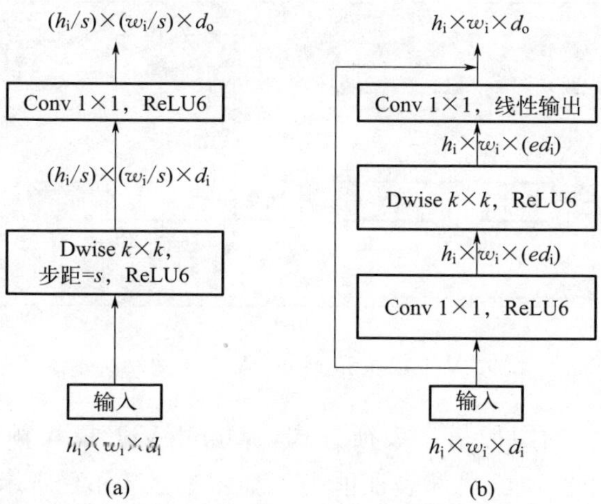

图 8.4.3　MobileNet 模块和 MobileNetV2 模块结构示意图

注：e 为模块中间层通道数的提升倍数。

8.4.2.2　MobileViT 模块

ViT 模型[15] 是将 Transformer 应用于机器视觉领域的开创性工作，它对图像进行分块并通过捕捉分块间的依赖关系实现图像信息的表征。这种图像信息表征方式是构建 MobileViT 模型的基础。

如图 8.4.4(a) 所示，ViT 模块将输入图像 $\boldsymbol{X}_{\mathrm{in}}\in\mathbb{R}^{H\times W\times C}$ 划分为多个不重叠的补丁，并依次将补丁进行展平与堆叠后得到二维重塑矩阵 $\boldsymbol{X}_{\mathrm{f}}\in\mathbb{R}^{P\times(N\times C)}$。这里，$H$、$W$ 和 C 分别为原始图像的高、宽和通道数；$N=h\times w$ 代表单个补丁内的像素点个数，h 和 w 分别为补丁的高和宽；$P=(H\times W)/N$ 表示补丁的个数，也代表重塑矩阵 $\boldsymbol{X}_{\mathrm{f}}$ 的序列长度。随后，重塑矩阵 $\boldsymbol{X}_{\mathrm{f}}$ 经嵌入层实现维度转换得到 $\boldsymbol{X}_{\mathrm{e}}\in\mathbb{R}^{P\times E}$。最终，$\boldsymbol{X}_{\mathrm{e}}$ 结合位置编码得以保留

补丁位置信息，并经由 Transformer 信息编码实现补丁间依赖关系的全局表征。

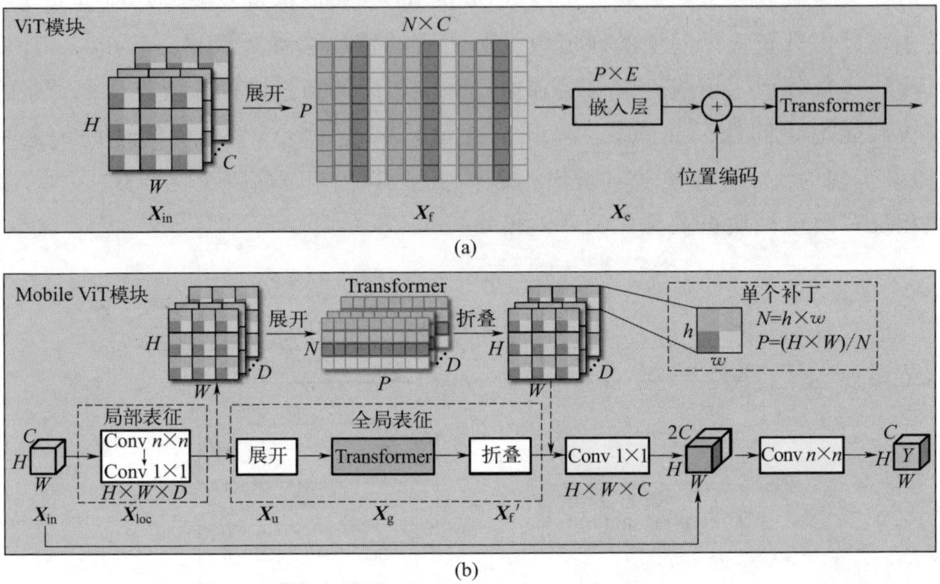

图 8.4.4　ViT 模块和 MobileViT 模块结构示意图

基于 ViT 模块的图像信息表征方式，MobileViT 模块额外引入了卷积操作以提升模块对于图像的局部表征能力。如图 8.4.4(b) 所示，MobileViT 模块包含局部表征、全局表征和融合等三个执行步骤。首先，输入图像 $\boldsymbol{X}_{in}\in\mathbb{R}^{H\times W\times C}$ 依次经由一个标准 $n\times n$ 卷积与一个 1×1 卷积实现图像信息的局部表征与通道维度的变化，得到 $\boldsymbol{X}_{loc}\in\mathbb{R}^{H\times W\times D}$，这里通道维度 $D>C$。随后，基于 P 个互不重叠的补丁，$\boldsymbol{X}_{loc}$ 经补丁的展平与堆叠操作被重塑为 $\boldsymbol{X}_{u}\in\mathbb{R}^{N\times P\times D}$，用于 Transformer 以实现全局表征，得到输出 $\boldsymbol{X}_{g}\in\mathbb{R}^{N\times P\times D}$。值得注意的是，$\boldsymbol{X}_{loc}$ 的展开方式与 ViT 模块不同，$\boldsymbol{X}_{u}$ 将单个补丁内像素点数 N 与 $\boldsymbol{X}_{loc}$ 通道数 D 分开，在采用 Transformer 进行信息编码时，N 被视作样本数，D 为通道维度，P 为序列长度。随后，根据补丁与其像素的原始空间顺序，$\boldsymbol{X}_{g}$ 被还原为原始尺寸 $\boldsymbol{X}_{f'}\in\mathbb{R}^{H\times W\times D}$。最终，$\boldsymbol{X}_{f'}$ 由 1×1 卷积映射至 C 维空间并与输入 $\boldsymbol{X}_{in}$ 进行拼接，随后经 $n\times n$ 卷积实现编码信息与原始信息的融合。

整体而言，MobileViT 模块具备与 MobileNetV2 模块相似的倒残差结构，而不同点在于 MobileViT 模块将 Transformer 视作卷积用于完成图像分块间的全局注意力表征，有效整合了局部表征与全局表征的优势，使得该模块在减少了训练参数（源自 $\boldsymbol{X}_{loc}$ 的展开方式）的同时仍保持了全局感受野。

8.4.3 整体模型架构

基于上述的 Transformer 模型和 MobileViT 模型，本节提供了 DF-Transformer 模型的构建过程。

根据 8.4.2 小节的内容介绍，MobileViT 模块关注对图像局部信息与全局信息的同时表征。其中，全局信息表征通过 Transformer 捕捉图像补丁间的依赖关系实现。因此，如果将一段时间内的关键帧序列作为补丁拼接成一个输入图像样本，则很容易通过 MobileViT 模块实现对每个关键帧的局部信息提取与关键帧序列之间的全局信息提取。值得注意的是，此处关键帧序列间的全局关系表征是实现时间序列分支与图像分支深层融合的关键。

如图 8.4.5 所示，DF-Transformer 模型包含图像分支编码、时间序列分支编码、特征级融合和模型解码等 4 个部分，具体介绍如下：

① 图像分支编码。该部分包含 1 个标准卷积模块、7 个 MV2 模块、3 个 MobileViT 模块和 1 个 Semi-MobileViT 模块。其中，Semi-MobileViT 模块首先遵循 MobileViT 模块从局部表征至全局表征的设计，将输入图像 $\boldsymbol{X}_{\text{in}} \in \mathbb{R}^{H_{\text{V}} \times W_{\text{V}} \times C_{\text{V}}}$ 转化为 $\boldsymbol{X}_{\text{g}} \in \mathbb{R}^{N_{\text{V}} \times P_{\text{V}} \times D_{\text{V}}}$。$N_{\text{V}}$、$P_{\text{V}}$ 和 D_{V} 分别代表每个补丁内的像素点个数、补丁个数（即图像关键帧序列长度）和通道数。随后，采用压缩-激励（SE）模块将 $\boldsymbol{X}_{\text{g}}$ 转化为 $\boldsymbol{X}_{\text{w}} \in \mathbb{R}^{P_{\text{V}} \times D_{\text{V}}}$，其具体转化步骤如下：a. 参考式(7.2.3)，$\boldsymbol{X}_{\text{g}}$ 经全局平均池化后压缩每个样本维度信息，得到 $\boldsymbol{x}_{\text{sq}} \in \mathbb{R}^{N_{\text{V}} \times 1 \times 1}$；b. 根据式(7.2.4) 提供的门控结构学习样本间的非线性依赖关系，得到权重向量 $\boldsymbol{w}_{\text{sq}} \in \mathbb{R}^{N_{\text{V}} \times 1 \times 1}$；c. 对每个样本加权求和得到 $\boldsymbol{X}_{\text{w}} \in \mathbb{R}^{P_{\text{V}} \times D_{\text{V}}}$：

$$\boldsymbol{X}_{\text{w}} = \sum_{i=1}^{N_{\text{V}}} \boldsymbol{w}_{\text{sq},i} \boldsymbol{x}_{\text{g},i} \tag{8.4.5}$$

其中，$\boldsymbol{w}_{\text{sq},i}$ 表示 $\boldsymbol{w}_{\text{sq}}$ 中的第 i 个权重向量；$\boldsymbol{x}_{\text{g},i}$ 代表 $\boldsymbol{X}_{\text{g}}$ 中的第 i 个样本。本质上而言，SE 模块将每个补丁内的像素点进行加权求和，实现了 $\boldsymbol{X}_{\text{g}}$ 样本维度的信息压缩，保留了补丁序列维度与通道维度。

② 时间序列分支编码。该部分由 N 个 Transformer 的编码层构成，实现从输入 $\boldsymbol{T}_{\text{in}} \in \mathbb{R}^{P_{\text{T}} \times D_{\text{T}}}$ 至输出 $\boldsymbol{T}_{\text{out}} \in \mathbb{R}^{P_{\text{T}} \times D_{\text{TE}}}$ 的信息编码。这里 P_{T} 和 D_{T} 分别表示时间序列数据的序列长度和维度，D_{TE} 表示编码层的嵌入维度。

③ 特征级融合。在烧结过程中，时间序列数据与图像数据是采集自同一生产线的多源异构数据，具备相同的序列长度（即 $P_{\text{V}} = P_{\text{T}}$）。采用不同的特

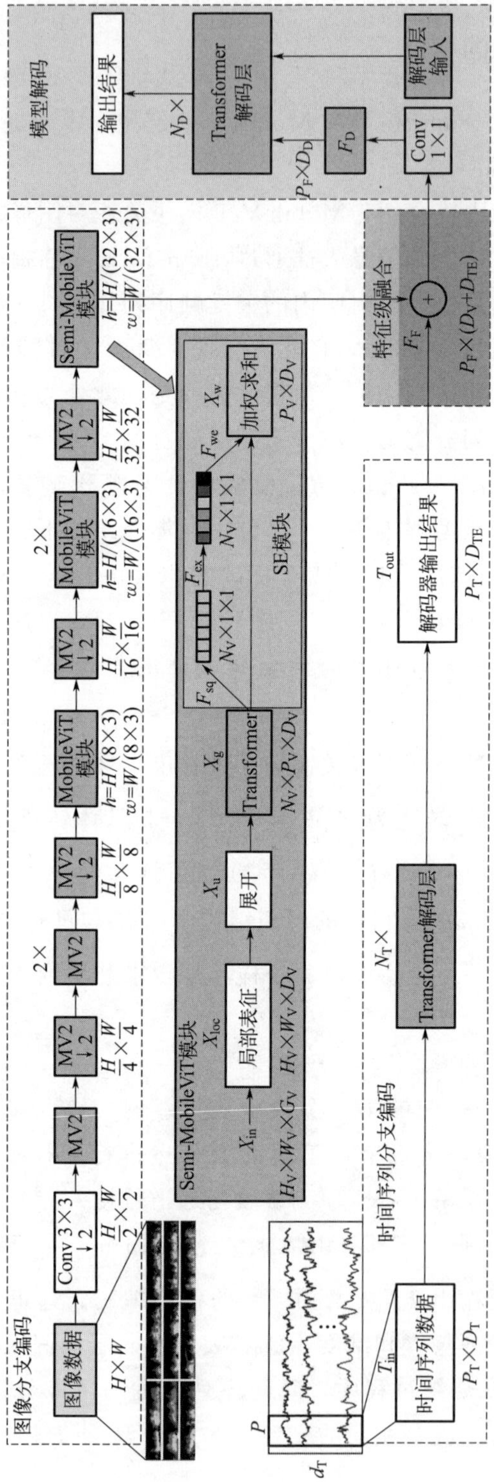

图 8.4.5 DF-Transformer 模型架构

征提取方法对上述两类数据（即 $\boldsymbol{X}_{\mathrm{w}}$ 和 $\boldsymbol{T}_{\mathrm{out}}$）进行特征提取与拼接，可以实现特征级融合，融合特征可以表示为 $\boldsymbol{F}_{\mathrm{F}} \in \mathbb{R}^{P_{\mathrm{F}} \times (D_{\mathrm{V}}+D_{\mathrm{TE}})}$，这里 $P_{\mathrm{F}}=P_{\mathrm{V}}=P_{\mathrm{T}}$。具体而言，基于不同的数据源与特征提取方式，特征级融合为软测量模型提供了信息增强与互补，使得模型更好地捕获数据的内在结构和规律，可有效降低模型对噪声的敏感度，提升模型的软测量精度、鲁棒性与泛化能力。

④ 模型解码。在模型解码部分，融合特征 $\boldsymbol{F}_{\mathrm{F}}$ 经 1×1 卷积映射至低维空间得到 $\boldsymbol{F}_{\mathrm{D}} \in \mathbb{R}^{P_{\mathrm{F}} \times D_{\mathrm{D}}}$，随后 $\boldsymbol{F}_{\mathrm{D}}$ 结合解码层输入（一般为历史标签值）经 N_{D} 个 Transformer 解码层完成建模任务。

基于上述介绍，表 8.4.2 列出了 DF-Transformer 模型的具体训练步骤。

表 8.4.2 DF-Transformer 模型训练步骤

输入：	关键帧序列 $\boldsymbol{V}_{\mathrm{in}}=[\boldsymbol{V}_1,\boldsymbol{V}_2,\cdots,\boldsymbol{V}_{P_{\mathrm{F}}}]$；时间序列数据 $\boldsymbol{T}_{\mathrm{in}}$；解码层输入 $\boldsymbol{y}_{\mathrm{de}}$；迭代轮次 N_{E}；批次大小 N_{B}；时间序列编码层个数 N_{T}；模型解码层个数 N_{D}
输出：	烧结矿 FeO 含量估算值 $\hat{y}$
	for $1 \leqslant \mathrm{epoch} \leqslant \mathrm{N_E}$ **do**
	for $1 \leqslant \mathrm{batch} \leqslant \mathrm{N_B}$ **do**
	$\mathbf{V}_{\mathrm{out}}=\mathrm{Image\_Branch}(\mathbf{V}_{\mathrm{in}})$；//图像分支编码
	$\mathbf{T}_{\mathrm{out}}=\mathrm{Transformer\_Encoder}(\mathbf{T}_{\mathrm{in}}) \times \mathrm{N_T}$；//时间序列分支编码
	$\mathbf{F}_{\mathrm{F}}=\mathrm{Concat}(\mathbf{V}_{\mathrm{out}},\mathbf{T}_{\mathrm{out}})$；//特征级融合
	$\hat{y}=\mathrm{Transformer\_Decoder}(\mathbf{F}_{\mathrm{F}},\mathbf{y}_{\mathrm{de}}) \times \mathrm{N_D}$；//模型解码
	end for
	end for

注：Image_Branch（·）由图 8.4.5 中图像分支编码的各个模块串联完成，其输出结果 $\mathbf{V}_{\mathrm{out}}$ 为 Semi-MobileViT 模块的输出结果 $\boldsymbol{X}_{\mathrm{w}}$；Transformer_Encoder（·）和 Transformer_Decoder（·）分别代表 Transformer 的编码层与解码层，实施步骤见表 8.4.1。

8.5 半监督深度信息融合的烧结矿质量指标软测量模型

在真实的工业场景中，数据标记一般由专业人员通过实验获取，而这些实验通常是复杂、费时且昂贵的[23]。因此，工业过程中标签数据往往较为稀少，这给生产过程中的产品质量控制带来极大挑战。为克服该困难，研究者们聚焦于基于数学模型的软测量方法，采用容易获取的数据来估计难以获得的标签数据。借助工业现场的海量数据，数据驱动软测量模型在近些年来已经引起了大量关注[24-26]。在数据驱动软测量技术中，深度学习模型是当前较为流行的选择。具体而言，深度学习模型提供了层次化的网络结构，可以从海量数据中自行挖掘更深层次、更为抽象且更具代表性的特征信息，在工业软测量领域取得了广泛的运用，例如聚丙烯和纯化对苯二甲酸生产过程[27]、铁矿烧结过程[28,29]和高炉炼铁过程[25,30,31]等。然而，常规的软测量任务属于有监督学习的范畴，在训练过程中会直接丢弃大量没有对应质量标签的过程变量数据[32]，这将导致严重的信息损失问题，极大地限制了软测量建模精度。

烧结过程也受到上述问题的困扰。如图 8.5.1 所示，烧结过程数据分为时间序列数据和图像数据，这两类数据分别由各类传感器和摄像机采集，其采样频率（通过繁琐的实验而获取的）均明显高于质量指标数据。在这种情况下，半监督软测量建模是较好的选择，其目的是尽可能有效地运用无标签过程数据以提升模型的预测表现[33]。

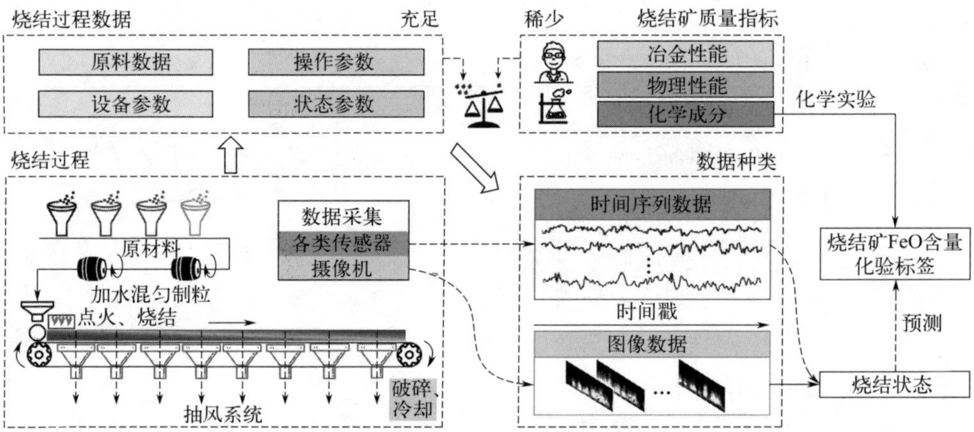

图 8.5.1　烧结过程数据采集与烧结矿质量指标软测量建模示意图

半监督软测量也被称为半监督回归，主要通过协同训练、核回归和图正则化等方式来实现[34]。其中，协同训练的本质是从不同的视角去理解事物。具体而言，基于少量的有标签数据，协同训练分别从不同视图训练出不同的回归器，随后利用回归器对无标签样本进行预测，并选择置信度最高的预测结果来优化另一个回归器的训练集数据，以此实现信息互补进而提升模型的预测性能[35]。对于核回归而言，该技术的关键是利用核函数来探索数据的内部几何结构，从而度量样本在输入空间中的相似度[36]。与之相似，图正则化通过构造样本间的最近邻图来挖掘数据分布的内在结构，并将其作为目标函数的正则化项以提升模型性能[37]。整体而言，核回归与图正则化的共同点在于，同时使用了有标签和无标签数据以挖掘数据的内部结构信息。此外，对于时间序列数据而言，相关研究人员分别采用自编码器（AE）[38] 和变分自编码器（VAE）[32] 完成了模型预训练与潜变量提取的工作，以此充分利用无标签与有标签信息来实现基于序列学习的半监督回归模型。

虽然上述半监督方法在多个领域已得到了有效验证，却难以直接用于烧结矿质量指标软测量任务。导致该问题的主要原因在于，烧结过程数据的多源异构特征提升了软测量建模难度，进而限制了软测量模型的在半监督拓展。如图 8.5.1 所示，烧结过程中的时间序列数据与图像数据分别间接与直接地反映了烧结状态的变化，因此这两类数据对烧结矿质量指标的估计均有至关重要的作用。

基于时间序列数据和图像数据的数据级、特征级和目标级信息，多模态融合方法较常规单模态方法具备更全面的过程信息表征能力。因此，对于烧结过程而言，基于多模态融合框架来构建烧结矿质量指标的半监督软测量模型是更为合理的选择。

在多模态融合技术中，深层融合策略以级联的方式挖掘各模型分支的原始数据信息和深层特征，并在特征层实现信息融合，为软测量建模任务提供了更全面的信息[1]。对于烧结矿质量指标的软测量任务而言，8.4 节基于 Transformer 和 MobileViT 实现了时间序列分支和图像分支的深层融合。在此基础上，考虑到时间标签是图像数据与时间序列数据之间的共有属性，因此这项工作的重点是基于两类数据之间一致的时序特征表征方式实现深层特征融合。值得注意的是，烧结过程是典型的连续动态系统，该系统反应条件（即时间序列数据）的调整与烧结状态（即图像数据）的变化是息息相关的。因此，从理论上而言，除了时序特征融合之外，关注两分支间时序特征的相似性也有助于优化软测量模型对烧结过程信息的提取能力，进而提升模型最终的预测性能。

实际上，探索时序特征的相似性也是描述数据内部结构的过程，这与核回归和图正则化的目的一致。受此启发，本节的主要思想是基于特征相似性挖掘提取烧结过程中的无标签数据信息，进而实现软测量模型的半监督拓展。此外，表 8.5.1 还提供了其余半监督回归方法在烧结矿质量指标软测量任务中的适用性。对于协同训练方法而言，其目的是根据样本在两个视图下的训练结果来为对方视图增加数据标签。在烧结过程中，虽然时间序列数据和图像数据可以从反应条件与烧结状态这两个视图反映烧结矿质量的变化，但这并不符合协同训练的独立性假设，即对于给定的标签，这两个视图应保持条件独立[39]。对于 AE 和 VAE 而言，现存方法[40] 通过结合循环神经网络实现模型的预训练与潜变量提取，善于挖掘序列内的前后依赖关系，却难以用于处理图像数据，因此并不太适用于此处应用场景。

表 8.5.1 现存半监督回归方法在烧结矿质量指标软测量任务中的适用性

方法	目的	适用性
协同训练	提升数据标签	不适用
核回归 图正则化	描述数据内部结构	适用
自编码器(AE) 变分自编码器(VAE)	模型预训练、潜变量提取	不太适用

本节给出一种时序特征交互与融合（TFIF）的半监督 Transformer（TFIF-ssTransformer）软测量模型，用于实时估计烧结矿中的氧化亚铁含量。具体而言，基于烧结过程中的时间序列数据与图像数据，该模型实现了两数据分支间时序特征的提取、交互与融合，通过特征级相似性挖掘实现了软测量模型的半监督拓展。其主要贡献点如下：①通过衡量烧结过程多模态时序特征的相似性，巧妙地利用无标签数据信息实现半监督软测量。②构造了基于熵正则化的余弦损失，可有效避免因多模态时序特征分布过于一致而导致烧结过程信息多源性削弱的情况。

基于烧结过程中的时间序列数据与图像数据，本节分别从时序特征的提取与交互、解码与预测三方面介绍所给出的 TFIF-ssTransformer 软测量模型。

8.5.1 时序特征提取

对于时间序列数据与图像数据的特征提取工作，8.4 节提供了良好的研究基础，因此本节分别采用 Transformer[14] 与轻量化视觉 Transformer（MobileViT）[20] 提取以上两类数据的时序特征。

8.5.1.1 时间序列特征编码

近年来，Transformer 在自然语言处理、计算机视觉、时间序列预测等方面取得了优异的成绩，为多模态数据间的特征交互与融合提供了极大便利。具体而言，相同的特征编码方式为不同的子分支带来了尺度相似或一致的深层特征。因此，本节采用 Transformer 模型进行时间序列（时序）特征编码。

具体而言，对于长度为 L、维度为 D 的输入序列 $\boldsymbol{X}_{\mathrm{ts}} \in \mathbb{R}^{L\times D}$，Transformer 特征编码的实现步骤如下：

$$\boldsymbol{X}_{\mathrm{en}}=\boldsymbol{X}_{\mathrm{ts}}\boldsymbol{E}_{\mathrm{em}}+\boldsymbol{E}_{\mathrm{pos}} \tag{8.5.1}$$

其中，$\boldsymbol{E}_{\mathrm{em}} \in \mathbb{R}^{D\times D_{\mathrm{ts}}}$；为嵌入矩阵，$\boldsymbol{E}_{\mathrm{pos}}$ 是位置编码矩阵，一般使用周期

函数来实现[14]。随后，$\boldsymbol{X}_{\mathrm{en}} \in \mathbb{R}^{L \times D_{\mathrm{ts}}}$依次经多个编码层得到时间序列特征 $\boldsymbol{F}_{\mathrm{ts}} \in \mathbb{R}^{L \times D_{\mathrm{ts}}}$。其中每个编码层均由一个多头注意力（MHA）子层和一个逐点前馈网络（FFN）子层组成：

$$\boldsymbol{E}' = \mathrm{LayerNorm}[\mathrm{MHA}(\boldsymbol{X}_{\mathrm{en}}) + \boldsymbol{X}_{\mathrm{en}}] \tag{8.5.2}$$

$$\boldsymbol{E} = \mathrm{LayerNorm}[\mathrm{FFN}(\boldsymbol{E}') + \boldsymbol{E}'] \tag{8.5.3}$$

这里，MHA(·)和 FFN(·)的计算方式可参考式(8.4.1) ～式(8.4.4)，它们的输出结果在结合残差连接与层标准化（LayerNorm）后分别得到层间编码信息 $\boldsymbol{E}'$与编码层输出信息 $\boldsymbol{E}$。最终，在完成多个编码层堆叠后，取最后一个编码层的输出作为时间序列特征 $\boldsymbol{F}_{\mathrm{ts}}$。

8.5.1.2 图像特征编码

由于 ViT 模型训练需要庞大的数据集与训练参数来完成图像信息表征，因此该方法并不适合标签稀缺的烧结过程。相比而言，MobileViT 模型[20] 整合了常规卷积神经网络与 ViT 的局部表征与全局表征优势，有效降低了模型的训练难度，使得该模型可以在有限的数据集中表现出良好的图像信息表征能力。因此，本小节采用 MobileViT 模型完成图像特征编码。如表 8.5.2 所示，图像特征编码流程由标准卷积模块、MV2 模块、MobileViT 模块和 Semi-MobileViT 模块组成，其目的为提取输入图像序列的时间特征 $\boldsymbol{F}_{\mathrm{v}}$。

表 8.5.2 图像特征编码流程

图像分支编码	模块数量	输出特征尺寸
Conv 3×3↓2	1	$(H/2)\times(W/2)$
MV2 模块	1	$(H/2)\times(W/2)$
MV2 模块 ↓2	1	$(H/4)\times(W/4)$
MV2 模块	2	$(H/4)\times(W/4)$
MV2 模块↓2	1	$(H/8)\times(W/8)$
MobileViT 模块	1	$(H/8)\times(W/8)$
MV2 模块↓	1	$(H/16)\times(W/16)$
MobileViT 模块	2	$(H/16)\times(W/16)$
MV2 模块↓2	1	$(H/32)\times(W/32)$
Semi-MobileViT 模块	1	$P\times D_{\mathrm{V}}$

注：输入图像的原始尺寸为 $H\times W$，↓2 表示步距为 2 的下采样操作。

具体而言，MV2 模块与 MobileViT 模块的实施步骤可分别参考 8.4.2.1 小节与 8.4.2.2 小节。对于 Semi-MobileViT 模块而言，该模块在 MobileViT 模块依次完成图像信息的局部表征与全局表征后，采用压缩-激励（SE）方法对输出的中间特征进行样本维度压缩，保留特征序列维度与通道维度。假设中

间特征为 $\boldsymbol{F}_{\mathrm{g}} \in \mathbb{R}^{N \times P \times D_{\mathrm{v}}}$，$N$、$P$ 和 D_{v} 分别代表样本、序列和通道维度，经 SE 方法处理后 $\boldsymbol{F}_{\mathrm{g}}$ 的样本维度得到压缩，进而输出特征 $\boldsymbol{F}_{\mathrm{v}} \in \mathbb{R}^{P \times D_{\mathrm{v}}}$，该转化过程的具体细节可参考 8.4.3 小节。

8.5.2 时序特征交互

基于 8.5.1 小节，时间序列数据与图像数据经特征编码后分别得到 $\boldsymbol{F}_{\mathrm{ts}} \in \mathbb{R}^{L \times D_{\mathrm{ts}}}$ 和 $\boldsymbol{F}_{\mathrm{v}} \in \mathbb{R}^{P \times D_{\mathrm{v}}}$。值得注意的是，由于两类数据采集自同一烧结过程，且采样频率一致，因此图像关键帧序列长度与时间序列长度是相等的，即 $L=P$。此外，为了减轻特征交互的复杂度，两种时序特征的维度也保持一致，即 $D_{\mathrm{ts}}=D_{\mathrm{v}}$。

如表 8.5.3 所示，对于图像分支时序特征 $\boldsymbol{F}_{\mathrm{v}} \in \mathbb{R}^{P \times D_{\mathrm{v}}}$ 与时间序列分支时序特征 $\boldsymbol{F}_{\mathrm{ts}} \in \mathbb{R}^{L \times D_{\mathrm{ts}}}$ 而言，其特征交互流程包括特征降维、特征交互、特征重构与残差连接等 4 个步骤。首先，时间序列分支特征和图像分支特征分别经全连接（FC）层降低特征维度得到 $\boldsymbol{F}'_{\mathrm{ts}} \in \mathbb{R}^{L \times (D_{\mathrm{ts}}/r)}$ 和 $\boldsymbol{F}'_{\mathrm{v}} \in \mathbb{R}^{P \times (D_{\mathrm{v}}/r)}$，以减少后续计算量，其中 r 表示特征维度降低的倍数；随后，采用余弦相似度来衡量两个分支时序特征的相似性，并由此计算出相似性损失函数 $\mathrm{Loss}_{\mathrm{sim}}$；其次，$\boldsymbol{F}'_{\mathrm{ts}}$ 和 $\boldsymbol{F}'_{\mathrm{v}}$ 经 FC 层后分别还原为原始维度得到 $\boldsymbol{F}''_{\mathrm{ts}} \in \mathbb{R}^{L \times D_{\mathrm{ts}}}$ 和 $\boldsymbol{F}''_{\mathrm{v}} \in \mathbb{R}^{P \times D_{\mathrm{v}}}$；最终，$\boldsymbol{F}''_{\mathrm{ts}}$ 和 $\boldsymbol{F}''_{\mathrm{v}}$ 分别与原始特征 $\boldsymbol{F}_{\mathrm{ts}}$ 和 $\boldsymbol{F}_{\mathrm{v}}$ 相加得到 $\boldsymbol{F}_{\mathrm{TS}} \in \mathbb{R}^{L \times D_{\mathrm{ts}}}$ 和 $\boldsymbol{F}_{\mathrm{V}} \in \mathbb{R}^{P \times D_{\mathrm{v}}}$。这种残差连接方式可以避免特征交互时的极端情况带来的模型退化问题，增加模型的可靠性。

具体而言，两个分支时序特征的余弦相似度可以表示为：

$$\boldsymbol{c}=\frac{\boldsymbol{F}'_{\mathrm{ts}}\boldsymbol{F}'_{\mathrm{v}}}{\|\boldsymbol{F}'_{\mathrm{ts}}\|\|\boldsymbol{F}'_{\mathrm{v}}\|} \tag{8.5.4}$$

此处，$\boldsymbol{c} \in \mathbb{R}^{D_{\mathrm{v}} \times 1}$，其每个元素取值范围为$[-1,1]$。值得注意的是，$-1$ 和 1 分别表示特征在时间维度的变化完全相反与完全一致的情况，这两种情况均包含较强的信息量，因此在计算相似性损失函数 $\mathrm{Loss}_{\mathrm{sim}}$ 时，需对 $\boldsymbol{c}$ 中的元素取绝对值：

$$\mathrm{Loss}_{\mathrm{sim}}=1-\sum_{i}^{D_{\mathrm{v}}}|c_i|/D_{\mathrm{v}}+\mathcal{S} \tag{8.5.5}$$

在上式中，两个特征分支在时间维度过于相似将削弱烧结过程信息的多源性，因此引入熵正则化约束[41] 以避免极端情况的发生。具体而言，熵正则化项可表示为：

$$\mathcal{S}=-\lambda\sum_{i=1}^{D_{\mathrm{v}}}s_i\ln s_i \tag{8.5.6}$$

其中，λ 为正则化系数，控制正则化强度；s_i 为 $\boldsymbol{s}\in\mathbb{R}^{D_{\mathrm{v}}\times 1}$ 的第 i 个元素，$\boldsymbol{s}$ 表示余弦相似度的分布概率。

表 8.5.3　时序特征交互流程

步骤	具体流程	实施细节	
		时间序列分支	图像分支
1	特征降维	$\boldsymbol{F}'_{\mathrm{ts}}=\boldsymbol{W}'_{\mathrm{ts}}\boldsymbol{F}_{\mathrm{ts}}$	$\boldsymbol{F}'_{\mathrm{v}}=\boldsymbol{W}'_{\mathrm{v}}\boldsymbol{F}_{\mathrm{v}}$
2	特征交互	计算相似性损失函数：$\mathrm{Loss}_{\mathrm{sim}}=1-\sum_{i}^{D_{\mathrm{v}}}\lvert c_i\rvert+\mathcal{S}$	
3	特征重构	$\boldsymbol{F}''_{\mathrm{ts}}=\boldsymbol{W}''_{\mathrm{ts}}\boldsymbol{F}'_{\mathrm{ts}}$	$\boldsymbol{F}''_{\mathrm{v}}=\boldsymbol{W}''_{\mathrm{v}}\boldsymbol{F}'_{\mathrm{v}}$
4	残差连接	$\boldsymbol{F}_{\mathrm{TS}}=\boldsymbol{F}_{\mathrm{ts}}+\boldsymbol{F}''_{\mathrm{ts}}$	$\boldsymbol{F}_{\mathrm{V}}=\boldsymbol{F}_{\mathrm{v}}+\boldsymbol{F}''_{\mathrm{v}}$

注：$\boldsymbol{W}'_{\mathrm{ts}}$表示用于 $\boldsymbol{F}_{\mathrm{ts}}$ 特征降维的权重矩阵；$\boldsymbol{W}'_{\mathrm{v}}$表示用于 $\boldsymbol{F}_{\mathrm{v}}$ 特征降维的权重矩阵；$\boldsymbol{W}''_{\mathrm{ts}}$表示用于 $\boldsymbol{F}'_{\mathrm{ts}}$ 特征重构的权重矩阵；$\boldsymbol{W}''_{\mathrm{v}}$表示用于 $\boldsymbol{F}'_{\mathrm{v}}$特征重构的权重矩阵。

8.5.3　解码与预测

在完成时序特征交互后，时间序列分支特征 $\boldsymbol{F}_{\mathrm{TS}}\in\mathbb{R}^{L\times D_{\mathrm{ts}}}$ 和图像分支特征 $\boldsymbol{F}_{\mathrm{V}}\in\mathbb{R}^{P\times D_{\mathrm{v}}}$ 通过拼接可得到融合特征 $\boldsymbol{F}_{\mathrm{F}}\in\mathbb{R}^{L\times(D_{\mathrm{ts}}+D_{\mathrm{v}})}$，随后经 1×1 卷积调整特征维度后可用于模型解码与预测步骤。具体而言，模型解码与预测步骤可参考表 8.4.1。

根据预测结果，计算 MSE：

$$\mathrm{Loss}_{\mathrm{MSE}}=\frac{1}{n}\sum_{i=1}^{n}(\hat{y}_i-y_i)^2 \tag{8.5.7}$$

其中，$\hat{y}_i$ 和 y_i 分别代表预测值与标签值；n 为用于计算损失函数的样本数。最终，结合式(8.5.5) 所得 $\mathrm{Loss}_{\mathrm{sim}}$，构造软测量模型的整体损失函数：

$$\mathrm{Loss}=w\mathrm{Loss}_{\mathrm{MSE}}+(1-w)\mathrm{Loss}_{\mathrm{sim}} \tag{8.5.8}$$

这里，w 为 $\mathrm{Loss}_{\mathrm{MSE}}$ 的权值，用于调整 $\mathrm{Loss}_{\mathrm{MSE}}$ 与 $\mathrm{Loss}_{\mathrm{sim}}$ 之间的比例。在模型训练过程中，若存在数据标签，则 w 为常规超参数；若不存在数据标签，则 w 设置为 0。

基于上述介绍，图 8.5.2 提供了 TFIF-ssTransformer 软测量模型的结构示意图，且表 8.5.4 提供了该模型的具体训练步骤。

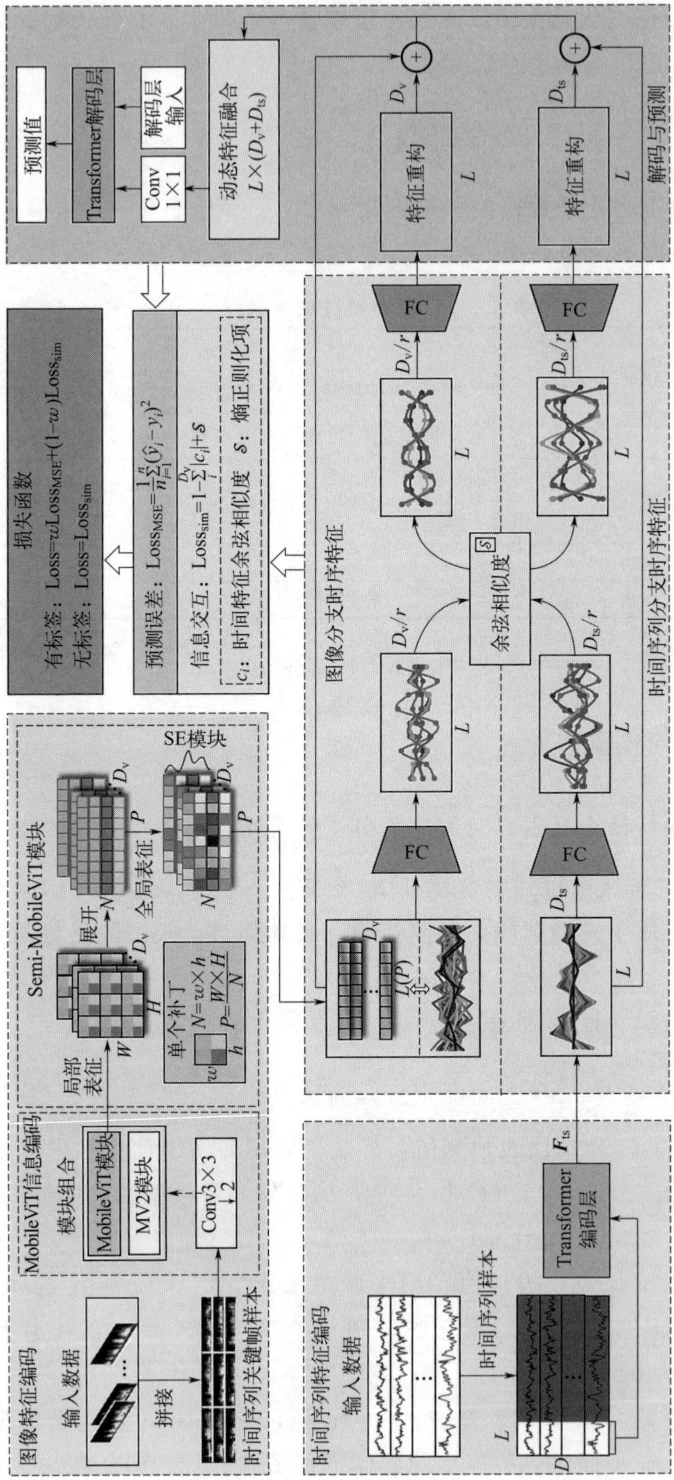

图 8.5.2　TFIF-ssTransformer 软测量模型结构示意图

表 8.5.4　TFIF-ssTransformer 模型训练步骤

输入：	关键帧序列 $\boldsymbol{V}_{\text{in}}=[\boldsymbol{V}_1,\boldsymbol{V}_2,\cdots,\boldsymbol{V}_{P_F}]$；时间序列数据 $\boldsymbol{T}_{\text{in}}$；解码层输入 $\boldsymbol{y}_{\text{de}}$；迭代轮次 N_E；批次大小 N_B；时间序列编码层个数 N_{ts}；模型解码层个数 N_d；烧结矿 FeO 含量化验标签 $\boldsymbol{y}$
输出：	烧结矿 FeO 含量估算值 $\hat{y}$

for $1\leqslant \text{epoch}\leqslant N_E$ **do**

for $1\leqslant \text{batch}\leqslant N_B$ **do**

$\mathbf{F}_{\text{ts}}=\text{Encoder}_{\text{ts}}(\mathbf{T}_{\text{in}})\times N_{\text{ts}}$；//时间序列分支特征编码

$\mathbf{F}_{\text{v}}=\text{Encoder}_{\text{v}}(\mathbf{V}_{\text{in}})$；//图像分支特征编码

$\text{Loss}_{\text{sim}},\mathbf{F}_{\text{V}},\mathbf{F}_{\text{TS}}=\text{Interaction}(\mathbf{F}_{\text{v}},\mathbf{F}_{\text{ts}})$；//动态特征交互

$\mathbf{F}_{\text{F}}=\text{Concat}(\mathbf{F}_{\text{V}},\mathbf{F}_{\text{TS}})$；//动态特征融合

$\text{Loss}_{\text{MSE}},\hat{y}=\text{Transformer\_Decoder}(\mathbf{F}_{\text{F}},\mathbf{y}_{\text{de}})\times N_d$；//模型解码

if y

then $\text{Loss}=w\text{Loss}_{\text{MSE}}+(1-w)\text{Loss}_{\text{sim}}$；//整体损失函数

else $\text{Loss}=\text{Loss}_{\text{sim}}$；//时序相似性损失函数

end for

end for

注：$\text{Encoder}_{\text{v}}$ 和 $\text{Encoder}_{\text{ts}}$ 分别表示 8.5.1.1 小节和 8.5.1.2 小节的特征编码流程；Interaction 表示动态特征交互流程；在无对应标签数据时，Loss_{MSE} 设置为 0。

8.6　后期信息融合的烧结矿质量指标软测量模型

在多模态融合任务中，后期融合的目的是以某一种规则整合每个分支模型的建议，可以看作是对同一个软测量目标进行优化的一种集成学习方法。从另一方面考虑，后期融合模型的最终输出结果取决于每个子模型的具体表现，因此该融合策略在很大程度上制约了融合模型的精度上限。

基于 7.2 节与 8.4 节分别提供的 ResNet-18 分类子模型[42] 与 Transformer 子模型，后期信息融合模型整合了两个子模型的决策层信息，实现了图像分支与时间序列分支的后期融合。如图 8.6.1 所示，由于常规 ResNet-18 分类模型无法直接用于预测任务，因此在两个子模型的决策层之前引入全连接层以实现软测量建模任务。在图 8.6.1 中，C_{out} 表示 ResNet-18 子模型的输出通道数，L 表示序列长度，FC 表示全连接操作。由于训练好的 ResNet-18 子模型为分类模型，因此该后期融合模型以 Transformer 子模型为主导，并命名为 LF-Transformer 模型。

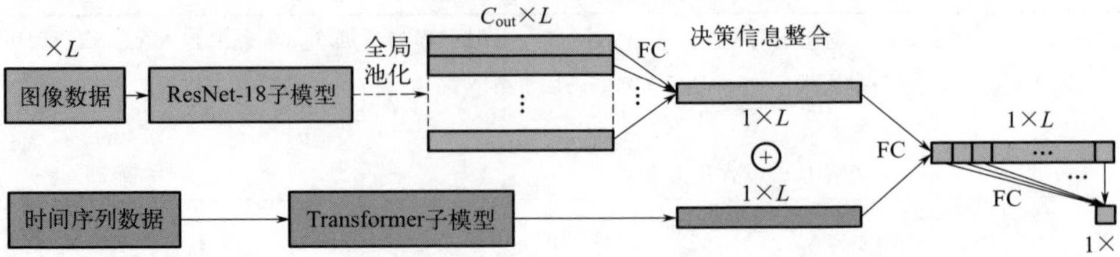

图 8.6.1　基于 ResNet-18 与 Transformer 的后期融合模型

8.7　案例分析

8.7.1　烧结矿质量指标多模态融合软测量

8.7.1.1　数据集介绍

实验数据集与 7.5.1 小节相同，共包含 2379 个样本，其中训练集为前 1665 个样本，剩余的 714 个样本为测试集。数据集包含 18 个时间序列变量、1 个图像变量（即烧结矿截面的关键帧序列）和 1 个输出变量（即烧结矿 FeO 含量的化验标签）。

8.7.1.2　实验结果与分析

本节采用 CNN-RNN[13]、Transformer[14]、后期融合 Transformer（LF-Transformer）和早期-不对称融合 Transformer（EAF-Transformer）与 DF-Transformer 模型共同进行烧结矿 FeO 含量的软测量建模任务。如表 8.7.1 所示，模型软测量精度采用均方根误差（RMSE）和决定系数（R^2）来评价。此外，该表还提供了每个模型的具体超参数设置、时间复杂度和参数大小(规模)。

在 CNN-RNN 模型中，CNN 用于提取图像特征，该特征随后与时间序列数据进行融合并经由 RNN 实现烧结矿 FeO 含量软测量。虽然该模型有效整合了烧结过程中的多源异构信息，实现了图像分支与时间序列分支的早期融合，但是 CNN 与 RNN 的串联结构对 CNN 输出的特征维度较为敏感，这可能会影响其对图像特征的提取能力；此外，CNN-RNN 模型在本质上仍遵循 RNN 架构，其循环结构将限制序列信息的融合表现。如表 8.7.1 所示，该模型提供的 RMSE 和 R^2 分别是 0.058 和 0.556。

对于 Transformer 模型而言，虽然该模型仅采用时间序列数据完成软测量建模任务，但是其软测量精度显著高于 CNN-RNN，测试集中的 RMSE 和 R^2 分别是 0.040 和 0.810。这主要归因于 Transformer 在序列内的全局表征能力。该现象也表明，对于烧结过程这个典型的连续时变系统而言，捕捉时间序列信息是软测量建模的关键。

在表 8.7.1 中，LF-Transformer 模型的软测量误差较大，RMSE 值为 0.146。当然，该实验结果并不能直接说明后期融合策略对于多模态融合软测量任务是无效的（具体讨论见 8.7.1.3 小节）。

EAF-Transformer 模型具体包含图像特征提取、信息融合以及软测量等三个步骤。首先，该模型根据专家知识和 SE-ResNet-18 分类模型分别提取图像的浅层和深层特征；随后，将图像特征与时间序列数据融合用于下游的 Transformer 模型。值得注意的是 SE-ResNet-18 模型的分类结果也可以用于 Transformer 解码层为烧结矿 FeO 含量软测量提供先验信息。表 8.7.1 中的实验结果显示 EAF-Transformer 模型的表现略优于 Transformer，其在测试集中的 RMSE 和 R^2 分别为 0.039 和 0.814。

根据 8.4.3 小节的介绍内容，DF-Transformer 模型实现了图像分支和时间序列分支的特征级融合，在表 8.7.1 中该模型展示出最高的软测量精度，体现了深层融合的优势，即同时采用深层特征以及上游的原始数据来提取更全面的烧结过程信息。具体而言，DF-Transformer 模型在测试集中提供的 RMSE 和 R^2 值分别为 0.037 和 0.838。

图 8.7.1 提供了上述模型关于烧结矿 FeO 含量的预测结果折线图，图中浅色折线与深色折线分别代表预测结果与化验标签。如图 8.7.1 所示，相比于其余软测量模型，DF-Transformer 模型的拟合效果更好。

除了预测精度之外，模型的时间复杂度和参数大小同样是衡量模型软测量性能的重要指标。如表 8.7.1 所示，由于 Transformer 为单分支时间序列软测量模型，因此在表中具备最低时间复杂度和最少的模型参数量，分别为 $\mathcal{O}(L^2D)$ 和 973KB。CNN-RNN 模型的时间复杂度和参数大小分别为 $\mathcal{O}(M^2K^2C_{\text{in}}C_{\text{out}}+LD^2)$ 和 44023KB，该模型的绝大部分参数源自图像分支的 ResNet-18 网络。LF-Transformer 模型、EAF-Transformer 模型和 DF-Transformer 模型的时间复杂度均为 $\mathcal{O}(M^2K^2C_{\text{in}}C_{\text{out}}+L^2D)$，模型参数分别为 44693KB、45052KB 和 3409KB。与 LF-Transformer 和 EAF-Transformer 模型相比，DF-Transformer 的模型参数规模显著降低，这主要是因为 MV2 模块与 MobileViT 模块为图像分支节省了大量训练参数。

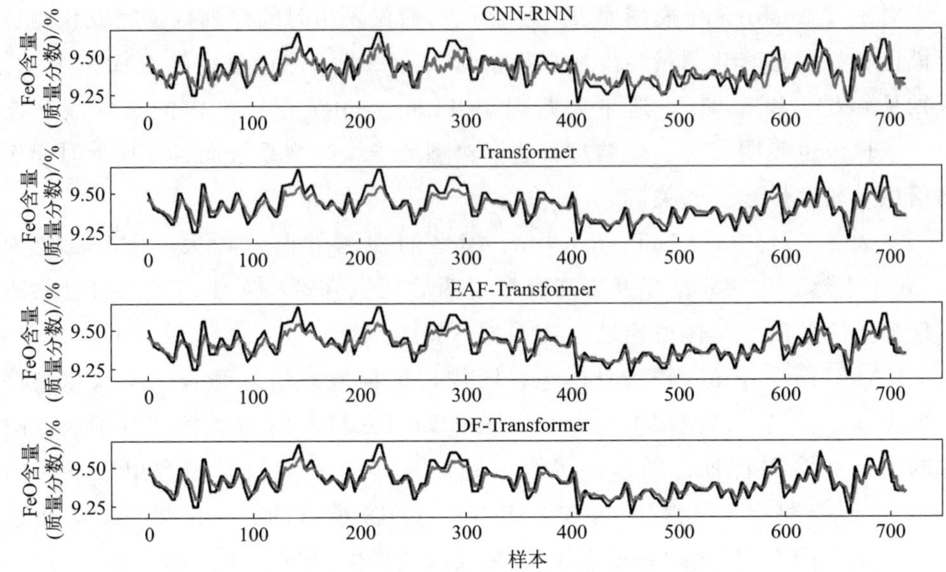

图 8.7.1 不同模型的烧结矿 FeO 含量预测结果折线图

表 8.7.1 烧结矿 FeO 含量软测量任务中 DF-Transformer 模型与其余模型的综合性能对比

模型	超参数设置		RMSE	R^2	时间复杂度	参数规模/KB
CNN-RNN	IB:	ResNet-18; D_{V}:18	0.058	0.556	$\mathcal{O}(M^2K^2C_{\mathrm{in}}C_{\mathrm{out}}+LD^2)$	44023
	TSB:	HL:32,32				
Transformer	TSB:	EL:4;DL:1;AH:4;D_{TE}:32	0.040	0.810	$\mathcal{O}(L^2D)$	973
LF-Transformer	IB:	ResNet-18; D_{V}:512	0.146	N	$\mathcal{O}(M^2K^2C_{\mathrm{in}}C_{\mathrm{out}}+L^2D)$	43716+973+4
	TSB:	EL:4;DL:1;AH:4;D_{TE}:32				
	LF:	FC:512,1;2,1				
EAF-Transformer	IB:	SE-ResNet-18	0.039	0.814	$\mathcal{O}(M^2K^2C_{\mathrm{in}}C_{\mathrm{out}}+L^2D)$	43931+1121
	TSB:	EL:4;DL:1;AH:4;D_{TE}:36				
DF-Transformer	IB:	D_{V}:36	**0.037**	**0.838**	$\mathcal{O}(M^2K^2C_{\mathrm{in}}C_{\mathrm{out}}+L^2D)$	3409
	TSB:	EL:4;DL:1;AH:4;D_{TE}:36				
	DF:	D_{D}:36				

注：软测量结果为 20 次重复实验的平均值。上述模型中样本序列长度均为 9，学习率均设置为 0.001。IB、TSB、LF 和 DF 分别代表图像分支、时间序列分支、后期融合模块和深层融合模块；HL 为隐层节点，FC 为全连接层节点；AH、EL 和 DL 分别表示注意头数、编码层个数和解码层个数；D_{V} 和 D_{TE} 分别表示图像分支和时间序列分支输出的特征维数；D_{D} 是指用于解码层的融合特征维度；N 表示 R^2 小于 0 的情况；M 和 K 分别为卷积层中特征映射和卷积核的边长，C_{in} 和 C_{out} 分别为卷积前后输入和输出的通道个数；L 和 D 分别代表时间序列数据的序列长度和维度。

整体而言，DF-Transformer 在上述多模态融合模型中以最少的参数规模实现了最高的软测量精度，体现了该深度融合架构的高性能与轻量化特征。

8.7.1.3 消融实验

为了评估上述深层融合策略的通用性，本节分别采用 LogTrans 模型和 Autoformer 模型进行多模态融合消融实验。作为 Transformer 的变体，LogTrans[43] 和 Autoformer[44] 更适合时间序列建模任务。具体而言，它们分别从局部上下文和子序列视角优化自注意力机制，提升了对时间序列中上下文信息的表征能力。

在本次消融实验中，首先将 Transformer、LogTrans 和 Autoformer 作为基础模型，分别完成单分支时间序列软测量任务；随后，基于表 8.7.1 中的多模态融合模型，分别采用 LogTrans 和 Autoformer 替换 Transformer 之后完成时间序列分支与图像分支的后期融合、早期-不对称融合和深层融合。由于第 7 章中的实验结果已表明，早期融合策略的表现不及早期-不对称融合策略，因此本次消融实验对于早期融合策略不作考虑。

如表 8.7.2 所示，后期融合策略提升了 LogTrans 模型和 Autoformer 模型的预测精度。具体而言，在采用了后期融合策略后，LogTrans 和 Autoformer 的 RMSE 分别从 0.04 和 0.036 降低至 0.039 和 0.034，R^2 分别从 0.81 和 0.849 提升至 0.825 和 0.864。相反，LF-Transformer 却展示出较差的表现。在三种后期融合模型中，唯一的区别在于时间序列编码部分的基础模型。与 LogTrans 和 Autoformer 相比，Transformer 在时间序列编码过程中忽略了上下文信息，这可能使得决策信息整合之后的全连接层难以有效地挖掘序列内的动态特征，进而导致 LF-Transformer 模型表现反常。对于早期-不对称融合策略而言，该融合策略也提升了基础模型的预测精度，其中早期融合和不对称融合分别将时间序列分支的数据级信息与图像分支的特征级信息和决策级信息相融合，有效提升了基础模型所接收的烧结过程信息量。

表 8.7.2 多模态融合模型的消融实验结果

多模态融合策略	模型	RMSE	R^2
基础模型	Transformer	0.040	0.810
	LogTrans	0.040	0.810
	Autoformer	0.036	0.849
后期融合	LF-Transformer	0.146	N
	LF-LogTrans	0.039	0.825
	LF-Autoformer	0.034	0.864

续表

多模态融合策略	模型	RMSE	R^2
早期-不对称融合	EAF-Transformer	0.039	0.814
	EAF-LogTrans	0.039	0.820
	EAF-Autoformer	0.030	0.889
深层融合	**DF-Transformer**	**0.037**	**0.838**
	DF-LogTrans	**0.036**	**0.844**
	DF-Autoformer	**0.029**	**0.901**

在上述两种融合策略中，三种基础模型仅用于实现时间序列分支信息编码，而深层融合策略在图像分支完成信息提取，进而使两分支基于一致的动态表征形式实现特征级融合。如表 8.7.2 所示，深层融合策略对基础模型的预测精度提升最为明显。其中，DF-Transformer、DF-LogTrans 和 DF-Autoformer 的 RMSE 分别为 0.037、0.036 和 0.029，R^2 分别为 0.838、0.844 和 0.901，与三个基础模型相比，RMSE 和 R^2 分别优化了 7.5%～19.44% 和 3.46%～6.12%。

此外，图 8.7.2 提供了上述模型（在 20 次重复实验中）的 R^2 指标箱形图。在三种融合策略中，后期融合模型的稳定性最高。这主要是由于在模型融合之前，子模型已经完成训练，后期决策信息的整合对预测结果的影响较小。与后期融合模型相比，早期-不对称融合模型和深层融合模型的稳定性均有所降低，该现象主要源自模型在训练过程中难以避免的精度波动。

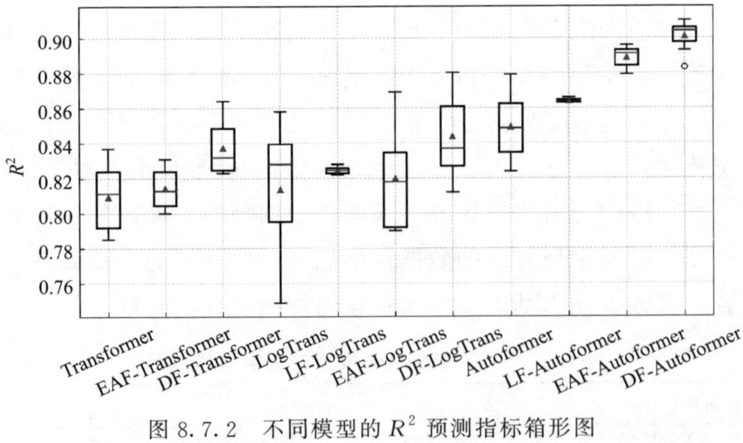

图 8.7.2　不同模型的 R^2 预测指标箱形图

一般情况下，传统的 MobileViT 模型主要用于图像分类、目标检测和语义分割等任务，在软测量建模领域中的应用较少。为了验证深层融合软测量架构中 MobileViT 模块的信息提取能力，图 8.7.3 和图 8.7.4 分别提供了 DF-

Transformer 和 DF-Autoformer 模型的图像分支的注意力热力图。在图 8.7.3 和图 8.7.4 中，MobileViT 模块分别采用 Transformer 和 Autoformer 实现图像补丁间的全局信息表征，两种全局表征方式均正确地提取到了烧结矿截面中红层的位置、轮廓以及高温区域。这表明深层融合策略成功地驱动了 Transformer 和 Autoformer 实现图像信息提取，进而协助图像分支完成软测量任务。

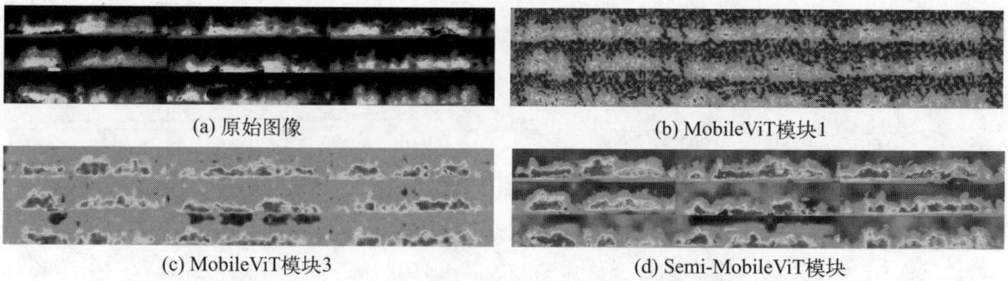

图 8.7.3 DF-Transformer 模型图像分支的注意力热力图

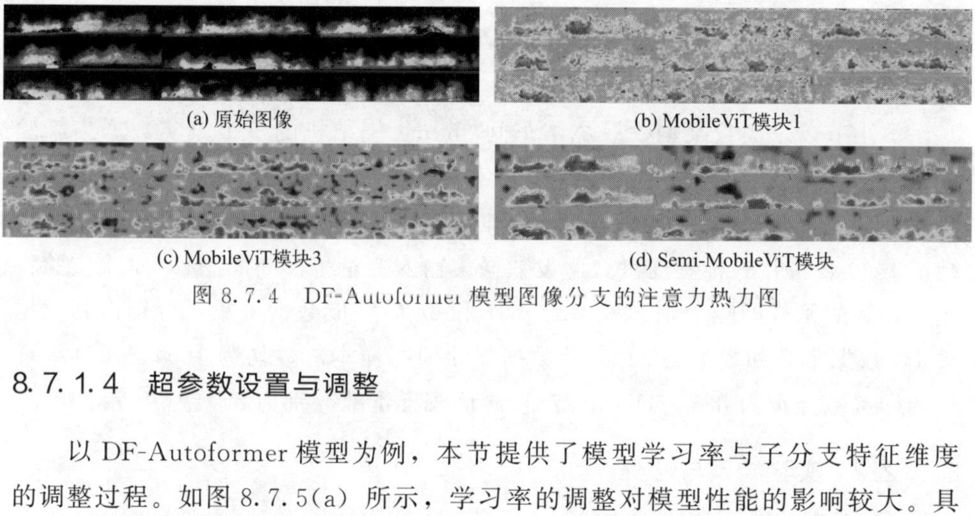

图 8.7.4 DF-Autoformer 模型图像分支的注意力热力图

8.7.1.4 超参数设置与调整

以 DF-Autoformer 模型为例，本节提供了模型学习率与子分支特征维度的调整过程。如图 8.7.5(a) 所示，学习率的调整对模型性能的影响较大。具体来说，当学习率从 0.0005 增加到 0.004 时，模型的 RMSE 先减小后快速增大，当学习率设置为 0.001 时 RMSE 最小。

此外，时间序列分支与图像分支的特征维数（维度）比值对模型的收敛速度有一定影响。如图 8.7.5(b) 所示，时间序列分支与图像分支的特征维数比值（$D_{TE}:D_{V}$）影响模型的收敛速度，该比值越小，模型收敛速度越快。需要注意的是，如果 D_{TE} 值（或者 D_{V} 值）过大或过小，深层融合模型的精度均会出现退化。

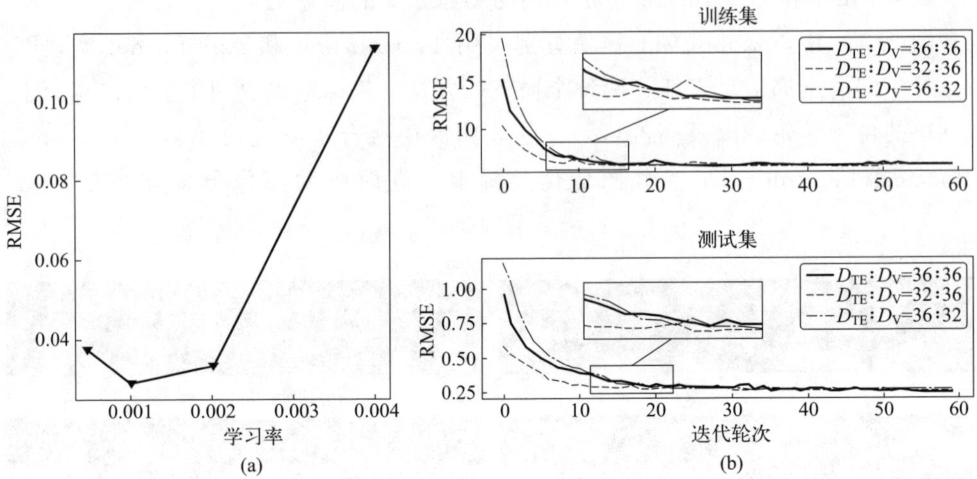

图 8.7.5　DF-Autoformer 模型学习率和子分支特征维度比的超参数调整过程

8.7.2　烧结矿质量指标多模态融合半监督软测量

8.7.2.1　数据集介绍

本小节以采集自某钢铁厂烧结车间 360m^2 烧结机的三个真实数据集来验证所给出半监督软测量模型的表现。具体而言，数据集变量信息与 7.5.1 小节相同，共包含 19 个输入变量（18 个时间序列变量和 1 个图像变量）和 1 个烧结矿 FeO 含量化验标签变量。假设数据集输入变量采样间隔为 t，本次实验将化验标签的采样间隔分别设置为 $2t$、$4t$ 和 $6t$ 后完成数据采集，分别得到数据集 1、数据集 2 和数据集 3；三个数据集的训练样本总数均为 1664，而训练样本的标签数分别为 833、416 和 278，测试集样本数分别为 357、179 和 118。

8.7.2.2　实验结果与分析

本节采用半监督长短期记忆网络自编码器（ssLSTM-AE）[38] 和半监督门控循环单元变分自编码器（ssGRU-VAE）[32] 作为对比模型，与 8.5 节介绍的 TFIF-ssTransformer 模型进行对比。如表 8.7.3 所示，模型软测量精度采用 RMSE 和 R^2 来评价。

具体而言，ssLSTM-AE 模型采取无标签数据实现 LSTM-AE 模型的预训练，随后基于有标签数据对模型进一步微调，以此实现时间序列数据的半监督软测量。ssGRU-VAE 模型将时间序列数据分为无标签序列样本、有标签序列样本和弱标签序列样本，并结合生成序列误差与回归误差构建损失函数，以充分利用无标签与有标签信息完成半监督软测量。然而，由于LSTM和GRU的限制，ssLSTM-AE模型和ssGRU-VAE模型仅能用于时间序列数据的半监督软测量，难以处理图像信息。因此，在表8.7.3中，ssLSTM-AE模型和ssGRU-VAE模型在三个数据集中的预测精度均低于TFIF-ssTransformer模型。相比于两个对比模型，TFIF-ssTransformer模型在三个数据集中的RMSE优化了10.23%～20%。

表8.7.3　测试集中不同半监督软测量模型的烧结矿FeO含量预测结果对比

模型	数据集1		数据集2		数据集3	
	RMSE	R^2	RMSE	R^2	RMSE	R^2
ssLSTM-AE	0.035	0.853	0.071	0.397	0.088	0.066
ssGRU-VAE	0.033	0.868	0.065	0.495	0.088	0.067
TFIF-ssTransformer	**0.028**	**0.908**	**0.058**	**0.596**	**0.079**	**0.254**

8.7.2.3　消融实验

对于TFIF-ssTransformer模型而言，本小节分别移除时序特征交互过程中的熵正则化项与整个时序特征交互过程来完成消融实验。

在移除时序特征交互过程后，TFIF-ssTransformer模型转变为基于时间特征融合的Transformer（TFF-Transformer）模型。从本质上而言，TFF-Transformer属于有监督模型，在软测量建模过程中无法有效利用无标签数据信息。因此，随着采样间隔的增加，TFF-Transformer模型的软测量精度迅速下降（如表8.7.4所示）。相比于TFF-Transformer模型，TFIF-ssTransformer（无熵正则化项）模型根据时序特征相似性提取了额外的无标签数据信息。如表8.7.4所示，其预测精度较TFF-Transformer模型有一定的提升，且随着采样间隔的增加预测精度下降速度变慢。

表8.7.4　消融实验中不同软测量模型的烧结矿FeO含量预测精度对比

模型	数据集1		数据集2		数据集3	
	RMSE	R^2	RMSE	R^2	RMSE	R^2
TFF-Transformer	0.030	0.893	0.065	0.497	0.107	N
TFIF-ssTransformer（无熵正则化项）	0.029	0.897	0.060	0.567	0.084	0.170
TFIF-ssTransformer	**0.027**	**0.908**	**0.058**	**0.596**	**0.079**	**0.254**

注："N"表示R^2小于0的情况。

然而，由于舍弃了相似性损失函数的熵正则化项，TFIF-ssTransformer模型在训练过程中将无法避免两分支时序特征相似性损失过小的极端情况，进而导致特征信息多源性的流失。表 8.7.5 展示了相似性损失函数的熵正则化项对 TFIF-ssTransformer 模型时序特征提取结果的影响。如表 8.7.5 所示，熵正则化项的引入使两个分支的时序特征在拉近彼此距离时保留了一定的差异性，这更符合烧结过程中时间序列数据与图像数据的时序特征间相互关联而不相同的情况。因此，在结合熵正则化项后，TFIF-ssTransformer 模型的软测量精度得以进一步提升。

表 8.7.5　相似性损失函数的熵正则化项对时序特征提取结果的影响

时序特征	TFIF-ssTransformer(无熵正则化项)	TFIF-ssTransformer
时间序列分支时序特征	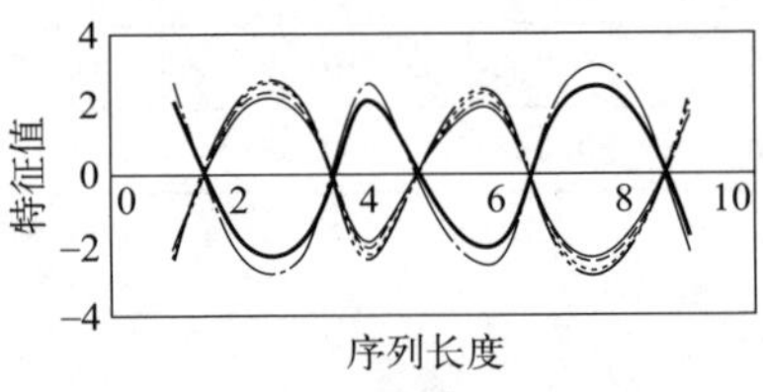	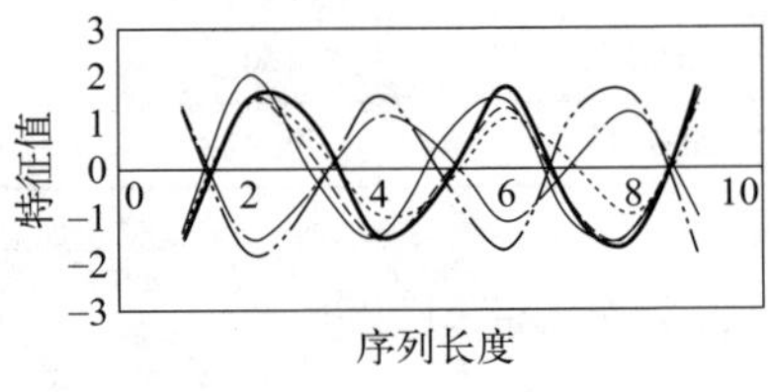
图像分支时序特征	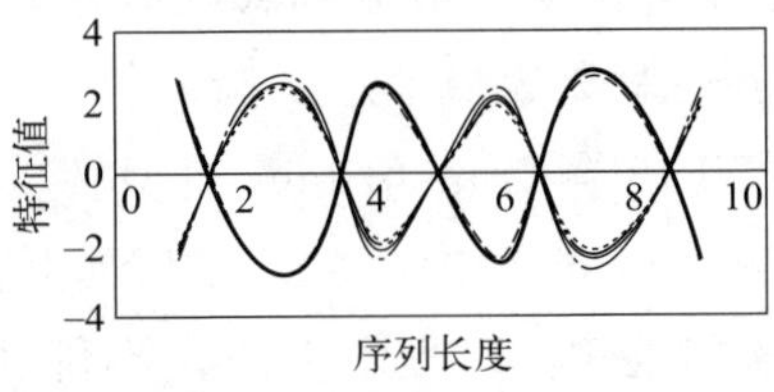	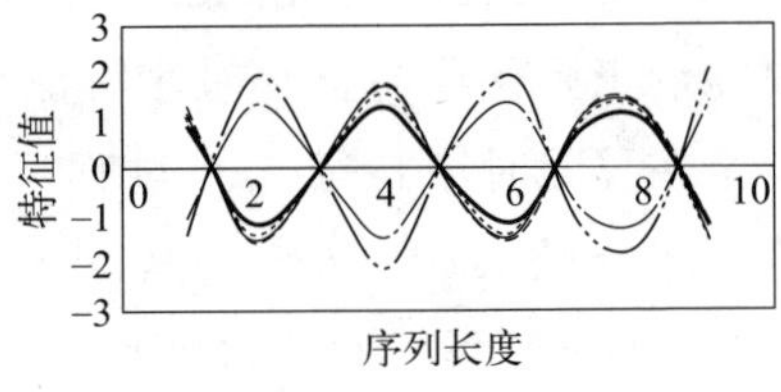

注：1. 上述两个模型分别在数据集 2 进行训练，两分支时序特征图取自相同的训练样本。

2. 不同曲线线型代表不同时序特征的维度。

表 8.7.6 提供了上述三个软测量模型对于烧结矿 FeO 含量预测结果的直观对比。具体而言，三个软测量模型在数据集 1 中对于烧结矿 FeO 含量的化验标签均有较好的拟合效果。在数据集 2 中，三个模型的拟合表现均有所降低，拟合效果从高到低排列依次为 TFIF-ssTransformer 模型、TFIF-ssTransformer（无熵正则化项）模型和 TFF-Transformer 模型。在数据集 3 中，TFF-Transformer 模型丧失对于化验标签的拟合能力，其余两个半监督模型均保持一定的拟合能力，其中 TFIF-ssTransformer 模型的拟合效果优于无熵正则化项模型的表现。综上所述，基于熵正则化的时序特征交互策略可有效降低无标签数据对软测量建模造成的负面影响。

表 8.7.6　消融实验中不同软测量模型的烧结矿 FeO 含量预测结果对比

数据集	TFF-Transformer	TFIF-ssTransformer（无熵正则化项）	TFIF-ssTransformer
数据集 1	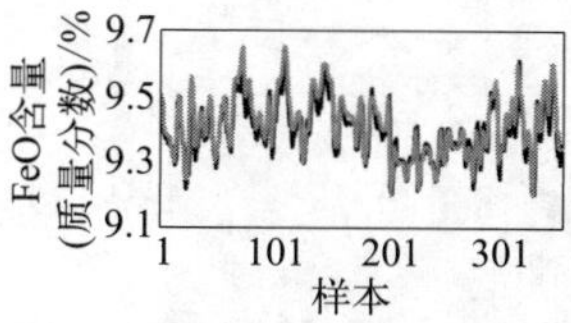	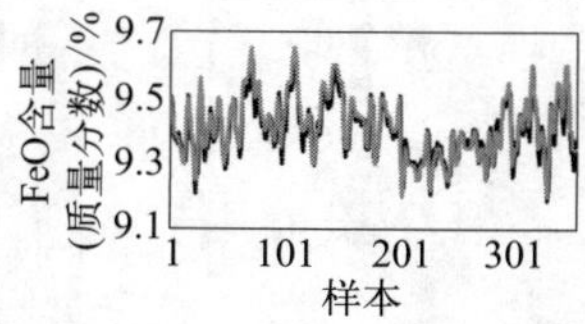	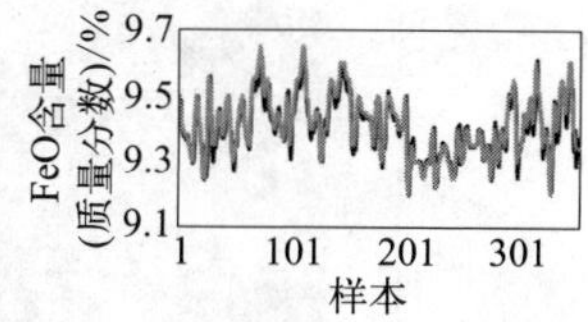
数据集 2	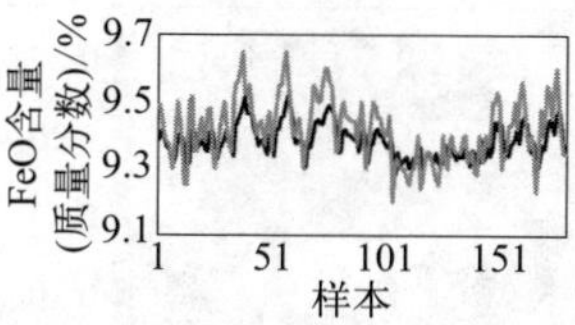	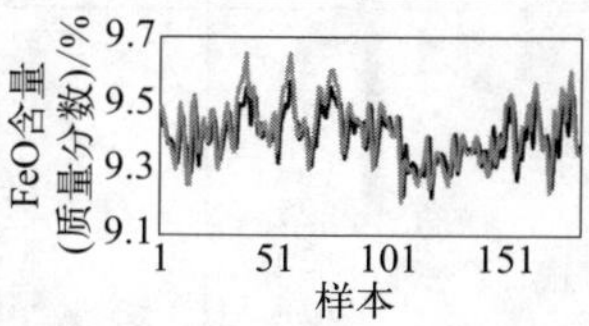	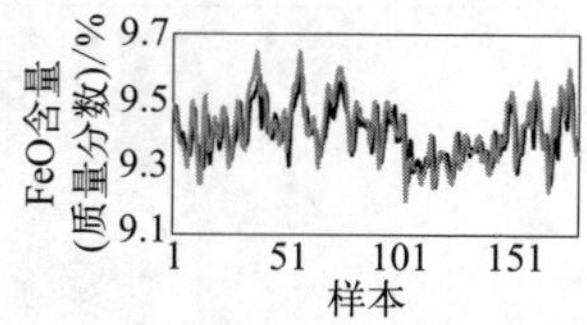
数据集 3	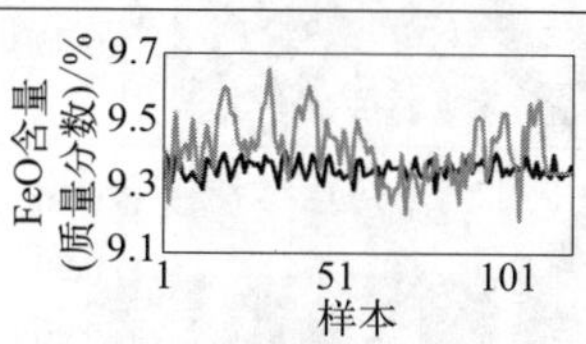	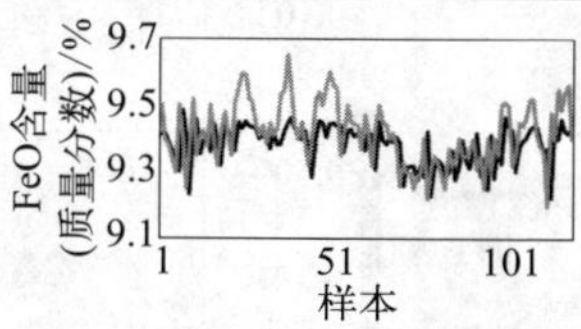	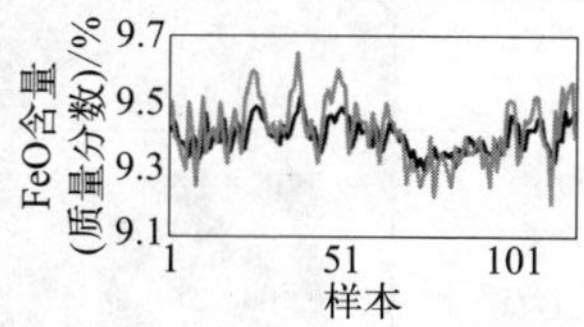

注：浅色代表化验标签，深色代表预测结果。

为了直观地反映时序特征交互对软测量模型特征提取能力的影响，表 8.7.7 提供了训练好的 TFF-Transformer 模型与 TFIF-ssTransformer 模型对于时间序列分支时序特征的注意力热力图对比结果。如表 8.7.7 所示，时间序列（时序）分支与图像分支间的时序特征交互确实改变了时间序列分支时序特征的提取结果。对于 4 个不同的测试样本，TFIF-ssTransformer 模型提取的时序特征在序列维度上均表现出丰富的注意力变化信息，而 TFF-Transformer 模型提取的时序特征在序列维度上的注意力变化信息较为稀疏。这表明时序特征交互策略改善了 TFIF-ssTransformer 模型对时间序列内依赖关系的表征能力。

表 8.7.7　时间序列分支的时序特征注意力热力图对比

样本编号	TFF-Transformer 模型	TFIF-ssTransformer 模型
样本 1		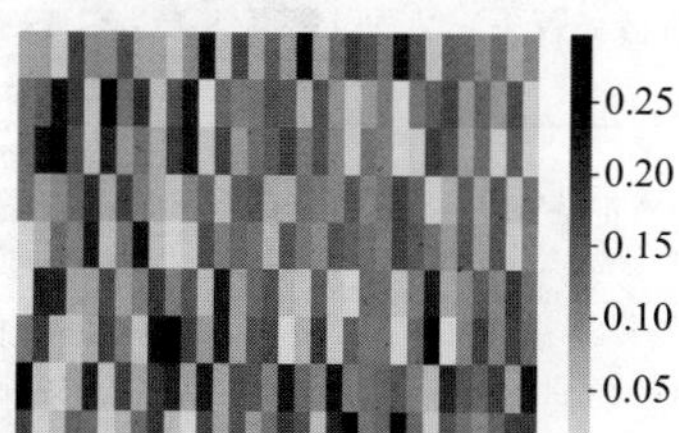

续表

样本编号	TFF-Transformer 模型	TFIF-ssTransformer 模型
样本 2	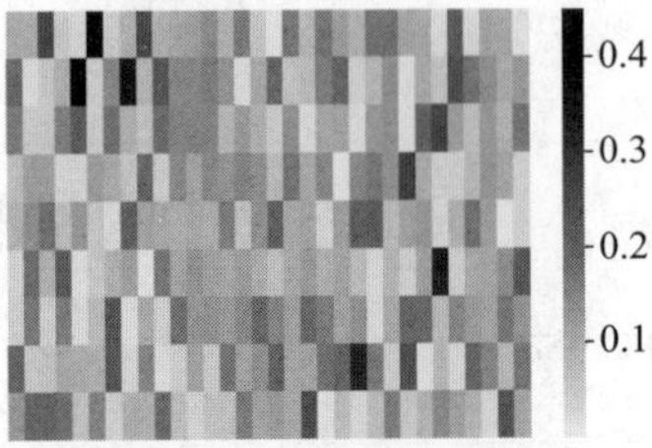	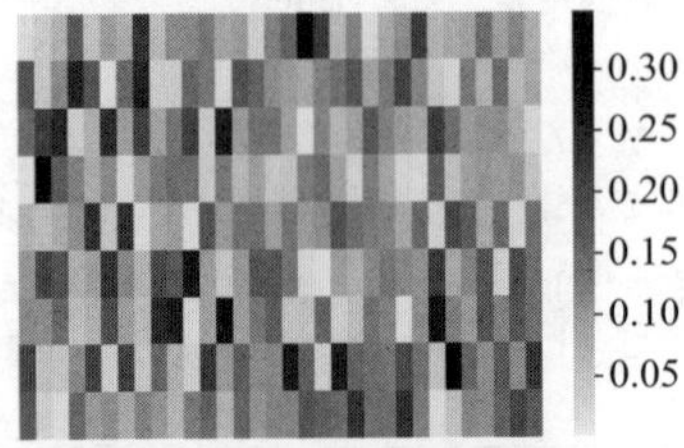
样本 3	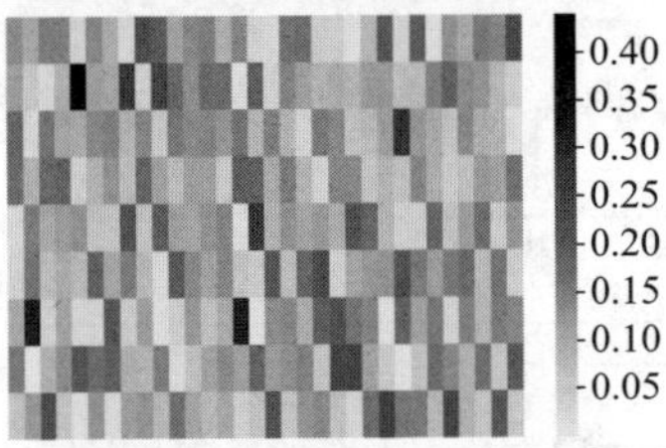	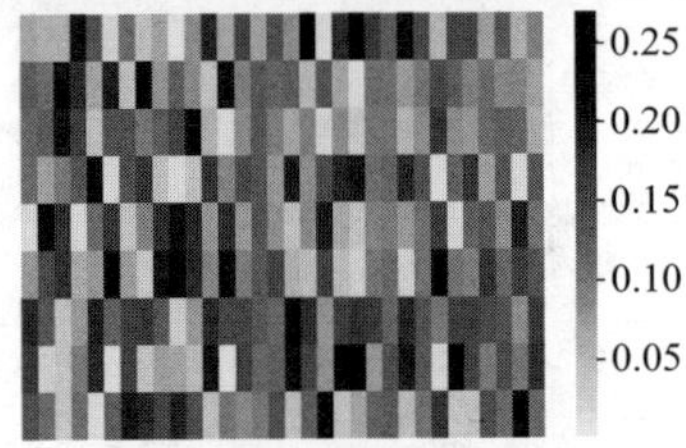
样本 4	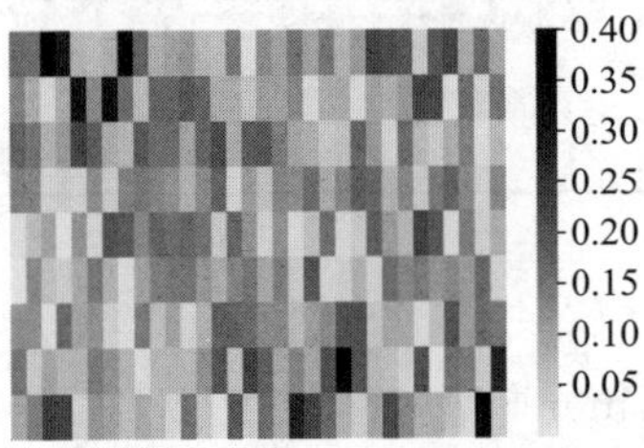	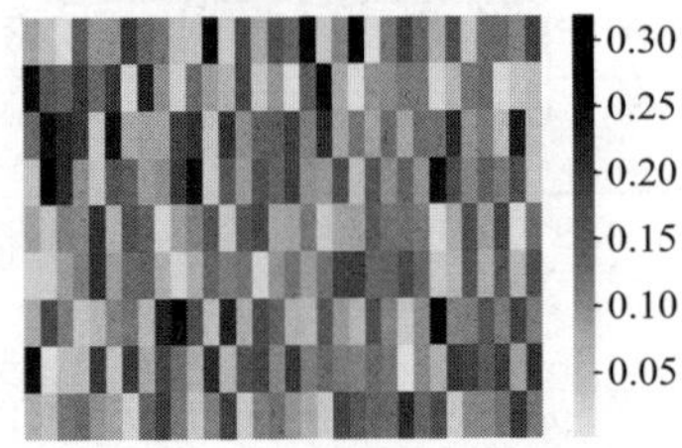

注：实验在数据集 2 中进行；热力图为 Transformer 编码层的输出结果，其纵轴和横轴分别代表序列长度和特征维度。

此外，表 8.7.8 提供了上述两个模型的图像分支时序特征在折叠重构后的注意力热力图对比。对于单个测试样本，表 8.7.8 中列出了 4 个特征通道的具体提取结果，其中 TFIF-ssTransformer 模型的热力图对于烧结矿截面的轮廓、高温区域的关注度明显高于 TFF-Transformer 模型，这表明时序特征交互策略通过对图像分支时序特征的影响，改善了模型对图像信息的表征能力。

表 8.7.8 图像分支时序特征在折叠重构后的注意力热力图对比

数据通道	TFF-Transformer 模型	TFIF-ssTransformer 模型
原始样本	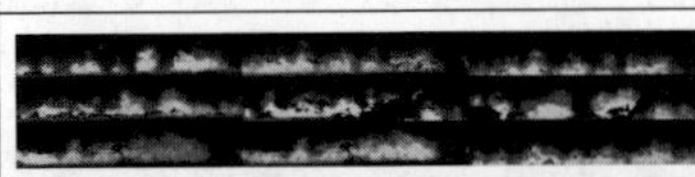	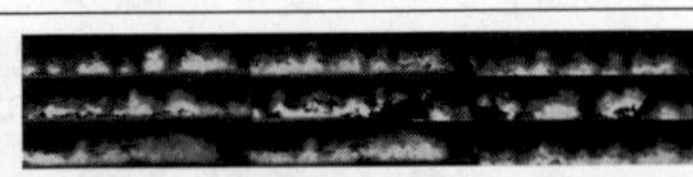
特征通道 1	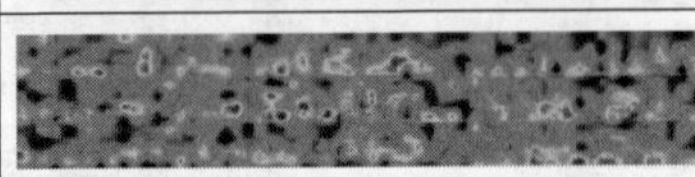	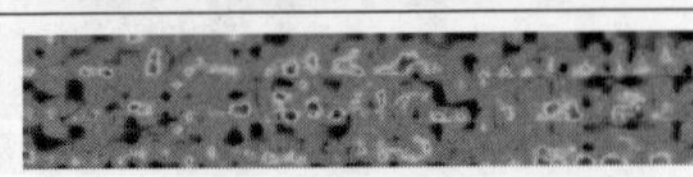
特征通道 2		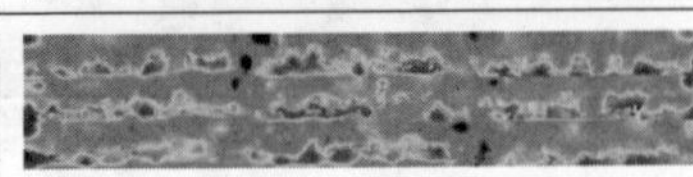

续表

数据通道	TFF-Transformer 模型	TFIF-ssTransformer 模型
特征通道 3	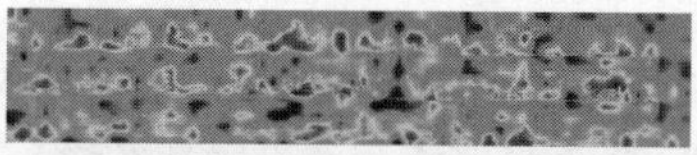	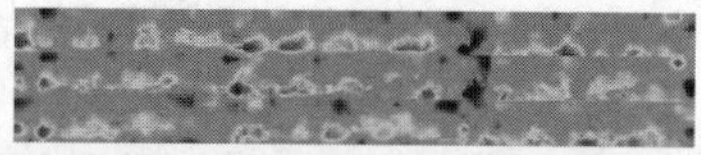
特征通道 4	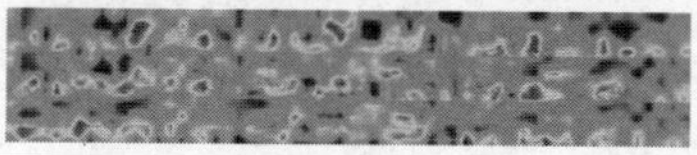	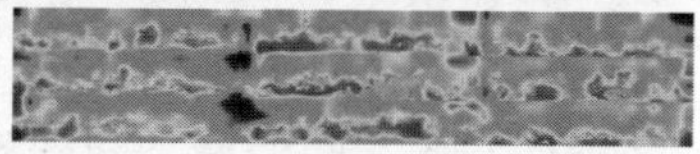

注：实验在数据集 2 中进行；特征图由 Semi-MobileViT 模块提供。

参考文献

[1] Huang K，Shi B，Li X，et al. Multi-modal sensor fusion for auto driving perception：A survey [J]. arXiv preprint，2022.

[2] Xie L，Xiang C，Yu Z，et al. PI-RCNN：An efficient multi-sensor 3D object detector with point-based attentive cont-conv fusion module [C] //Proceedings of the AAAI conference on artificial intelligence. 2020.

[3] Kim H，Kim J，Nam H，et al. Spatiotemporal texture reconstruction for dynamic objects using a single RGB-D camera [C] //Computer Graphics Forum. 2021.

[4] Xu D，Anguelov D，Jain A. Pointfusion：Deep sensor fusion for 3D bounding box estimation [C] //Proceedings of the IEEE conference on computer vision and pattern recognition. 2018.

[5] Asvadi A，Garrote L，Premebida C，et al. Multimodal vehicle detection：Fusing 3D-LIDAR and color camera data [J]. Pattern Recognition Letters，2018，115：20-29.

[6] Gu S，Zhang Y，Tang J，et al. Road detection through crf based lidar-camera fusion [C] //2019 International Conference on Robotics and Automation（ICRA）. 2019.

[7] Yang C，Yang C，Li J，et al. Forecasting of iron ore sintering quality index：A latent variable method with deep inner structure [J]. Computers in Industry，2022，141：103713.

[8] Zhao X，Liu Z，Hu R，et al. 3D object detection using scale invariant and feature reweighting networks [C] //Proceedings of the AAAI Conference on Artificial Intelligence. 2019.

[9] Chen X，Kundu K，Zhu Y，et al. 3D object proposals using stereo imagery for accurate object class detection [J]. IEEE Transactions on Pattern Analysis and Machine Intelligence，2017，40（5）：1259-1272.

[10] Huang T，Liu Z，Chen X，et al. Epnet：Enhancing point features with image semantics for 3D object detection [C] //16th European Conference on Computer Vision. 2020.

[11] Tran D，Bourdev L，Fergus R，et al. Learning spatiotemporal features with 3D convolutional networks [C] //Proceedings of the IEEE International Conference on Computer Vision. 2015.

[12] Simonyan K，Zisserman A. Two-stream convolutional networks for action recognition in videos [C] //Advances in Neural Information Processing Systems 27. 2014.

[13] Cardona J，Howland M，Dabiri J. Seeing the wind：Visual wind speed prediction with a coupled convolutional and recurrent neural network [C] //Advances in Neural Information Processing

Systems 32. 2019.

[14] Vaswani A, Shazeer N, Parmar N, et al. Attention is all you need [C] //Advances in Neural Information Processing Systems 30. 2017.

[15] Dosovitskiy A, Beyer L, Kolesnikov A, et al. An image is worth 16x16 words: Transformers for image recognition at scale [C] //The 9th International Conference on Learning Representations. 2021.

[16] Graham B, El-Nouby A, Touvron H, et al. LeViT: A vision transformer in convnet' s clothing for faster inference [C] //2021 IEEE/CVF International Conference on Computer Vision. 2021.

[17] Dai Z, Liu H, Le Q V, et al. Coatnet: Marrying convolution and attention for all data sizes [J]. Advances in neural information processing systems, 2021, 34: 3965-3977.

[18] Liu Z, Lin Y, Cao Y, et al. Swin transformer: Hierarchical vision transformer using shifted windows [C] //2021 IEEE/CVF International Conference on Computer Vision (ICCV) . 2021.

[19] Wang W, Xie E, Li X, et al. Pyramid vision transformer: A versatile backbone for dense prediction without convolutions [C] //2021 IEEE/CVF International Conference on Computer Vision (ICCV) . 2021.

[20] Mehta S, Rastegari M. Mobilevit: Light-weight, general-purpose, and mobile-friendly vision transformer [C] //The 10th International Conference on Learning Representations. 2022.

[21] Howard A G, Zhu M, Chen B, et al. Mobilenets: Efficient convolutional neural networks for mobile vision applications [J]. ArXiv, 2017.

[22] Sandler M, Howard A, Zhu M, et al. Mobilenetv2: Inverted residuals and linear bottlenecks [C] //2018 IEEE/CVF Conference on Computer Vision and Pattern Recognition. 2018.

[23] Shi X, Kang Q, Zhou M, et al. Soft sensing of nonlinear and multimode processes based on semi-supervised weighted gaussian regression [J]. IEEE Sensors Journal, 2020, 20 (21): 12950-12960.

[24] Yan F, Zhang X, Yang C, et al. Data-driven modelling methods in sintering process: Current research status and perspectives [J]. The Canadian Journal of Chemical Engineering, 2023, 101 (8): 4506-4522.

[25] Jiang K, Jiang Z, Xie Y, et al. Prediction of multiple molten iron quality indices in the blast furnace ironmaking process based on attention-wise deep transfer network [J]. IEEE Transactions on Instrumentation and Measurement, 2022, 71: 1-14.

[26] Kong X, Ge Z. Deep pls: A lightweight deep learning model for interpretable and efficient data analytics [J]. IEEE Transactions on Neural Networks and Learning Systems, 2022, 34 (11): 8923-8937.

[27] Geng Z, Chen Z, Meng Q, et al. Novel transformer based on gated convolutional neural network for dynamic soft sensor modeling of industrial processes [J]. IEEE Transactions on Industrial Informatics, 2022, 18 (3): 1521-1529.

[28] Yan F, Yang C, Zhang X. DSTED: A denoising spatial-temporal encoder-decoder framework for multistep prediction of burn-through point in sintering process [J]. IEEE Transactions on Industrial Electronics, 2022, 69 (10): 10735-10744.

[29] Yan F，Yang C，Zhang X. Stacked spatial-temporal autoencoder for quality prediction in industrial processes [J]. IEEE Transactions on Industrial Informatics，2023，19 (8)：8625-8634.

[30] Li Y，Yang C. Multi time scale inception-time network for soft sensor of blast furnace ironmaking process [J]. Journal of Process Control，2022，118：106-114.

[31] Li J，Yang C，Li Y，et al. A context-aware enhanced GRU network with feature-temporal attention for prediction of silicon content in hot metal [J]. IEEE Transactions on Industrial Informatics，2022，18 (10)：6631-6641.

[32] Yao L，Shen B，Cui L，et al. Semi-supervised deep dynamic probabilistic latent variable model for multi-mode process soft sensor application [J]. IEEE Transactions on Industrial Informatics，2022：1-11.

[33] Shen B，Yao L，Ge Z. Nonlinear probabilistic latent variable regression models for soft sensor application：From shallow to deep structure [J]. Control Engineering Practice，2020，94：104198.

[34] Kostopoulos G，Karlos S，Kotsiantis S，et al. Semi-supervised regression：A recent review [J]. Journal of Intelligent & Fuzzy Systems，2018，35 (2)：1483-1500.

[35] Zhou Z H，Li M. Semisupervised regression with cotraining-style algorithms [J]. IEEE Transactions on Knowledge and Data Engineering，2007，19 (11)：1479-1493.

[36] Pozdnoukhov A，Bengio S. Semi-supervised kernel methods for regression estimation [C] //2006 IEEE International Conference on Acoustics Speech and Signal Processing Proceedings. 2006.

[37] Belkin M，Niyogi P，Sindhwani V. Manifold regularization：A geometric framework for learning from labeled and unlabeled examples [J]. Journal of machine learning research，2006，7 (11)：2399-2434.

[38] Dai A M，Le Q V. Semi-supervised sequence learning [C] //Proceedings of the 28th International Conference on Neural Information Processing Systems. 2015.

[39] Blum A，Mitchell T. Combining labeled and unlabeled data with co-training [C] //Proceedings of the eleventh annual conference on Computational learning theory. 1998.

[40] 李宇轩．基于深度学习的烧结过程关键指标软测量方法 [D]. 杭州：浙江大学，2023.

[41] Wang J，Ma Z，Nie F，et al. Entropy regularization for unsupervised clustering with adaptive neighbors [J]. Pattern Recognition，2022，125：108517.

[42] He K，Zhang X，Ren S，et al. Deep residual learning for image recognition [C] //2016 IEEE Conference on Computer Vision and Pattern Recognition. 2016.

[43] Li S，Jin X，Xuan Y，et al. Enhancing the locality and breaking the memory bottleneck of transformer on time series forecasting [C] // Advances in Neural Information Processing Systems 32. 2019.

[44] Wu H，Xu J，Wang J，et al. Autoformer：Decomposition transformers with auto-correlation for long-term series forecasting [C] //Advances in Neural Information Processing Systems 34. 2021.

第9章 基于工业互联网的软测量APP开发及应用

工业互联网平台以低成本、低门槛、低代码方式重塑了工业软件开发体系，极大地缩短了研发周期，产生了各类工业全流程创新应用。依托工业互联网，工业企业可以快速构建工业数字化生态，提升企业管控水平和综合竞争力。当前，工业互联网平台正在驱动工业全要素、全产业链、全价值链的深度互联，提高生产及服务资源配置效率，优化制造和服务体系，在当前的产业数字化转型过程中发挥着重要支撑作用。

钢铁工业是典型的流程工业，炼铁工序是钢铁制造中能耗最大、排放最多、成本最高的关键环节，具有节能减排、提质增效、安全生产等现实需求，存在着物料信息实时感知与跟踪、精细化配料与产线稳定调控、全流程多目标系统优化等技术难题。而构建基于工业数据采集、融合、价值挖掘服务体系，实现制造资源泛在连接、科学供给、优化配置的工业互联网平台是解决上述问题的重要手段。

数字孪生技术作为工业数字化的核心技术，将为工业数字化转型和智能化升级带来巨大的推动力。数字孪生就像现实世界的一面镜子，为物理制造系统提供了一种监测、控制、模拟、诊断、预测和优化的重要手段。数字孪生技术可以利用人工智能、数据挖掘等智能算法为企业实现数据驱动的运营监控和优化，开发创新的产品和服务，实现价值创造和商业模式的多样化。

本章给出了一种基于工业互联网平台和数字孪生技术的高炉炼铁系统流程化算法部署应用框架，包括一整套算法部署的步骤，最后通过集成APP（应用程序）为现场操作人员提供参考。以高炉软测量算法为例，在某钢铁厂数据中心进行了部署，并实现了在线应用，证明了算法部署框架的有效性。

9.1 工业互联网平台架构

工业互联网是将传统工业生产与互联网技术相结合，实现设备、工厂和供应链之间数据共享、分析和优化的一种新型技术体系，旨在将机器、人、物料、信息系统连接起来，结合大数据分析和人工智能等信息技术实现生产的科学智能决策和优化控制，优化生产资源配置，提高生产效率，降低生产成本。工业互联网平台作为其技术实现的主要方式应运而生。工业互联网平台通过网络采集海量工业数据，提供存储、管理、分析、建模功能及针对工业生产全流程的创新应用开发环境，是连接全生产要素的枢纽，是推动资源优化配置的核心。通过工业互联网平台，操作人员能够进行多种软测量算法的布置，实现针对各个生产环节的全方位把控；低代码、高复用的优势也为各类创新技术提供了孵化平台，进一步打破了产业与企业边界，使知识的复用与共享成为了可能。工业互联网平台的构建是企业数字化转型的核心环节。如图 9.1.1 所示，工业互联网平台架构主要包括边缘层、IaaS 层、PaaS 层与 SaaS 层四部分[1]。此外，工业互联网平台还包括安全防护系统，这是工业互联网平台不可或缺的基础支撑与重要保障。工业互联网平台作为工业云计算平台的延伸，本质上是在传统云计算平台的基础上增加大数据、物联网、人工智能等新技术，通过建设更加精准智能的数据感知体系，构建包含专家经验、知识模型、工业技术的使能平台，以工业 APP 的形式为流程企业建立生产过程创新应用的工业生态。

第一层为边缘层。边缘层主要包含三大功能：设备接入、协议解析以及边缘数据处理。该层通过异构数据的协议转换实现大规模深层次的数据采集和边缘处理，以此构建了工业互联网平台的数据基础，利用泛在感知技术对多源设备、系统和生产资料信息进行实时、高效的收集和云端汇总。设备接入功能的实现依赖于各种有线和无线通信技术，如工业现场总线、工业光纤网络、工业以太网、4G/5G、NB-IoT 等，实现各种工业现场设备的平台接入、数据采集。而协议转换功能则可以利用协议解析、中间件等技术兼容 Modbus、Profinet、CAN 等各类工业通信协议，实现数据格式转换和统一，利用 MQTT、HTTP 等方式将采集数据上传数据平台。边缘数据处理能力主要基于实时操作系统、高性能并行计算、流式计算、边缘分析算法等技术支持，在设备或数据源附近的网络边缘侧对数据执行预处理、存储及分析应用，提高运行响应敏捷性，消除冗余数据上传导致的网络阻塞等问题，对必要数据实施云端上传，形成云边协同。

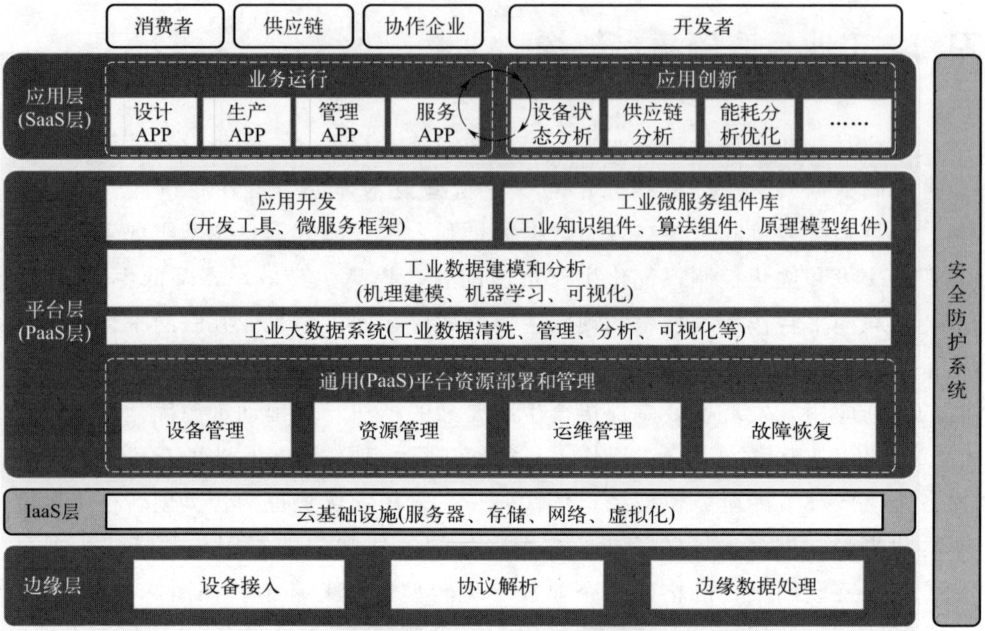

图 9.1.1　大型炼铁系统工业互联网平台架构

第二层是 IaaS 层，主要指工业互联网的云基础设施服务，主要包括服务器、存储、网络与虚拟化服务等。其中，存储服务主要指通过云存储服务将海量工业数据存储在云端为企业的智能化、数字化转型提供支撑；网络服务除了工业应用之间的数据传输外，也包括网络防护保证数据安全可靠；虚拟化服务则通过应用程序的隔离与资源分配使计算资源得以实现利用率的最大化。IaaS 层将这种基础设施作为对外提供的服务，使得消费者不需要自己搭建数据中心等设施，直接租用云设施即可快速应用，为客户带来了便捷，降低了一次性投入成本。

第三层是 PaaS 层，即工业互联网的平台层，也是工业互联网中的关键层，包含通用平台［即服务（PaaS）平台］资源部署和管理、工业大数据系统、工业数据建模和分析、应用开发、工业微服务组件库等功能。PaaS 层主要提供三种能力：一是提供工业数据管理能力，将数据科学与工业机理知识相结合，帮助企业构建工业数据分析建模能力，实现过程累积数据价值的挖掘。二是将相关技术、机理知识、专家经验、数据模型等资源系统化整理，通过组件化设计沉淀为可移植、可复用的微服务组件。这些组件支持低代码开发，开发者可灵活调用，显著提升了资源的共享性和可重用性。三是构建高效的应用开发环境，将封装后的微服务组件集成到开发工具中，结合智能算法模型，提供低代码、高复用、易迁移的开发支持。通过平台化操作，用户能够以“拖拉拽”方式快速完成工业应用的定制化开发，从而大幅缩短开发周期，提升效率[2]。

最后是 SaaS 层，即工业互联网平台的应用层，其主要是形成满足不同行业、不同应用场景下的各类工业服务、APP 及解决方案等。SaaS 层直接与各类消费者和第三方开发者进行交互，将各类模型算法与工业知识以软件接口的形式实现应用服务，为用户提供安全可靠的工业应用服务以及良好的工业 APP 创新环境，是平台的最终价值体现。该层承载了工业过程相关知识和专家经验，包含满足各类工业需求的应用软件、软件化的知识载体。对炼铁过程而言，其涵盖范围包括过程参数软测量与优化、工艺参数优化与故障诊断等多个方面，本章则以其中的过程参数软测量为主要的介绍内容。

9.2 工业互联网平台搭建

9.2.1 容器化技术

容器化技术的目的在于实现应用的快速标准化部署。应用部署的演化过程从物理机部署时期、虚拟机部署时期来到了现今的容器化部署时代。

在物理机部署时期，首先需要采购物理机，安装底层操作系统，以及各类组件，搭建各种依赖环境，这无疑是复杂且缓慢的。另外，这种应用部署方式由于应用需求资源的变化，带来硬件资源的浪费。如某应用对存储资源要求较高，而 CPU（中央处理器）要求相对较低，这就使得物理机部分的 CPU 资源得不到充分的利用。更为重要的是，该种部署方式使得应用资源的扩展和应用迁移变得相当困难。

虚拟机技术是在物理机硬件底层的基础上虚拟出多台虚拟主机，虚拟机拥有自己独立的硬件资源，包括 CPU、内存、硬盘等，使得物理机的硬件资源得到有效的划分和更为充分的利用。一台物理机上能够部署多台虚拟机，虚拟机之间相互独立。虚拟机技术实现了物理机资源的相互隔离，其资源扩展相对容易，部署应用可以随着虚拟机进行相对便捷的迁移。然而需要指出的是，每台虚拟机仍然需要各自安装一整套操作系统，即便是一个很小的应用服务操作系统也是必不可少的，这无疑也带来了一定的浪费。而容器化技术则无须为应用单独安装操作系统。

图 9.2.1 为应用容器化部署与虚拟机部署方法的对比图。可以看出两种部

署方法都需要底层基础设施支持。虚拟机部署方式需要在硬件层上部署虚拟机监视管理器 Hypervisor，在此基础上每一台虚拟机都需要安装一套操作系统(OS)，再往上则为应用依赖的 Bins/Libs，最后则为部署的应用。而容器化部署方法只需在硬件层上安装操作系统，然后在操作系统上安装容器化工具，可以为 Docker 或 CoreOS 等。此时，在容器化工具层上就是一个个应用容器。可以看出容器中仅打包了应用依赖的 Bins/Libs，相比虚拟机更为轻量简洁，避免了资源浪费。为了进一步说明容器化技术的轻便高效，将容器化技术与虚拟机技术的性能对比列于表 9.2.1[3]。

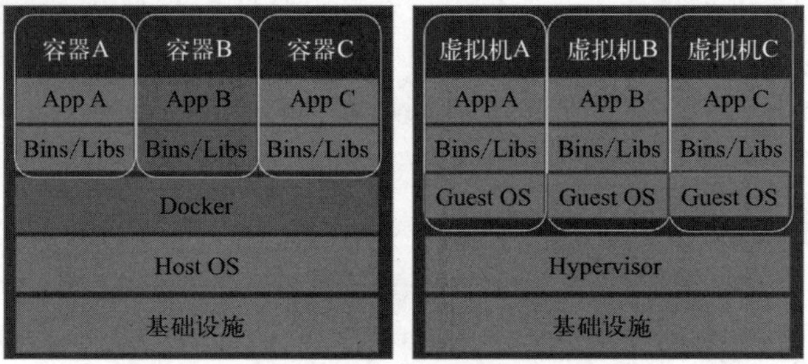

图 9.2.1　容器化和虚拟机技术对比图

表 9.2.1　容器化技术与虚拟机技术的性能对比

属性	虚拟机	容器化
资源占用	重量级	轻量级
启动速度	分钟级	秒级
硬盘使用	GB 级	MB 级
性能	较低	接近原生
操作系统	各虚拟机拥有各自操作系统	所有容器共享主机操作系统
普通机器支撑量	几个	数百个
运营成本	高	低
隔离	进程级隔离	完全隔离

容器化技术可以形象地看作是码头的集装箱，而应用则为箱子里的货物。如上所述容器化技术，仅为应用打包必要的依赖。虽然共用底层的操作系统，但仍然能够保证容器应用间具有很好的隔离性，互不干扰，互不影响，并且解决了同主机多应用部署时可能产生的多应用间环境依赖冲突的问题。容器化技术也使得应用具备极好的迁移性，当人们想要移植应用到新的应用环境时，无

需重新安装操作系统和依赖环境，只需复制迁移打包好的“集装箱”应用即可快速在新平台部署运行。容器化技术的特点可以总结为四点：一是极其轻量，容器化技术仅打包必要的 Bins 和 Libs；二是敏捷部署，根据打包镜像的不同，容器部署时间大约为毫秒或秒级；三是便于移植，一次镜像构建，多处便捷部署；四是独立隔离，不同应用容器相互隔离互不干扰。

2013 年，dotCloud 公司开源了 Docker 容器引擎。由于其高效的特点，迅速占据了容器技术市场的主要份额。据云原生计算基金会（CNCF）2020 年的报告，92%的企业已经将业务项目容器化并用于生产环境[4]。Docker 是一种最具代表性的、开源的主流容器引擎，因此该引擎在本平台搭建过程中被采用。Docker 工具涉及四个核心概念，分别为：镜像、容器、仓库和数据卷。镜像（Image）可以看作是一个将应用及其依赖打包后的压缩包，在指定平台“解压”后即可创建 Docker 容器。Docker 提供极为简单的机制来创建应用镜像或更新现有镜像，用户也可以直接下载其他人应用打包后分享的镜像。容器（Container）可以看作是应用的运行态，Docker 利用容器来运行应用，容器是镜像运行的实体。容器可以被启动、停止、删除，如前所述，容器间都是相互隔离的。仓库（Repository）其实就是集中存放镜像文件的场所。仓库分为公开仓库和私有化仓库两种形式。公开仓库主要用于存放在社区内分享的应用镜像，最大的公开仓库为 Docker Hub，上面提供了大量的镜像供用户下载。而私有化仓库则用于存放如企业开发的不公开的应用镜像。在构建本平台过程中为存放应用镜像，基于开源工具 Harbor 在服务器本地搭建了私有化镜像仓库，如图 9.2.2 所示，可以看到列出的应用镜像及对应的标签数和下载数。容器重启是经常发生的，而容器重启则会使得容器被重置，这意味着应用运行产生的数据将被销毁。而在实际生产过程，这类数据有时需要被存储，数据卷（Volumn）就可以用来解决这一问题，通过将宿主机的目录映射到容器中的目录实现容器数据的持久化。

图 9.2.3 展示了 Docker 主要组成架构，包括：Docker 主机（Host），即一个物理机或虚拟机，用于运行 Docker 服务进程和容器；Docker 客户端（Client），客户端使用 docker 命令或利用其他工具调用 Docker API（应用程序接口）；Docker 仓库（Repository），保存镜像的仓库；Docker 镜像，可以理解为创建容器的应用压缩包；Docker 容器，应用运行实体。图中给出了三种命令执行过程示例：首先是“build”命令，命令由客户端发出下达至 Docker 守护进程 Docker daemon，这时就可以将构建的应用在宿主机上打包为一个镜像；“pull”命令表示的意义为从镜像仓库中拉取一个镜像到宿主机本地；

"run"命令则表示调用一个本地镜像将其转为运行态。

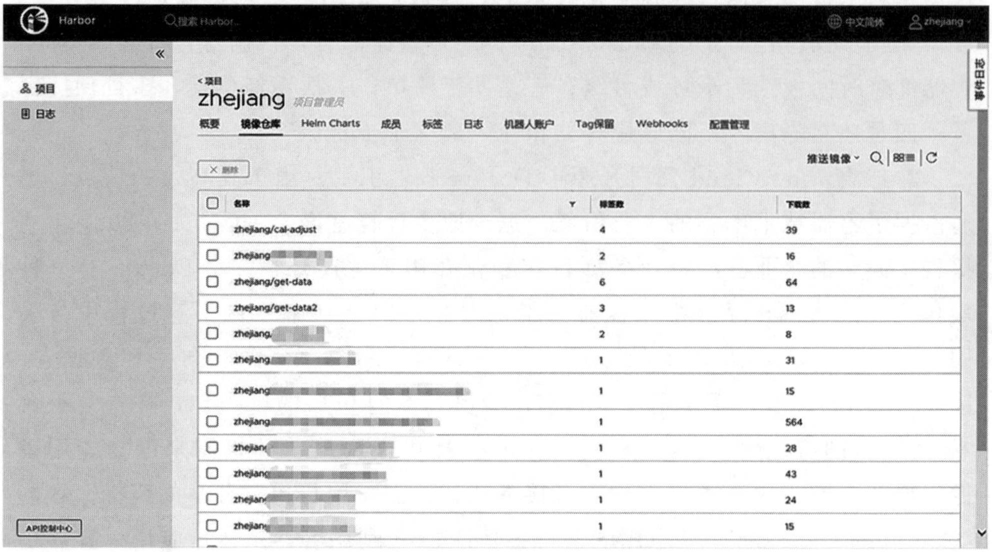

图 9.2.2　镜像仓库界面

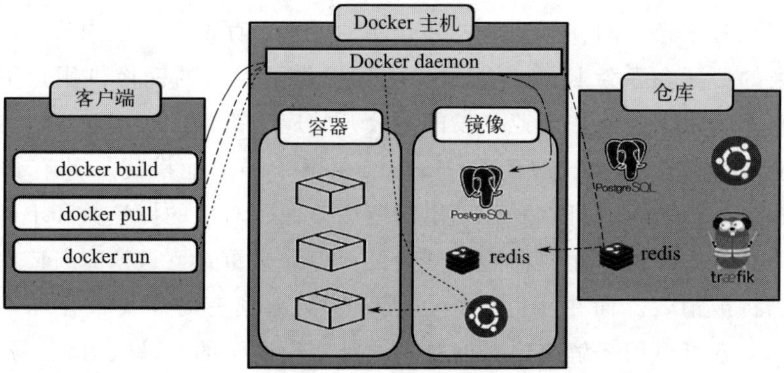

图 9.2.3　Docker 架构图

需要指出的是为更合理地利用服务器资源，本章仍然使用 VMware 将服务器资源进行了一个合理的划分，建立了多个虚拟机作为集群的基础负载节点，并在各虚拟机上安装了 Docker 引擎。

9.2.2　容器编排

一般来说，一台服务器上不止运行一个 Docker 容器，而是若干容器连接在一起，各自实现功能，并作为整体部署。同时作为容器集群，往往也不只部署在一台服务器上，而是多个服务器构成集群，因此数量众多的容器就产生了调度管理的需求。为了解决这些问题，Google 公司在 2014 年推出了开源的 Kubernetes（通常简称为 K8S）容器编排引擎。K8S 能够实现物理机或是虚拟机集群上容器的运行及调度，其能够提供容器自动部署、扩展和管理功能。

K8S 提供了一个分布式弹性框架，其能够提供多种服务，包括：服务发现和负载均衡、存储编排、自动部署和回滚、自动完成装箱计算、自我修复、密钥配置管理。服务发现与负载均衡表示 K8S 可以利用 DNS（域名服务）或者自身 IP（互联网协议）地址公开容器地址，当容器流量比较大时，K8S 能够合理地分配网络流量以及负载均衡，稳定部署。存储编排表示用户可以自己挂载存储系统。自动部署和回滚表示用户可以利用 K8S 监控已部署容器的所需状态，同时也可以将容器实时状态更改为用户期望状态。自动完成装箱计算表示 K8S 管理下有多个集群节点，这些节点可以用来运行容器化的任务，用户指定容器所需资源后，K8S 能够将容器自动地安装至节点并运行，充分地利用平台资源。K8S 还有一个极为重要的功能，即自我修复，当容器运行出现问题时，K8S 能够自动替换启动失败的容器，“杀死”不“健康”的容器，直至新的容器服务正常运行后，服务才会通知客户端。同时 K8S 还提供密钥配置管理服务，允许用户存储和管理敏感信息，如密码等信息。

完成 K8S 的部署后就得到了一个 K8S 管理下的集群。K8S 集群由大量的物理机或虚拟机组成，这些物理机或虚拟机被称为节点，这些节点就承载着运行容器化应用的任务。需要指出的是，本章所搭建的平台节点为虚拟机。每个集群至少需要有一个工作节点，在工作节点上要托管 Pods，它们是应用负载的组件。K8S 的控制组件则管理集群中的工作节点和 Pods，控制组件能够跨主机运行，集群也能跨节点运行，为集群提供容错和高可用性。

图 9.2.4 描述了一个正常且完整工作的 K8S 集群所需的各种组件。集群节点被分为两类：一类为管理（Master）节点，另一类为负载（Worker）节点。在管理节点中装载着 K8S 集群的重要组件 Control Plane，其负责集群全局管理，包括集群事件的监测和响应等。Control Plane 包含的组件其实可以在集群任意节点运行，但为了保证集群管理的简洁，通常将所有组件安装至同一个不运行容器的节点上，该节点也就称为管理节点。

kube-apiserver 是 Control Plane 的重要组件，K8S 的 API 通过它来进行暴露。API Server（服务器）则是 K8S Control Plane 的前端。kube-apiserver 为 K8S API Server 的重要实现，其能够实现水平扩展，即其通过创建更多的实例来实现扩展，运行多个实例，实现实例间的流量平衡。etcd 为 K8S 中用

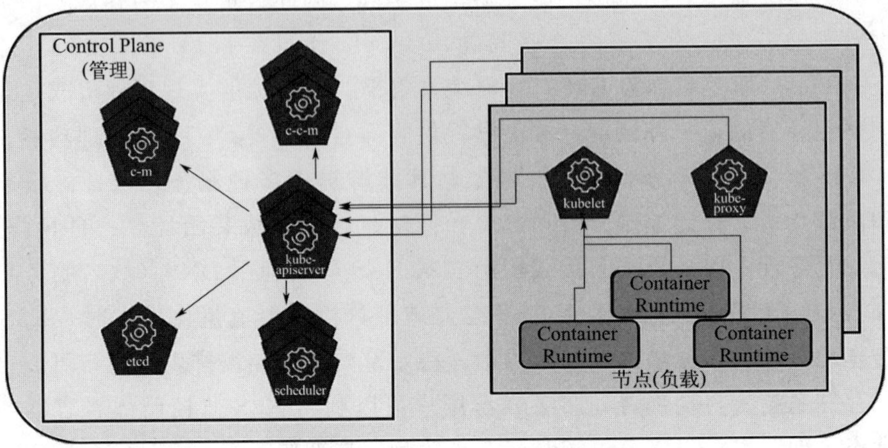

图 9.2.4 Kubernets 架构图

于实现一致性和高可用性的键值数据库，可以作为保存集群数据的后台数据库。scheduler 负责监视新创建的 Pods，当它们未被分配运行节点时，给它们分配节点。而影响 scheduler 调度决策的因素有很多，如生成的 Pods 的资源需求、软硬件约束规则等。controller-manager（简称 c-m）负责运行控制器进程，在这里控制器被分为节点控制器、任务控制器、端点控制器、服务账户和令牌控制器。节点控制器负责当节点出现故障时的通知和响应。任务控制器负责创建 Pods 运行并完成一次性 Job 类型任务。端点控制器用于填充端点对象。服务账户和令牌控制器负责为新的命名空间创建默认账户和 API 访问令牌。cloud-controller-manager（简称 c-c-m）用于管理集群同云服务 API 的链接，并将与云平台交互的组件同集群组件分离。该组件仅用于云平台控制器，当所部署的集群为本地环境时则无需安装该组件。在本章的实际平台搭建过程中，考虑到工厂生产数据的保密性和安全性，平台部署在工厂内网环境下的服务器上，因此未涉及该组件。

如前所述，集群中还有另一类节点，负责运行容器的节点即负载节点。而相关的 Node（节点）组件则在这类节点上运行，负责维护运行的 Pods 并提供 K8S 运行环境。kubelet 为运行在集群节点上的代理，它用来保证容器均运行在 Pods 上，并且确保容器健康运行。需要指出的是，kubelet 不会管理不是由 K8S 创建的容器。kube-proxy 是运行在集群节点上的网络代理，是实现 K8S 服务（Service）概念的一部分。其负责维护节点上的一些网络规则，这些规则允许集群内部或外部的网络与集群 Pods 进行通信。Container Runtime 是负责容器运行的软件。

9.2.3 集群管理

现有的一些钢铁集团通常为了降低原材料运输费用等而多地设厂，这就出现了多机房、跨区域的容器调度问题，现有的主流解决方案为部署多套集群，而这也带来了多集群管理的问题。在本章中，需为某钢铁集团多地多条炼铁生产线建立集群，因此也存在着多集群管理的问题。事实上，容器技术方案在生产环境部署运行是十分困难复杂的，涉及的容器工具和技术栈众多。而 Rancher 能够实现容器技术方案的简洁部署，同时实现多集群的管理。Rancher 最初是为了支持多种容器编排引擎而构建的，目前已经具备全栈化一键部署集群应用、多种编排调度工具、多种基础架构的能力。总的来说，Rancher 是一个全栈式的 Kubernetes 容器管理平台。

Rancher Server 的架构如图 9.2.5 所示，其主要包含认证代理（Authentication Proxy）、Rancher API Server、集群控制器（Cluster Controller）、etcd 节点和集群 Agent（Cluster Agent）组件。用户可以利用 Rancher UI 或是命令行工具 CLI 来调用 Rancher API。指令经认证代理组件后到达 API Server，

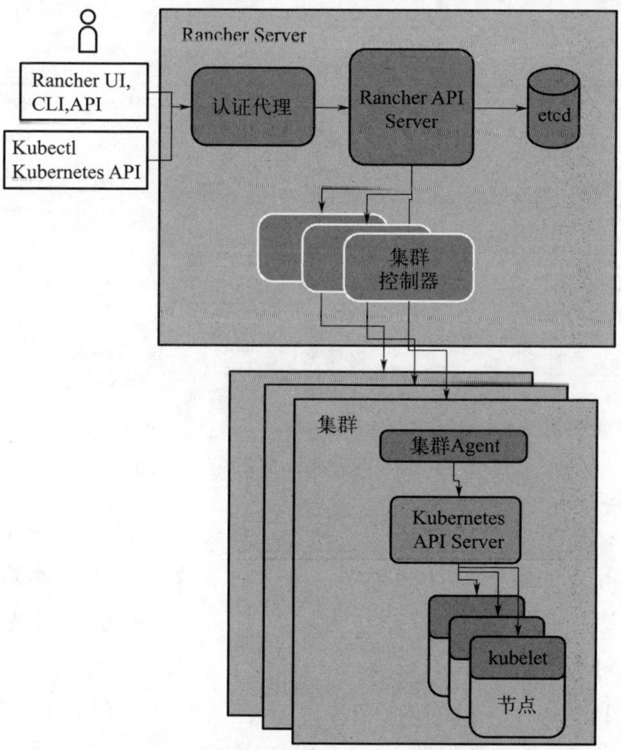

图 9.2.5 Rancher 架构图

而后经集群控制器将指令传达至下游的 Agent，由 Agent 下发命令到集群中。

认证代理集成多种认证方式，当指令到达后认证代理会确认请求方身份，通过认证后才会把 API 调用命令转发至下游。etcd 节点负责执行数据容灾备份。集群控制器主要负责监测下游集群硬件资源变化，如存储使用率、CPU 使用率等，还负责改变集群状态至需求状态、配置集群访问控制策略，同时还具备创建集群的能力。集群 Agent 负责 Rancher 同下游集群的通信，实现 Pods 创建部署，管理集群内的工作负载。

完成 Rancher 搭建后即可实现对集群节点、资源和服务运行状态的监测，如图 9.2.6～图 9.2.8 所示。图 9.2.6 可以看出各节点运行 Pods 数、硬件资源和运行状态。图 9.2.7 可以看到整个集群的硬件资源，如 CPU、内存等使用情况。图 9.2.8 展示了单个部署应用的运行状态及其资源实时使用情况。当集群任意环节出现问题时，即可凭借 Rancher 可视化监测快速定位问题。

图 9.2.6　Rancher 集群节点监测

综上所述，本章通过虚拟化软件构建了服务器集群，并采用分布式、微服务化、容器化等方式进行设计和规划。在上述技术条件下，本章给出基于工业互联网平台的数字孪生系统部署方法，如图 9.2.9 所示。首先利用 VMware 等虚拟化软件对服务器资源进行划分，构建了多虚拟机节点，在各虚拟机中安装容器化工具 Docker 为各虚拟机节点承载容器服务提供运行环境。随后利用开源框架 Kubernetes 构建集群，实现容器（Container）的便捷部署、扩展和

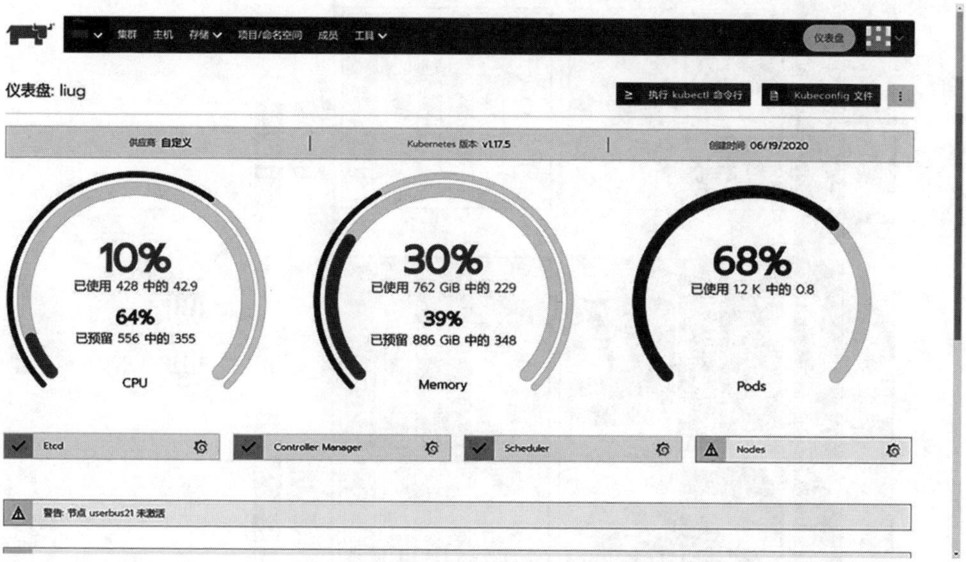

图 9.2.7　Rancher 集群资源使用率监测

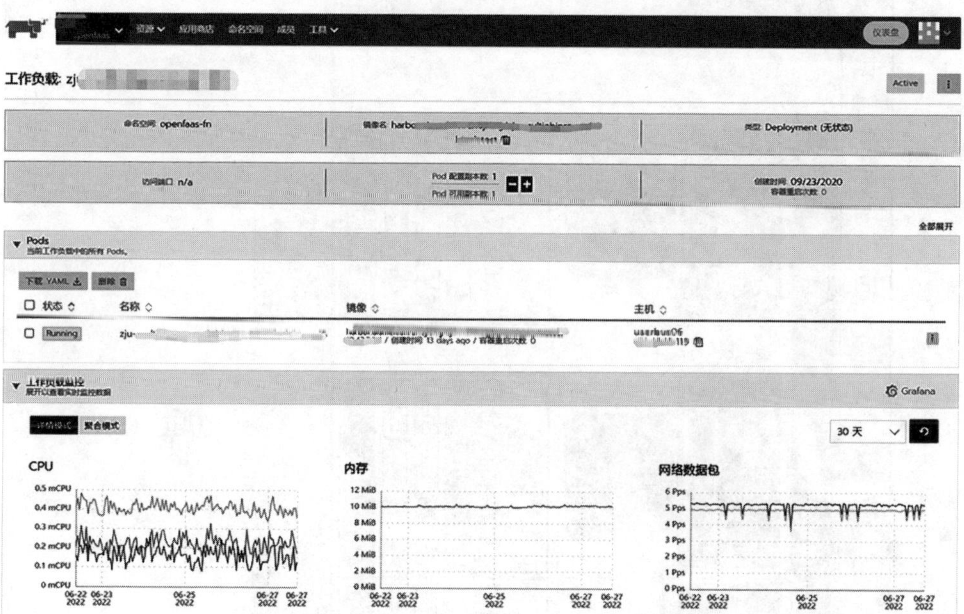

图 9.2.8　Rancher 服务状态监测

管理，并引入 Rancher 实现了多集群管理、可视化集群及服务监测。最后，基于工业互联网平台对炼铁流程数字孪生系统功能模块进行部署。

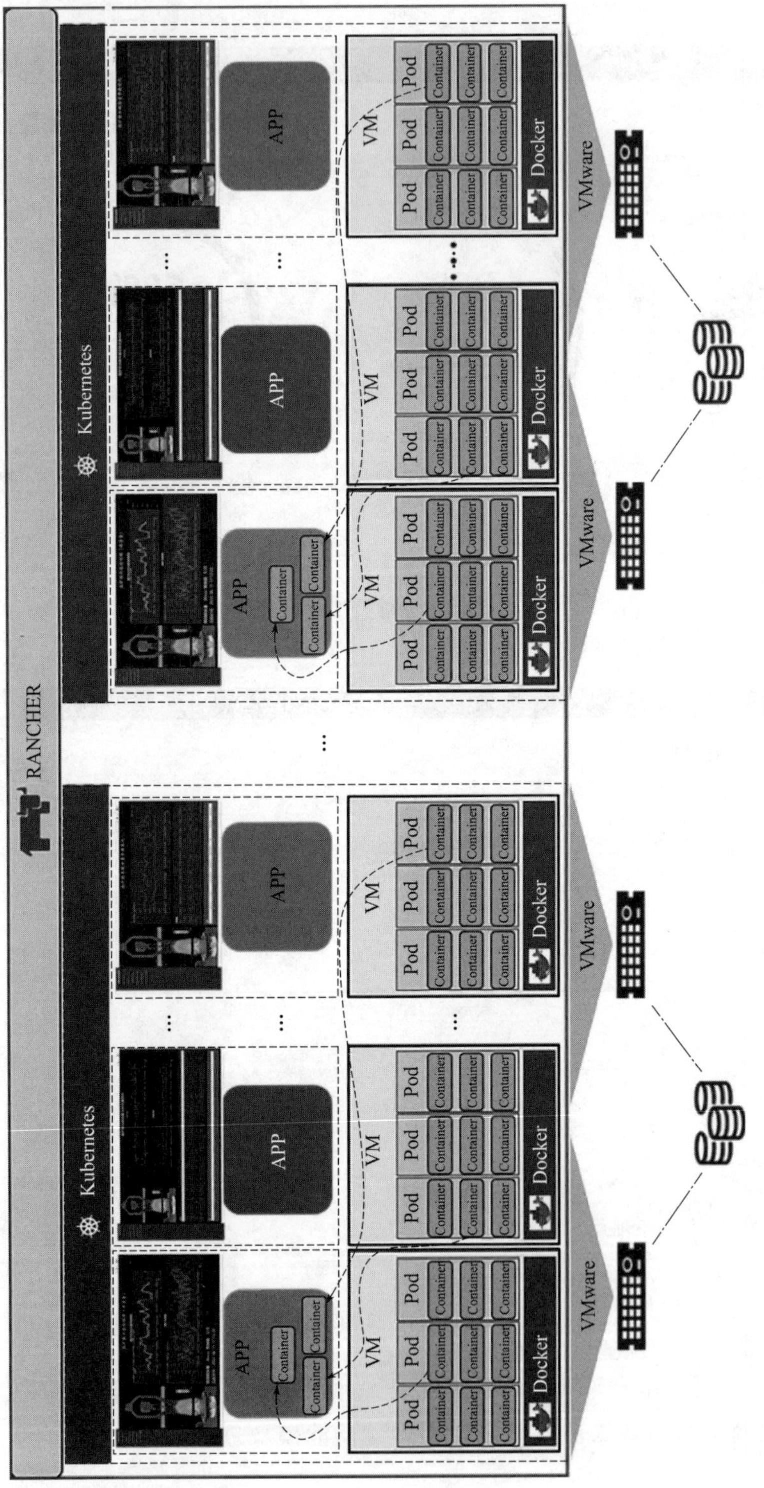

图 9.2.9 基于工业互联网平台的数字孪生系统部署方法

9.3 数字孪生系统构建

9.3.1 炼铁流程数字孪生系统技术架构

数字孪生的概念由密歇根大学的 Grieves 教授在其产品全生命周期管理课程上最先提出，后来美国空军研究实验室为实现对飞行器的健康维护和飞行器结构寿命的预测等对数字孪生进行了初步研究。同时 NASA（美国国家航空和航天局）也对这一领域展开研究并给出了一种数字孪生的定义：数字孪生系统包含一个生产系统的虚拟镜像，镜像系统能够进行多学科原理仿真，通过数据感知、智能设备互联、数学模型和实时数据分析实现虚拟和真实系统之间的同步运行[5]。NASA 又于 2010 年发布《建模、仿真、信息技术与处理路线图》[6]，进一步给出了数字孪生的一种解释：从技术层面上来讲，数字孪生是一种充分利用物理模型、传感器更新、运行历史等数据，集成多学科、多物理量、多尺度、多概率的仿真过程，在虚拟空间中完成映射，从而反映相对应的实体装备的全生命周期过程。

在数字孪生理论层面，国内学者在原有数字孪生体三维模型的基础上提出了数字孪生体系的五维模型概念，包含物理实体、虚拟实体、服务、数据和各组成部分间的连接五个维度[7,8]。物理实体维度是数字孪生的描述对象和构成基础，数字孪生模型因物理实体对象而异，数据因物理实体特征而异，功能/服务因物理实体需求而异。虚拟实体维度包含几何、物理、行为、规则等多维、多时空、多尺度模型，对物理实体进行精确刻画和描述。服务维度指对数字孪生应用过程中所需各类数据、模型、算法、仿真、结果进行服务化封装，实现对服务的按需使用。数据维度是数字孪生的驱动，不仅包括贯穿产品全生命周期的全要素、全流程、全业务的相关数据，还强调数据的融合，如信息物理虚实融合、多源异构融合等。连接维度实现物理实体、虚拟实体、服务及数据之间的普适工业互联，从而支持虚实实时互联与融合。

在数字孪生五维结构的基础上，本章以炼铁流程为例，给出了一种适用于流程行业的数字孪生系统技术架构[9]，如图 9.3.1 所示。

炼铁流程数字孪生系统由物理空间实体模型层、虚拟空间多维模型层、物理空间和虚拟空间关联关系映射层以及数字孪生应用层组成。

物理空间实体模型层是客观存在实体的集合，即真实的炼铁流程生产线。

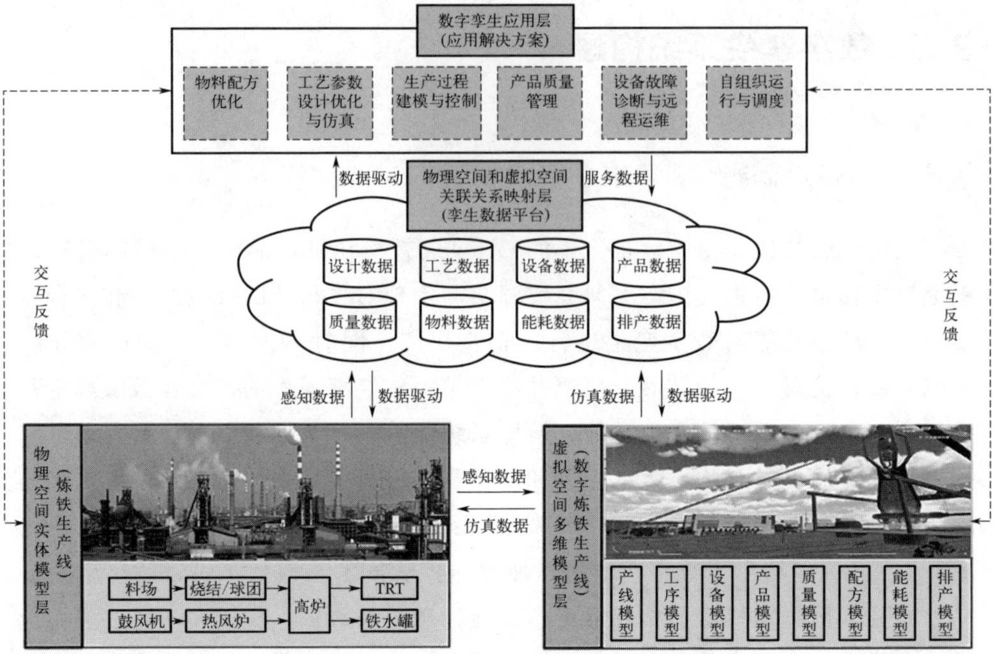

图 9.3.1　炼铁流程数字孪生系统架构

物理空间实体模型层与其他三层的关系包括：通过传感器、标准的数据通信与转换接入装置，将感知数据上传至物理空间和虚拟空间关联关系映射层以及虚拟空间多维模型层；接收数字孪生应用层下达的控制决策命令；严格按照虚拟空间多维模型层仿真优化后预定义的生产指令进行生产。

虚拟空间多维模型层（虚拟模型层）本质上是模型的集合，这些模型包括几何、物理、化学、数据、规则五个维度的模型。通过全方位多层面模型融合，针对炼铁过程建立产线模型、工序模型、设备模型、产品模型、质量模型、配方模型、能耗模型、排产模型等多维多尺度模型。虚拟模型在物理空间和虚拟空间关联关系映射层的数据驱动下，模拟真实生产过程，对数字孪生应用层解决方案进行迭代仿真分析，实现解决方案科学评估；根据模拟仿真数据实时调整优化物理空间实体生产过程；在生产过程中，虚拟空间不断累积数据和知识并上传至物理空间和虚拟空间关联关系映射层，以实现数据共享融合。

数字孪生应用层是孪生系统各类应用服务系统功能的集合。炼铁流程数字孪生系统主要包括物料配方优化、生产过程建模与控制、工艺参数设计优化与仿真、自组织运行与调度、设备故障诊断与远程运维、产品质量管理等应用功能和服务功能。在物理空间和虚拟空间关联关系映射层的数据驱动下，虚拟空间多维模型进行仿真预测、迭代优化，对实体生产过程中面临的问题提出合理的解决方案。生产过程中根据物理空间实体模型层和虚拟空间多维模型层对应用层控制决策命令的不断反馈，应用层实时调整优化应用服务功能，实现对生产过程的优化管理，减少资源消耗，提高生产效率。

物理空间和虚拟空间关联关系映射层主要包括：物理空间实体模型层的感知数据、虚拟空间多维模型层的仿真数据、数字孪生应用层的服务数据以及各层连接通路四部分。关系映射层在对各部分数据融合处理分析后对各层提供数据驱动。①对应用层：物理实体生产线的实时数据驱动应用层解决方案的初步制订，在虚拟空间仿真数据的驱动下对解决方案进行优化调整。②对实体模型层：应用层服务功能下达指令数据驱动实体生产线优化生产。在生产过程中，系统实时监测物理空间模型的运行状态并实现虚拟模型同步仿真，在数据比对分析处理后迅速反馈至物理实体，在反馈数据作用下物理空间模型及时调整动作，实现生产过程不断优化。③对虚拟模型层：虚拟模型接收来自应用层的解决方案计划，在计划数据的驱动下仿真优化生产全过程。通过物理空间模型运行积累的历史数据实现虚拟模型的不断优化，提高模型精度。而虚拟模型在物理空间运行实时数据驱动下完成生产仿真分析及预测调控。关系映射层集成了各层数据及映射关系，并在集成的基础上进行深度的融合，不断对自身数据进行更新与扩充，实现物理空间与虚拟空间关联映射。

9.3.2 数字孪生体构建

现有的数字孪生体构建方法研究主要集中在离散工业。离散工业生产过程主要包括切削、成型和装配等物理过程，通过位移和角度等变量控制进行产品加工，变量之间、设备之间、工序之间独立性较强。而流程工业生产过程包含复杂的物理化学变化过程，主要通过温度、流速和压力等变量控制实现连续稳定生产，变量之间、设备之间、工序之间耦合性较强。因此流程工业和离散工业在数字孪生体建立上存在差异。流程工业数字孪生体的构建主要包括五个维度基础模型的建立、模型融合集成以及模型更新。

数字孪生模型（数字孪生体）的建立是数字孪生系统构建的核心，流程工业数字孪生模型包含几何模型、物理模型、化学模型、数据模型、规则模型五个维度。

几何模型包括尺寸、外观和位置等信息。几何模型的建立可结合现有测量方法或工程设计文档数据的读取，实现流程设备实体对象的几何结构、空间运动、几何关联等几何属性的获取。结合流程/设备实体对象的空间运动规律，利用3D重建工具，实现流程/设备空间几何模型的重建。流程/设备实体对象的空间几何属性错综复杂，常用的测绘建模方法有：采用CAD制图测绘，根据流程/设备实体对象的真实几何属性，通过特定的度量手段，将实体对象的几何属性映射至二维空间；采用CCD（电荷耦合器件）成像技术，获取流程/设备的图像信息，为流程/设备的实体空间几何模型提供素材。目前常用的3D重建工具有3ds MAX、Maya、SolidWorks等，其中3ds MAX不仅可以对具体对象进行结构与参数设计，还可以进行场景建模和运动模拟，适用于数字孪生体空间几何属性的3D重建。

物理模型包括材料、应力、流场、压力场、热力场和磁场等信息。物理模型建立可通过质量守恒、动量守恒、传热模型等物理原理建立相应过程的数学模型，也可通过ANSYS、ADINA等有限元分析软件实现。常用的结构仿真分析模块有ANSYS DesignModeler、Mechanical等，流体仿真分析可借助ANSYS CFX、ANSYS Fluent、ICEM CFD等模块，ANSYS Multiphysics模块则可实现电磁及多物理场耦合分析。

化学模型包括物系物性、催化、传递、反应速率和反应限度等信息。通过研究生产过程相关反应物在各种条件下的物理化学变化中伴随的能量变化，完成对化学反应的方向和反应限度的准确判断。建立基元反应模型、分子反应模型或是根据实验数据拟合出经验模型，表达出各种物理化学因素对反应速率的影响以及相应的反应机理等。同时装置中流体流动与物料混合情况、温度浓度分布情况都直接影响反应进程，因此还需根据热量传递、动量传递、质量传递规律完成传递模型的建立。如此对生产过程化学反应形成准确描述。

数据模型是指基于数据驱动建立的黑箱模型，实际上机器学习和数据挖掘在某种程度上激活了数字孪生。流程工业过程的复杂性，使得全面而准确的机理建模十分困难，从当前的研究来看，数字孪生模型的建立很难离开数据科学、人工智能等理论。事实上随着统计、计算机技术、数据挖掘和机器学习的发展，大量准确有效的数据模型被建立。常见的数据建模方法，如梯度提升回归（GBR）、支持向量机回归（SVMR）、分类回归决策树、深度神经网络等，都有着强大的建模能力。流程工业数据量巨大，凭借数据模型可充分分析挖掘数据价值，实现非线性、不确定性复杂工业过程建模。

规则模型描述的是：因果推演规律规则，领域专家长期生产实践总结的操作、预测、诊断、修复、优化等相关知识经验，以及相关生产过程标准与准则等。规则模型结合前述数据模型，通过总结数据模型效果探索挖掘未知机理规则，形成新的知识规则，即从数据模型中获取知识，执行产生的生产数据，促进数据模型的成长更新。规则模型与数据模型相互激励学习，实现规则的丰富和模型的自学习自进化。

五个维度的模型是相互耦合的，几何模型中尺寸的变化可能导致物理模型中应力的改变，物理模型中流场的变化也将对化学模型产生影响，物理模型所需的关键中间变量可利用数据模型回归预测来获取，数据模型训练提取的关联关系亦可用来丰富完善规则模型。因此只有各类模型协调工作、有机融合，才能实现对物理实体的高精度镜像。如图 9.3.2 所示，融合几何、物理、化学、数据、规则五维模型才能建立孪生模型[10]，通过对模型间耦合参数进行多维融合，以参数为纽带实现模型间的信息传递。融合完成后的模型可通过定义接口实现封装，提高模型的安全性、稳定性及复用性，通过接口实现模型功能扩展[11]。必须指出的是流程工业存在大量的时变过程，因此模型的建立不能一蹴而就，应对数字孪生体数据及物理实体数据进行采集、存储、关联分析、集成融合，通过孪生数据驱动模型不断更新优化，实现系统自更新。

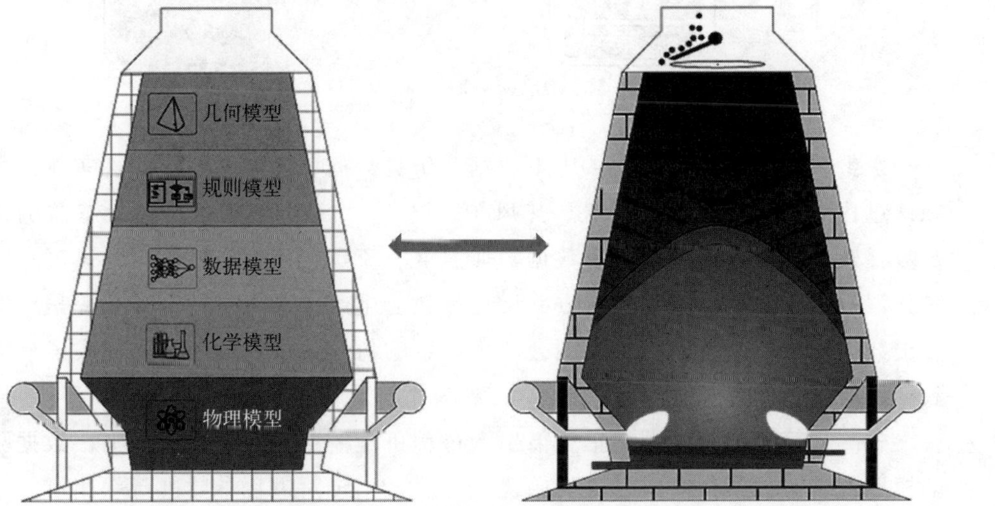

图 9.3.2　五维模型融合示意图

9.4　基于工业互联网的高炉炼铁过程数据驱动软测量的实现

9.4.1　高炉炼铁过程孪生数据驱动软测量

本节给出了一种孪生数据驱动的高炉炼铁过程质量软测量方法，如图 9.4.1 所示。方法主要通过四个核心模块实现参数优化，包括：孪生数据、软测量算法混合模型、仿真验证和状态监测。

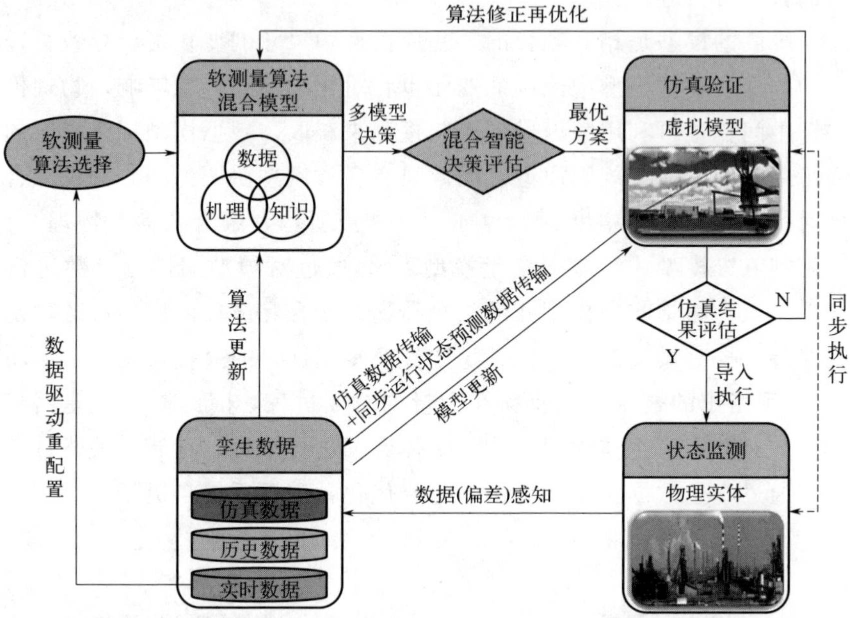

图 9.4.1　孪生数字驱动的软测量流程图

孪生数据包括实时数据、历史数据、仿真数据。通过对系统物理实体（如炼铁过程中的烧结机、鼓风机、热风炉、高炉、TRT 等装置）的状态监测和参数感知，获取物理实体实时数据，如温度、流量、压力、转速等；通过对实时数据及关系数据（如物料配方、设备参数、生产成本等）进行存储积累形成历史数据；虚拟模型运行仿真则会产生大量的仿真数据。三者共同构成了孪生数据模块。

软测量算法混合模型是指凭借生产过程机理模型、经验知识规则、数据驱动模型三者单独或任意组合实现的优化算法，用于对过程参数进行软测量。常用的软测量算法有主成分回归、支持向量回归、深度学习以及它们的改进算法等。也可以根据质量守恒定律、动量守恒定律、流体力学、热力学等机理构建机理模型实现过程参数软测量。高炉炼铁过程极端复杂，涉及各种物理化学变化及动力学特征，部分状态参数信息不可测。面对未知，前人在实际生产操作过程中积累了大量的经验、知识、规则，借此构成知识库同样可以实现参数的软测量。现在的软测量方法往往不再只利用其中一种，而是形成软测量算法混合模型，如通过数据驱动的黑箱模型优化修正机理模型，进而实现过程参数的精确软测量。

仿真验证是通过将软测量模型作用到建立的系统数字孪生体（虚拟模型）上，数字孪生体独立于物理实体运行，得到仿真分析结果，检验模型效果。

状态监测模块指的是，经过仿真验证后的软测量模型在物理实体上真实执行，此时应密切关注其运行状态，感知其运行状态数据，判断其是否偏离预期。

过程参数软测量完整流程如下：通过对历史数据、实时数据、仿真数据进行转换清洗、分析融合，形成孪生数据；根据孪生数据，通过软测量算法选择与更新，获取软测量算法混合模型，通过混合智能决策评估，选择软测量最优方案；将得到的软测量模型作用到数字孪生体进行仿真验证，数字孪生体与物理实体并行独立运行；仿真结束后应评估仿真结果，当仿真结果不符合预期，则根据仿真结果进行算法修正及再优化，直至仿真结果符合预期，再将软测量模型导入物理实体执行。

9.4.2 应用实例

本章设计的高炉炼铁过程软测量模型通过 Docker 镜像的形式打包，通过 OpenFaaS 接口上传至企业私有 Docker 仓库，并且同时部署至 Kubernetes 集群，通过 Rancher 管理平台进行调度管理。工业数据由现场总线系统采集至关系数据库 MySQL 与时序数据库 InfluxDB 中，在 Web 前端进行系统展示。基于工业互联网的高炉炼铁过程质量软测量系统结构示意图如图 9.4.2 所示。

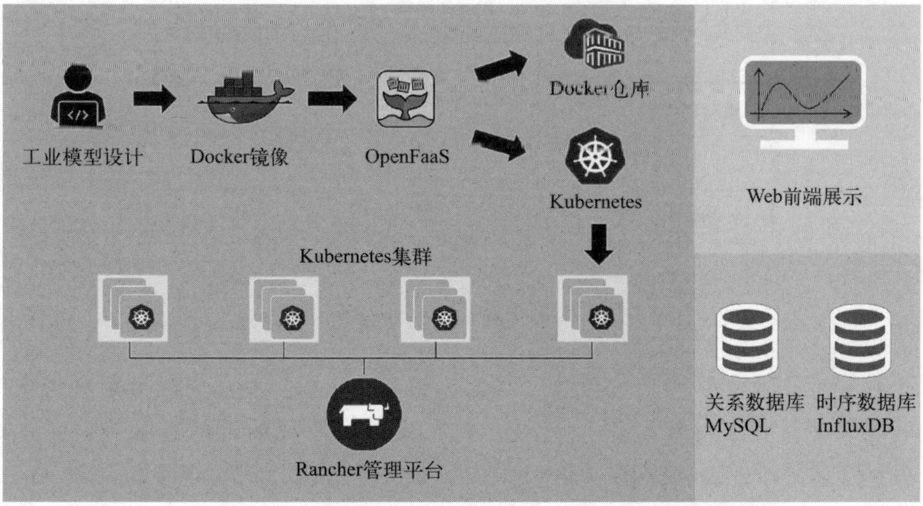

图 9.4.2　基于工业互联网的高炉炼铁过程质量软测量系统结构图

由于现场运行情况时刻变化，需要将模型在线部署以满足工业现场的需要。不同于离线模型，在线模型由于工况的变化，模型参数以及训练样本都需要在线更新。例如烧结厂的原料变化通常以周或月为周期，原料的变化会使得工况发生改变。因此在线模型不能刻舟求剑，需要引入在线学习策略。常见的滑窗更新模型，随着时间推移，会将旧数据抛弃。然而在工业实际中，工况往往是循环出现的，简单地抛弃旧数据会浪费宝贵的标签数据，损失模型的泛化性能，因此更合理的做法是采用即时学习策略[12]。即时学习策略下，当获取新数据样本后，会与离线数据库中的样本进行相似度度量，并更新历史数据库，选取相似度高的离线样本，组成在线训练样本，训练新的子模型进行预测。对于模型训练慢、实时要求高的场景，还可以构建历史模型库，根据不同工况直接选择相应的模型进行预测[13]。在烧结过程中，本实验选取的是模型离线训练与在线学习策略，相似度采用基于欧氏距离度量，具体流程见图 9.4.3。

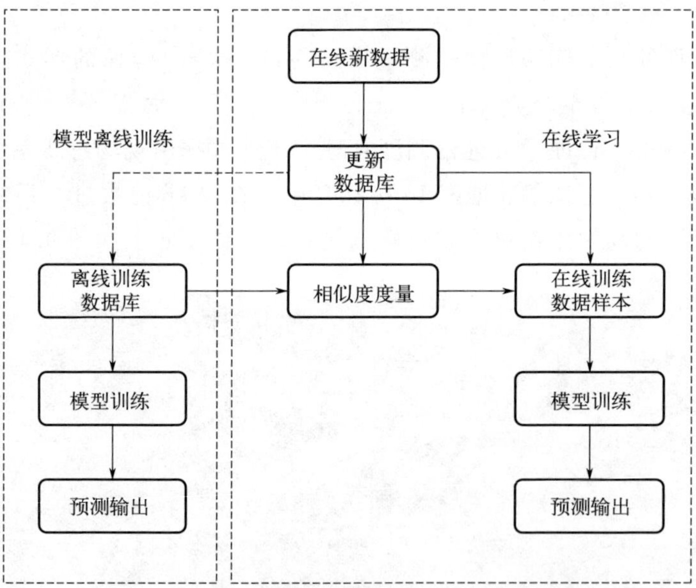

图 9.4.3　模型离线训练与在线学习示意图

在完成工业互联网平台与数字孪生体构建后，可以利用微服务组件将前文的各类软测量算法封装为工业 APP，并在高炉生产现场进行实验验证。本章开发的工业 APP 效果如图 9.4.4～图 9.4.6 所示，分别实现了烧结矿 CaO、TFe、SiO_2、碱度等质量变量在线预报功能。

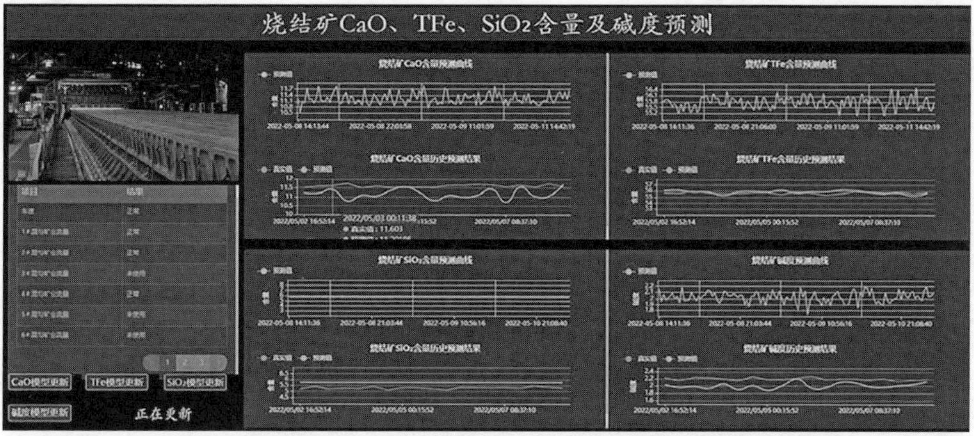

图 9.4.4　基于工业互联网平台的烧结矿质量预报系统 APP 展示图

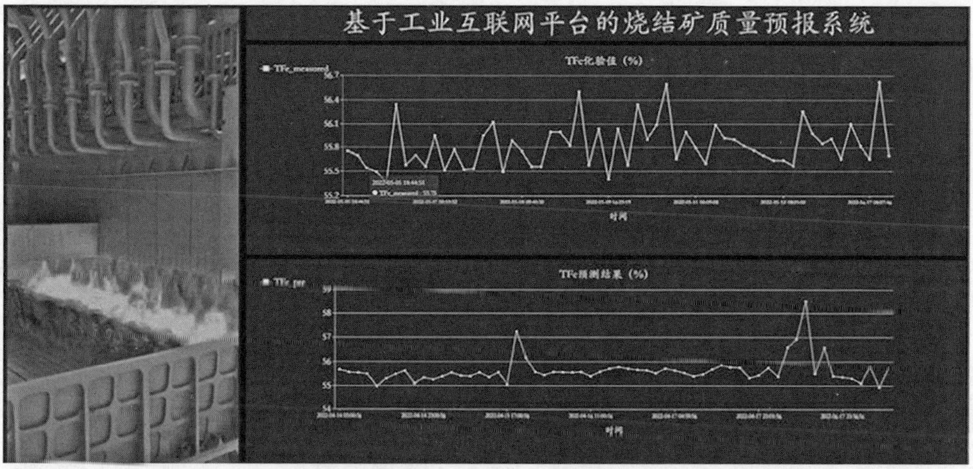

图 9.4.5　APP TFe 预报界面

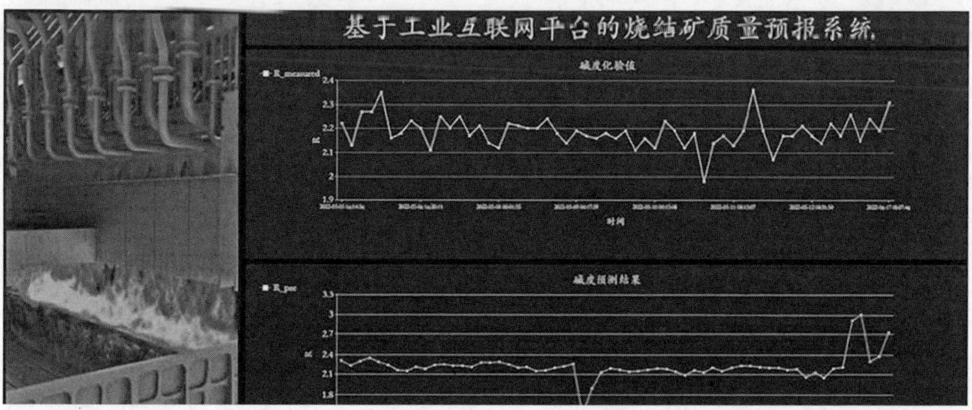

图 9.4.6　APP 碱度预报界面

参考文献

[1] 张瀚文，杨春节，李俊方，等．基于工业互联网平台的炼铁生产线数字孪生系统［C］//第32届中国过程控制会议．2021.

[2] 工业互联网产业联盟．工业互联网平台白皮书（2017）［R］．工业互联网产业联盟，2017.

[3] Bernstein D. Containers and cloud：From lxc to docker to kubernetes［J］．IEEE Cloud Computing，2014，1（3）：81-84.

[4] Chan K. 云原生趋势和展望［J］．软件和集成电路，2021（6）：56.

[5] Shafto M，Conroy M，Doyle R，et al. Draft modeling，simulation，information technology & processing roadmap［J］．Technology Area，2010，11：1-32.

[6] Grieves M W. Virtually intelligent product systems：Digital and physical twins［J］．Complex Systems Engineering：Theory and Practice，2018，7：175.

[7] 陶飞，程颖，程江峰，等．数字孪生车间信息物理融合理论与技术［J］．计算机集成制造系统，2017，23（8）：1603-1611.

[8] 陶飞，刘蔚然，张萌，等．数字孪生五维模型及十大领域应用［J］．计算机集成制造系统，2019，25（1）：1-18.

[9] 李彦瑞，杨春节，张瀚文，等．流程工业数字孪生关键技术探讨［J］．自动化学报，2021，47（3）：501- 514.

[10] Aivaliotis P，Georgoulias K，Arkouli Z，et al. Methodology for enabling digital twin using advanced physics-based modelling in predictive maintenance［J］．Procedia Cirp，2019，81：417-422.

[11] Alam K M，El Saddik A. C2PS：A digital twin architecture reference model for the cloud-based cyber-physical systems［J］．IEEE Access，2017，5：2050-2062.

[12] Shao W，Ge Z，Song Z. Bayesian just-in-time learning and its application to industrial soft sensing［J］．IEEE Transactions on Industrial Informatics，2020，16（4）：2787-2798.

[13] 杨泽宇．基于不同学习范式的工业大数据建模与质量预报［D］．杭州：浙江大学，2021.